高等职业教育计算机系列教材

# Python 程序设计
# 项目化教程
## （微课版）

宋雯斐　毛　颉　主　编
陶建林　俞立峰　金慧峰　袁思达　副主编

電子工業出版社
Publishing House of Electronics Industry
北京·BEIJING

## 内 容 简 介

Python 语言语法优雅、清晰、简洁易学，很适合初学者作为程序设计入门语言进行学习。

本书介绍 Python 程序设计的基础知识。全书以项目化体系编写，介绍 Python 程序设计的基本思想和方法，培养学生利用 Python 语言解决各类实际问题的能力；以“项目案例”为驱动，辅以知识点的讲解，突出问题求解方法与思维能力训练。全书共 9 个项目，涵盖认识 Python、Python 基本语法、程序控制结构、组合数据类型（包括字符串、列表、元组、字典、集合）、文件操作、函数与模块、Python 文件操作、面向对象、Python 数据库编程等内容，并引入趣味项目进行综合应用，兼顾课程素养元素设计、计算机等级考试二级 Python 的考核内容。

本书配套有视频资源、PPT、习题和答案、例题源码等各类素材及在线开放课程，方便学生进行系统的学习。

本书可作为高等职业院校计算机程序设计课程的教材，也可供社会各类工程技术与科研人员阅读参考。



**图书在版编目（CIP）数据**

Python 程序设计项目化教程：微课版 / 宋雯斐，毛颉主编. —北京：电子工业出版社，2023.3

ISBN 978-7-121-45146-1

Ⅰ. ①P… Ⅱ. ①宋… ②毛… Ⅲ. ①软件工具－程序设计－教材 Ⅳ. ①TP311.561

中国国家版本馆 CIP 数据核字（2023）第 037924 号

责任编辑：徐建军　　　　特约编辑：田学清
印　　刷：大厂回族自治县聚鑫印刷有限责任公司
装　　订：大厂回族自治县聚鑫印刷有限责任公司
出版发行：电子工业出版社
　　　　　北京市海淀区万寿路 173 信箱　　　邮编：100036
开　　本：787×1092　1/16　印张：15.75　字数：424 千字
版　　次：2023 年 3 月第 1 版
印　　次：2024 年 2 月第 3 次印刷
印　　数：2 000 册　　定价：49.00 元

凡所购买电子工业出版社图书有缺损问题，请向购买书店调换。若书店售缺，请与本社发行部联系，联系及邮购电话：（010）88254888，88258888。

质量投诉请发邮件至 zlts@phei.com.cn，盗版侵权举报请发邮件至 dbqq@phei.com.cn。

本书咨询联系方式：（010）88254570，xujj@phei.com.cn。

# 前言

在大数据时代，数据是重要的战略资源，人人都需要有数据思维和应用数据的能力。Python 语言是大数据分析、人工智能应用领域中使用最广泛的编程语言，作为最擅长数据分析的语言，因其优雅、清晰、简洁的风格而深受程序员欢迎。

本书作为程序设计的入门教材，以项目化体系组织各章节的内容，通过项目内的任务描述、任务分析、知识学习和任务实现 4 个步骤来实现任务的组织逻辑，可以使教师带着问题授课、学生带着问题学习，突出问题求解方法与思维能力训练。全书共 9 个项目，涵盖认识 Python、Python 基本语法、程序控制结构、组合数据类型（包括字符串、列表、元组、字典、集合）、函数与模块、Python 文件操作、面向对象、Python 数据库编程等内容，并引入趣味项目进行综合应用。本书兼顾课程素养元素设计、计算机等级考试二级 Python 的考核内容，全面介绍 Python 程序设计的基础知识以及在大数据领域的应用。

本书设计了课程资源（视频资源、PPT、习题及答案、例题源码）、课堂任务驱动设计、课堂师生互动、课后实验实训于一体的课程实施体系，同时也为 Python 初学者提供了完整的学习路线。

本书既可以作为大数据技术等相关专业的教材（授课内容和学时安排建议如下表所示），又可以作为大学计算机程序设计课程的公共教材（授课内容和学时可适当缩减）。

**内容与学时安排**

| 序　号 | 内　容 | 建议学时 |
| --- | --- | --- |
| 1 | 项目一 认识 Python | 3 |
| 2 | 项目二 Python 基本语法 | 6 |
| 3 | 项目三 程序控制结构 | 6 |
| 4 | 项目四 组合数据类型 | 16 |
| 5 | 项目五 函数与模块 | 6 |
| 6 | 项目六 Python 文件操作 | 6 |
| 7 | 项目七 面向对象 | 6 |
| 8 | 项目八 Python 数据库编程 | 6 |
| 9 | 项目九 Python 趣味项目 | 9 |
|  | 合计 | 64 |

此外，本书以项目化、任务驱动思路进行编写，每一个项目都包含知识目标、能力目标、项目导学、任务描述、任务分析、任务实现、课外实训等部分，部分项目还设计了“素养小课堂”。

本书由浙江工业职业技术学院腾讯云国际互联网学院大数据技术虚拟教研室教学团队组织策划，由校企师资共同编写。由宋雯斐、毛颉担任主编，由陶建林、俞立峰、金慧峰、袁思达担任副主编。其中，项目四由宋雯斐编写，项目三、五由陶建林、李涛编写，项目六、八由毛颉编写，项目七由俞立峰编写，项目一、二由袁思达编写，项目九由浙江工贸职业技术学院的金慧峰编写，全书由宋雯斐统稿。此外，参加编写工作的还有孙兰兰、杨琼、陈蔚等。

本书的编写得到教育部第一期供需对接就业育人项目（教学司函[2022]7 号-20220104846）、浙江省产学合作协同育人项目（项目编号：浙教办职成〔2021〕60-99 号）立项支持，在此表示衷心的感谢。

同时，本书结合编写团队多年的大数据教学与竞赛指导经验，从职业能力的培养出发，结合“教、学、做、训”一体化教学需求，开发了 52 个微视频、85 个教学微课件、300 多道题目等配套资源。本书所有代码均在 Python 3.8.5 中测试通过，书中代码运行的 IDE 为 Pycharm。为方便读者使用数字资源，在本书中嵌套了对应数字资源的二维码，读者可扫描书中相应章节的二维码浏览学习。本书在智慧树平台配套建设有在线开放课程《Python 程序设计》，课程有丰富的视频、PPT 和题库资源，读者亦可参与该线上课程的学习。

为了方便教师教学，本书配有教学课件等相关资源，请有此需要的教师登录华信教育资源网（www.hxedu.com.cn）注册后免费下载，如有问题可在网站留言板留言或与电子工业出版社联系（E-mail：hxedu@phei.com.cn）。

教材建设是一项系统工程，需要在实践中不断加以完善及改进，同时由于时间仓促、编者水平有限，书中难免存在疏漏和不足之处，敬请同行专家和广大读者给予批评和指正。

编　者

# 目　录

# 项目一

# 认识 Python

**知识目标**

- 了解 Python 的发展历史。
- 了解 Python 的特点和运行机制。
- 了解 Python 的学习路径。

**能力目标**

- 会正确安装 Python 开发工具，并配置环境变量。
- 能利用 pip 命令进行扩展库的安装、升级和卸载。

**项目导学**

小 T 是一位计算机程序语言的爱好者，立志毕业后进入 IT 领域工作，他想通过学习实现成为优秀程序员的梦想。如今，他进入了导师组建的学生创新团队，在导师的引领下刻苦钻研一门强大并且实用的计算机语言——Python。让我们跟随小 T 的学习步伐，一起来学习这门神奇的语言吧。

（1）了解 Python 的基本特性。

（2）配置 Python 的开发环境。

（3）安装扩展库。

## 任务 1.1　Python 概述

### 1.1.1　任务引入

**【任务描述】**

Python 是现今最流行的程序设计语言之一，不仅具有强大的科学计算能力、数据处理和分析能力，还具有丰富的可视化表现功能和简洁的程序设计能力。只有了解 Python 的起源、认识 Python 的特点才能学好 Python。那现在就与小 T 一起迈出学习 Python 的第一步——了解

Python 的历史、特点以及学习路径。

**【任务分析】**

Python 是一门非常有趣的语言，我们可以从以下几个方面来进行学习。

（1）Python 的历史。

（2）Python 的特点。

（3）Python 的学习路径。

## 1.1.2 Python 的历史

### 1. Python 的产生

Python，本义是指“蟒蛇”。在 1989 年的圣诞节期间，荷兰人 Guido van Rossum 为了在阿姆斯特丹打发时间，决心开发一个新的脚本解释程序。之所以选中 Python 作为程序的名字，是因为他是 BBC 电视剧——蒙提·派森的《飞行马戏团》的爱好者。

Python 的灵感来自于 ABC 语言——Guido van Rossum 参与开发的一种适用于非专业程序开发人员的编程语言，但它并不流行，原因是它是非开放性语言，所以 Guido van Rossum 将 Python 定位为开放性语言。

Python 的设计理念是优雅、明确、简单，以至于现在网络上流传着“人生苦短，我用 Python”的说法。例如，完成同一个任务，用 C 语言要写 1000 行代码，用 Java 要写 100 行代码，而用 Python 可能只要写 20 行代码。可见 Python 有着简单易学、开发速度快等特点。

经过多年的发展，Python 已经成为非常流行的程序开发语言。到底有多流行？让我们看看知名的 TIOBE 开发语言排行榜。TIOBE 是程序开发语言流行趋势的一个指标，基于互联网中有经验的程序员、课程及第三方厂商的数量来确定排行，且排名每个月都会更新。图 1-1 所示为 2022 年 5 月的 TIOBE 程序开发语言排行榜，从该排行榜可以看出，Python 是目前最流行的编程语言之一。

| May 2022 | May 2021 | Change | Programming Language | Ratings | Change |
|---|---|---|---|---|---|
| 1 | 2 | ^ | Python | 12.74% | +0.86% |
| 2 | 1 | ˅ | C | 11.59% | -1.80% |
| 3 | 3 | | Java | 10.99% | -0.74% |
| 4 | 4 | | C++ | 8.83% | +1.01% |
| 5 | 5 | | C# | 6.39% | +1.98% |
| 6 | 6 | | Visual Basic | 5.86% | +1.85% |
| 7 | 7 | | JavaScript | 2.12% | -0.33% |
| 8 | 8 | | Assembly language | 1.92% | -0.51% |
| 9 | 10 | ^ | SQL | 1.87% | +0.16% |
| 10 | 9 | ˅ | PHP | 1.52% | -0.34% |

图 1-1 2022 年 5 月的 TIOBE 程序开发语言排行榜

#### 2. Python 的版本

Python 目前有两个版本：Python2 和 Python3，Python3.0 不再向后兼容 Python2.X 的版本，Python2.7 已于 2020 年年底停止支持，现阶段大部分企业使用的是 Python3。

目前，Python 的知识产权由 Python 软件基金会（Python Software Foundation，简称 PSF）来管理，它是一个独立的非营利组织，拥有 Python 2.1 及以上版本的版权。PSF 的使命是推进与 Python 相关的开源技术的开发进程，并推广 Python 的使用。

### 1.1.3 Python 的特点

Python 作为一门较“新”的编程语言备受欢迎，而且能在 C、C++、Java 等老牌编程语言中夺得一席之地，必然有其优势，接下来根据其特点来阐述这门编程语言的优势。

#### 1. 简单易学

Python 是一种代表简单主义思想的语言，阅读一个良好的 Python 程序就像在读英语一样，它使用户能够专注于解决问题，而无须理解语言本身。Python 极容易上手，因此可作为学生信息素养提升的基础编程语言。

#### 2. 开源免费

Python 遵循 GPL 协议，是开源免费的。用户可以自由使用这个语言和代码，而无须支付任何费用，也不需要担心版权的问题，同时也更利于改进和优化。

#### 3. 模式多样

Python 在语法层面既支持面向对象编程又支持面向过程编程，这一特点使得用户可以灵活选择代码模式，因此它具有将对象属性、方法抽象成类，以及支持多态、重载、继承等面向对象语言的特点。

#### 4. 可移植性

Python 程序可以被移植在许多平台上运行，只要这些平台上安装有 Python 解释器即可。这些平台包括 Linux、Windows、Macintosh 等。

#### 5. 解释性

用编译性语言（如 C 或 C++）编写的程序源文件需要通过编译器翻译为机器语言形式的目标文件，而用 Python 编写的程序不需要编译，可以直接从源文件运行程序，这使 Python 的使用更加简单。

#### 6. 生态丰富

Python 提供丰富的标准库，可以帮助处理各种工作，包括数学计算、数据库、网络等；还支持许多其他高质量的第三方库，可应用于图像处理、网页设计和数据分析等领域。

**即学即答：**

下面不属于 Python 特点的是（　　）。

A．简单易学　　　　B．开源的、免费的

C．属于低级语言　　D．生态丰富

### 1.1.4 Python 的学习路径

Python 拥有一个强大的生态系统，众多的第三方库使其在数据分析、数据可视化、机器学习和 Web 开发中都可得到应用。

Python 在众多的应用领域中有不同的侧重点。以 Python 应用中最广泛的数据采集、处理、分析等应用领域为例，简要介绍本书以及后续的学习路径。

从 Python 程序设计基础到数据采集、处理、分析，再到机器学习、数据可视化，这一学习主线归纳起来可以按照以下几个步骤进行。

第一步：Python 开发环境设置。

Python 开发环境众多且各有所长，又鉴于第三方库及其版本众多，经常需要在不同环境下运行不同的 Python 项目程序，从 IDLE、PyCharm 到 Anaconda，可以在多个开发软件下配置 Python 编程环境，让用户拥有最优的使用效率。

第二步：学习 Python 的基础知识。

学习 Python 的基本语法、各种组合数据类型（字符串、列表、字典、集合等），理解 Python 中的类和对象，能利用 Python 进行文件、数据库的操作，这也是本书的主要内容。

第三步：学习 Python 爬虫。

学习 Python 爬虫相关的第三方库及框架，能通过开发爬虫程序来进行数据采集、存储，采集的数据一般存入数据库或文件中，这是进行数据分析的数据基础。

第四步：学习 Python 数据分析与应用。

学习 Numpy、Pandas 等与数据科学计算、数据分析相关的扩展库，能进行数据清洗、转换等预处理操作，会运用分组聚合等方法进行数据分析。

第五步：学习 Python 数据可视化。

学习 Matplotlib、Seaborn 等可视化扩展库，将数据分析结果以各类图表，如柱状图、散点图、雷达图等形式呈现。

第六步：了解 Python 机器学习的相关知识。

了解有监督学习、无监督学习等常用的机器学习模型，如决策树、逻辑回归、卷积神经网络等。了解 Tensorflow、PaddlePaddle、Pytorch 等常用的深度学习框架。

完成以上步骤的学习，并勤加练习，你已基本完成了 Python 数据分析的学习，并掌握了所需技能。

**素养小课堂：**

Python 的学习是一个系统的工程。本书着眼于第一步、第二步的 Python 编程思维、基本数据思维的养成。

（1）做好学习规划。根据自身情况，做好后续的 Python 学习规划，在 1~2 年内完成 Python 的系统学习。

（2）勤于编程实践。在学习中一定要动手实践，从小程序开始，积跬步，至千里。

（3）养成数据思维。大数据时代需要养成数据思维，并将其应用到工作、学习中，使学习、工作更高效和科学。

## 任务 1.2　PyCharm 和 Anaconda 联动的开发环境配置

### 1.2.1　任务引入

**【任务描述】**

小 T 了解到可进行 Python 编程的集成工具有很多，在使用 Python 进行编程之前，需要安装和配置 Python 开发环境。在使用过程中，小 T 发现如果安装多个编程工具，那么其指向的 Python 解释器在默认情况不是同一个，默认工作路径也不相同，这会给后续学习 Python 造成诸多不便。怎样搭建一个方便快捷的 Python 开发环境呢？让我们和小 T 一起，通过对本任务的学习，搭建一个方便快捷的 Python 开发环境吧。

**【任务分析】**

先进行 Python 不同开发环境的配置，再进行在不同环境下使用同一个 Python 解释器、工作路径的配置。

（1）Windows 操作系统下载部署 Python IDLE 开发环境。

（2）Windows 操作系统下载部署 PyCharm 集成开发环境。

（3）Windows 操作系统下载部署 Anaconda 集成开发环境。

（4）配置 PyCharm 和 Anaconda 联动的开发环境。

集成开发环境是一种辅助开发人员进行程序开发的应用软件，它集成了代码编写功能、分析功能、运行功能、调试功能等一体化的开发软件服务套件。在 Python 程序的开发过程中，常用的集成开发环境有 Python 自带的 IDLE、PyCharm、Jupyter Notebook 等，接下来针对几种流行的开发工具与环境进行介绍。

## 1.2.2　IDLE 的配置与使用

### 1．安装文件下载

（1）访问 Python 官网，选择【Downloads】→【Windows】选项，如图 1-2 所示。

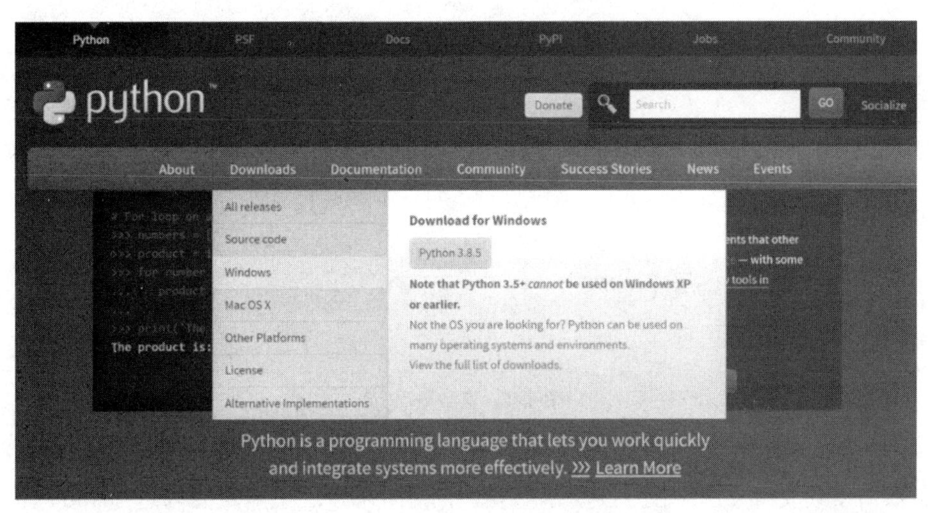


图 1-2　Python 官网

（2）跳转到 Python 下载界面，如图 1-3 所示，该界面中包含多个版本的安装包，可以根据自身需求下载相应的版本，建议下载与本书一致的 Python 3.8.5 版本。

（3）选择适用于操作系统的安装包，如图 1-4 所示，这里我们选择 Python 3.8.5 版本下的“Windows x86-64 executable installer”安装包，下载并保存到本地。

这里需要注意的是，Version 列中“Windows x86 …”的安装包适用于 32 位的 Windows 操作系统，“Windows x86-64 …”的安装包适用于 64 位的 Windows 操作系统。executable 表示安装包是独立的，包含所有的必需文件；而 web-based 表示安装包只包含必要的安装引导程序，需要在安装过程中根据安装选项从网络下载文件。

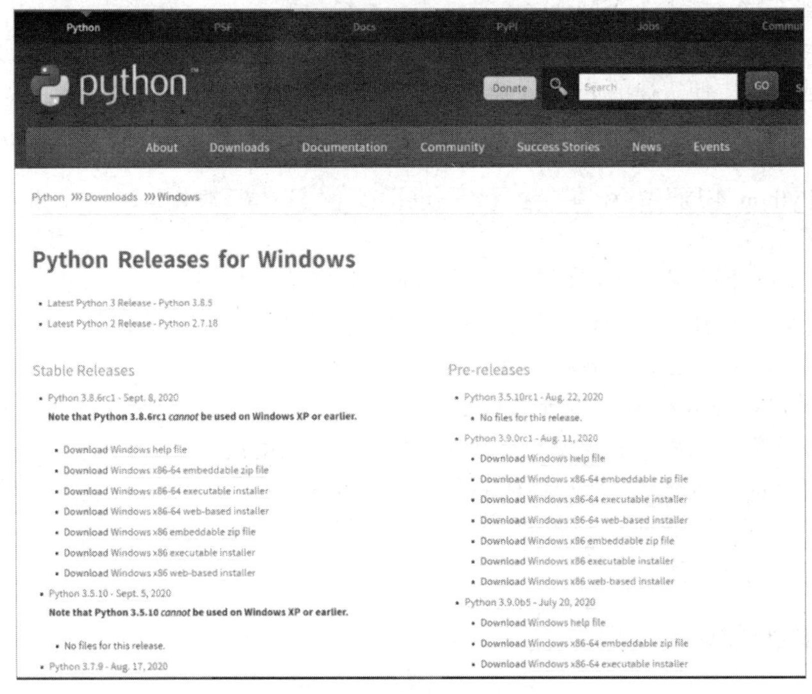


图 1-3　Python 下载界面

| Version | Operating System | Description | MD5 Sum | File Size | GPG |
| --- | --- | --- | --- | --- | --- |
| Gzipped source tarball | Source release | | e2f52bcf531c8cc94732c0b6ff933ff0 | 24149103 | SIG |
| XZ compressed source tarball | Source release | | 35b5a3d0254c1c59be9736373d429db7 | 18019640 | SIG |
| macOS 64-bit installer | Mac OS X | for OS X 10.9 and later | 2f8a736eeb307a27f1998cfd07f22440 | 30238024 | SIG |
| Windows help file | Windows | | 3079d9cf19ac09d7b3e5eb3fb05581c4 | 8528031 | SIG |
| Windows x86-64 embeddable zip file | Windows | for AMD64/EM64T/x64 | 73bd7aab047b81f83e473efb5d5652a0 | 8168581 | SIG |
| Windows x86-64 executable installer | Windows | for AMD64/EM64T/x64 | 0ba2e9ca29b719da6e0b81f7f33f08f6 | 27864320 | SIG |
| Windows x86-64 web-based installer | Windows | for AMD64/EM64T/x64 | eeab52a08398a009c90189248ff43dac | 1364128 | SIG |
| Windows x86 embeddable zip file | Windows | | bc354669bffd81a4ca14f06817222e50 | 7305731 | SIG |
| Windows x86 executable installer | Windows | | 959873b37b74c1508428596b7f9df151 | 26777232 | SIG |
| Windows x86 web-based installer | Windows | | c813e6671f334a269e669d913b1f9b0d | 1328184 | SIG |

图 1-4　下载安装包

### 2．运行安装文件

（1）双击安装文件，出现图 1-5 所示的安装向导界面。这里一定要勾选【Add Python 3.8 to PATH】复选框。有两种安装方式可供选择，一种是默认方式“Install Now”，另一种是自定义方式“Customize installation”，这里选择自定义安装“Customize installation”方式，开始安装。

**注意：**如果在安装时没有勾选【Add Python 3.8 to PATH】复选框，则在使用 Python 解释器之前要先手动将 Python 路径添加到环境变量中。环境变量的配置过程如下，右击【此电脑】，在弹出的快捷菜单中选择【属性】命令，打开【系统】窗口，选择【高级系统设置】选项，在【系统变量】列表中找到环境变量【Path】并双击，将 Python 的安装路径加入其中即可。

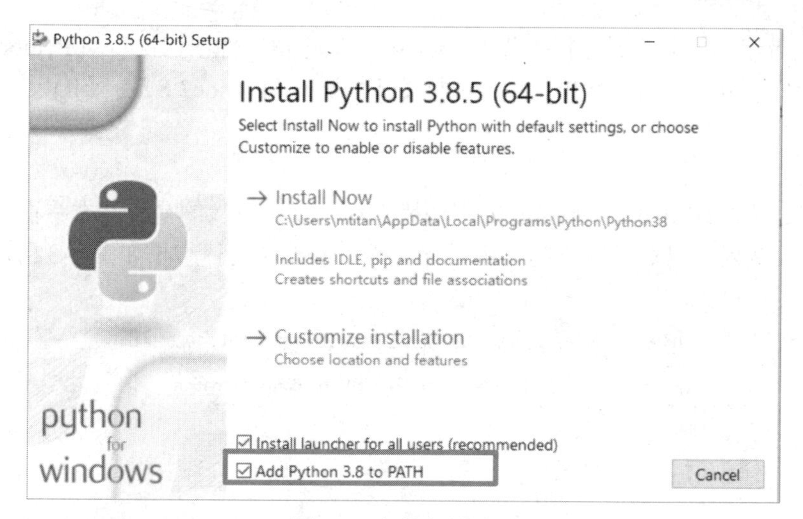


图 1-5 安装向导界面

（2）配置 Python 的安装路径，点击【Install】按钮开始安装，安装成功后出现图 1-6 所示的安装完成界面。

图 1-6 安装完成界面

（3）在 Windows 操作系统中打开命令提示符窗口，输入“python”后显示 Python 的版本信息，表示安装成功，如图 1-7 所示。

图 1-7 命令提示符表示安装成功

### 3. Python 的运行方式

Python IDLE 有两种运行方式：交互式和文件式。交互式是指 Python 解释器逐行接收 Python

代码并即时响应运行；文件式是指先将 Python 代码保存在文件中，再启动 Python 解释器批量解释代码。在安装好 Python IDLE 之后，选择【开始】→【Python3.8】→【IDLE...】菜单命令，进入 Python 编程环境。

1）交互式

在打开 Python IDLE 进入 Python 编程环境之后，默认进入的是交互式界面。在命令提示符“>>>”后面输入代码，按回车键即可运行代码，输出的运行结果如图 1-8 所示。

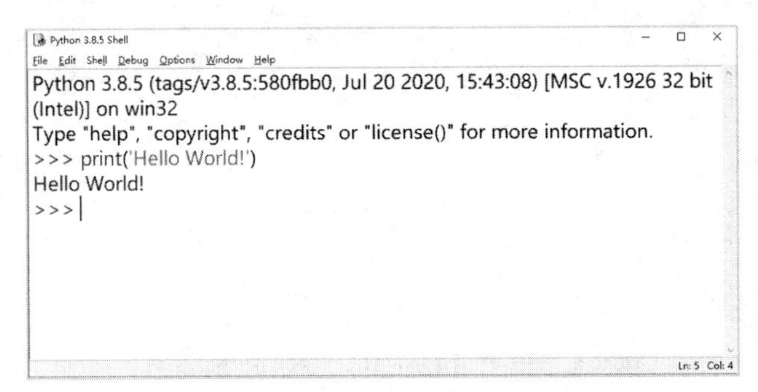


图 1-8 交互式界面

2）文件式

在 Python IDLE 的交互式界面下，选择【File】→【New File】菜单命令，创建 Python 文件，在文件中写入代码并保存文件，如图 1-9 所示。可选择【Run】→【Run Module】菜单命令或直接按“F5”键运行。

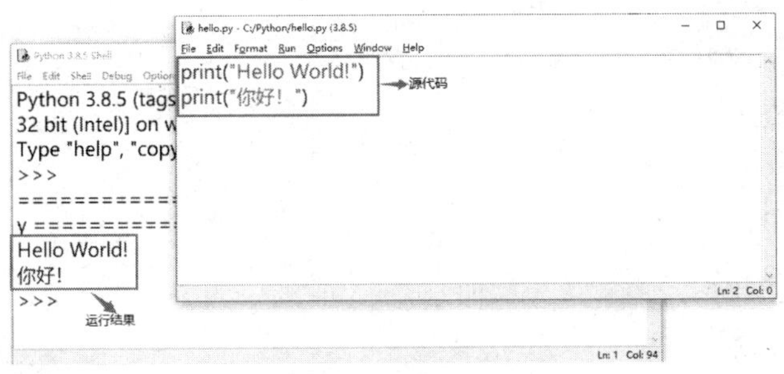


图 1-9 文件式界面

**边学边练：**

Windows 操作系统下载部署 Python IDLE 开发环境的过程如下。

（1）根据计算机实际环境，在 Python 官网下载 Python IDLE。

（2）将其安装至电脑 C:\Python\IDLE 目录下。

（3）在文件式运行方式下输入代码“print(‘Hello World!’)”并运行。

### 1.2.3 集成开发环境 PyCharm 的配置与使用

PyCharm 是深受开发人员喜爱的 Python 开发工具，操作便捷、功能齐全，具有可调试、语法高亮、项目管理、代码跳转、单元测试等功能。

**1．安装文件下载**

访问 jetbrains 官网，打开下载 PyCharm 工具的界面，并选择所需版本，如图 1-10 所示。PyCharm 包含 Professional 和 Community 两个版本。其中，Professional 版本支持 Python IDE

的所有功能以及 Web 开发，包括 Django、Flask、JavaScript 等各类框架和语言，且支持远程开发、数据库等功能；而 Community 版本只支持轻量级 Python IDE，但它是免费的。这里我们点击 Community 版本下的【Download】按钮，下载 PyCharm 安装包。

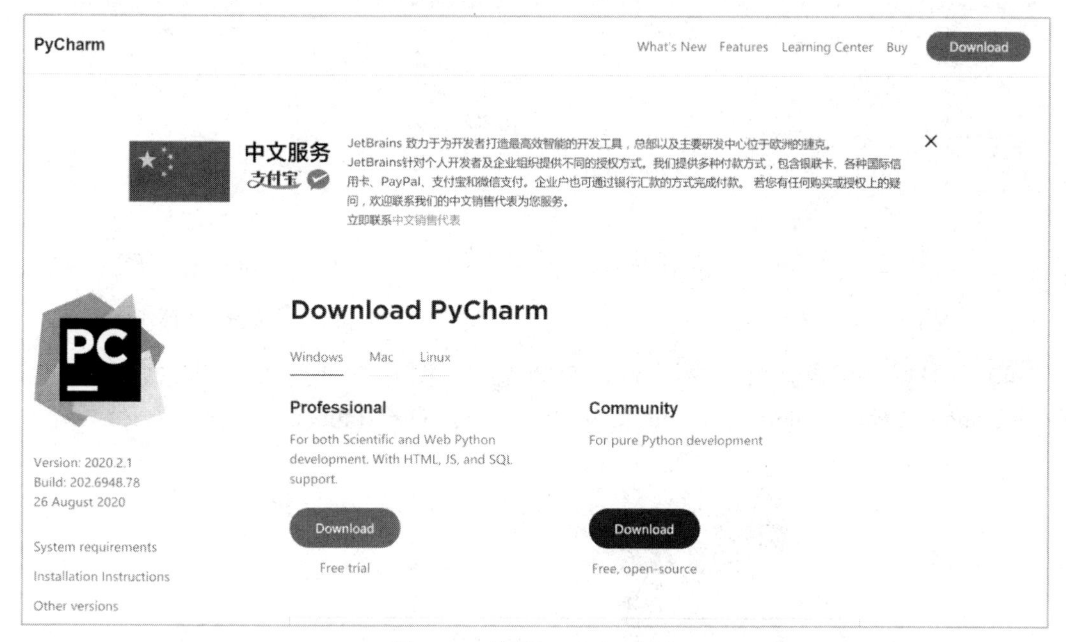


图 1-10　选择 PyCharm 版本

## 2. 运行安装文件

（1）下载成功后，双击“PyCharm Community”安装包，弹出欢迎界面，如图 1-11 所示。

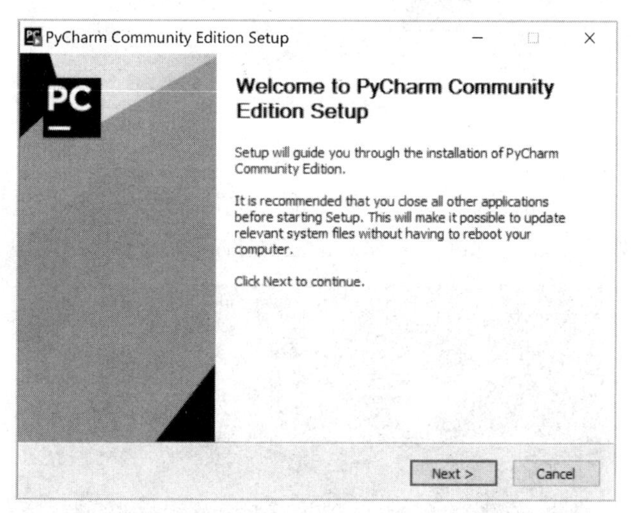


图 1-11　PyCharm Community 欢迎界面

（2）点击【Next】按钮，进入 PyCharm 选择安装路径界面，如图 1-12 所示，建议路径不要太长，且不要包含中文字符。

（3）确定好安装路径后，点击【Next】按钮，进入安装选项界面，如图 1-13 所示。用户可以在该界面中根据需求选择相应功能，建议勾选左边三个复选框。

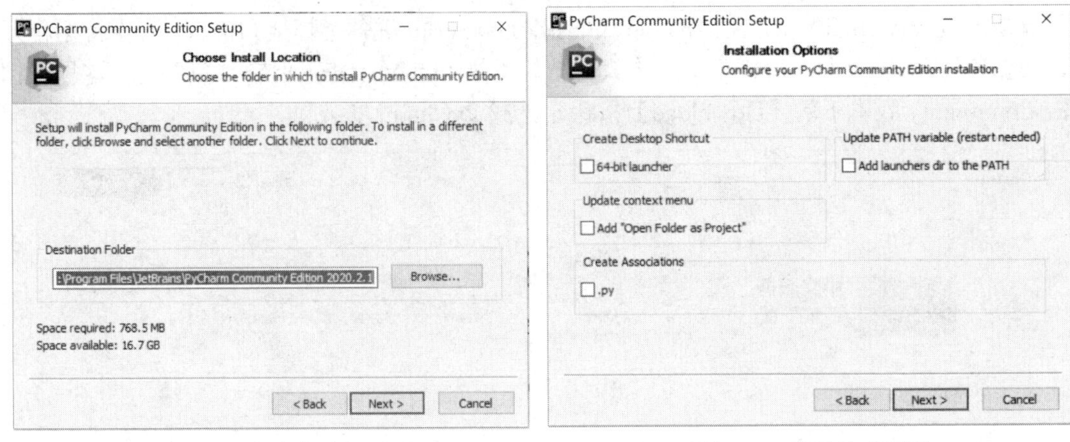


图 1-12　选择安装路径界面　　　　图 1-13　安装选项界面

（4）保持默认配置，安装 PyCharm 后会跳转到图 1-14 所示的安装完成界面，提示“Completing PyCharm Community Edition Setup”信息，点击【Finish】按钮完成安装。

图 1-14　安装完成界面

### 3. 使用 PyCharm

在初次使用 PyCharm 时会进入许可协议界面，选择接受许可协议单选按钮并点击确定按钮，跳过 UI 界面设置后，即进入创建新项目的主界面，如图 1-15 所示。

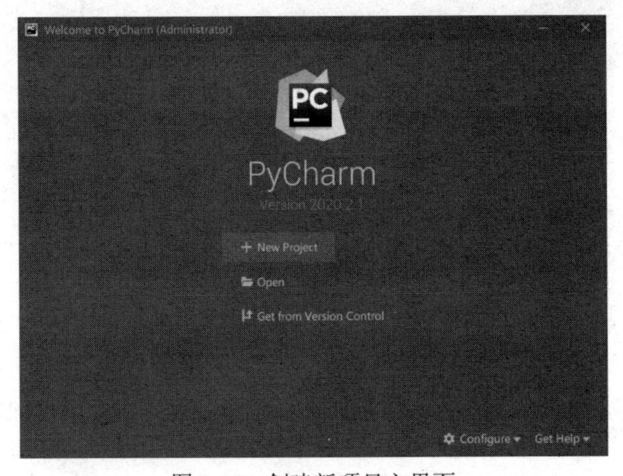


图 1-15　创建新项目主界面

（1）打开【New Project】窗口，完成新建 Python 项目的相关设置，如图 1-16 所示，自定义项目存储路径，定义关联 Python 解释器，也可以在选择 1.2.1 节中安装的 Python 解释器（在 Existing interpreter 中设置），点击【Create】按钮。此时弹出提示信息，可以选择在启动时不显示提示。

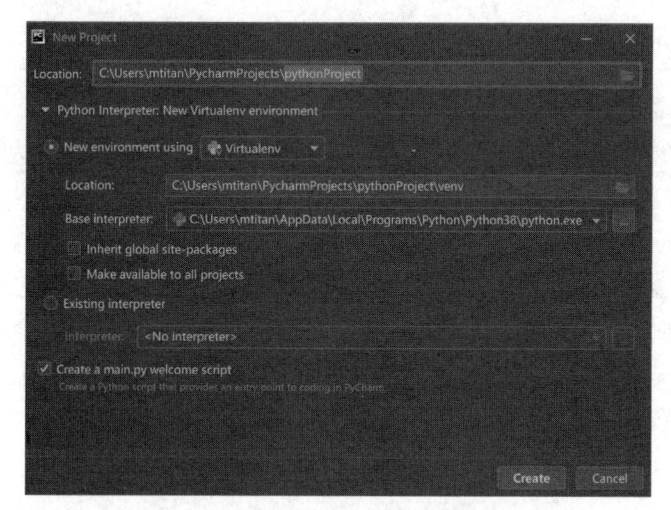

图 1-16　新建 Python 项目相关设置

（2）在新建好项目之后创建 Python File，如图 1-17 所示。创建自定义的.py 文件，右击项目名，在弹出的快捷菜单中选择【New】→【Python File】命令。

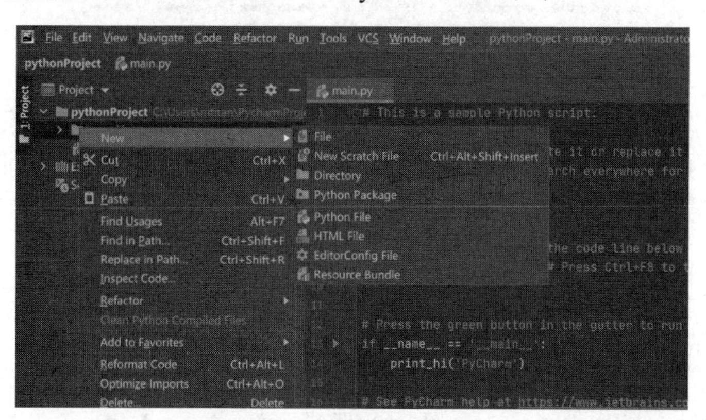

图 1-17　创建 Python File

（3）在弹出的对话框中输入.py 文件名，点击【OK】按钮即可打开该文件。

## 1.2.4　集成开发环境 Anaconda 的配置与使用

在众多的 Python 开发环境中，Anaconda 因为集成了大量 Python 扩展库，并具有强大的数据处理与分析功能而深受开发人员的喜爱。此外，Anaconda 中的 conda 工具具有强大的扩展库管理与环境管理功能，允许用户方便地安装不同版本的 Python 解释器和扩展库，并可以进行快速切换。这里以 Windows 操作系统为例，讲述 Anaconda 的安装和使用。

### 1．安装文件下载

（1）访问 Anaconda 官网，选择【Products】→【Individual Edition】选项，进入个人版下载界面。在个人版下载界面中点击【Download】按钮，进入图 1-18 所示的安装包列表界面。

图 1-18　Anaconda 的安装包列表界面

（2）选择并下载 Windows 操作系统对应的 Anaconda 安装包。

2．运行安装文件

（1）下载成功后，双击该安装包会弹出欢迎界面。点击【Next】按钮进入许可协议界面，点击【I Agree】按钮，选择【Just Me】或【All Users】单选按钮，进入路径设置界面，如图 1-19 所示。注意安装路径不宜太长，且不宜使用中文路径。

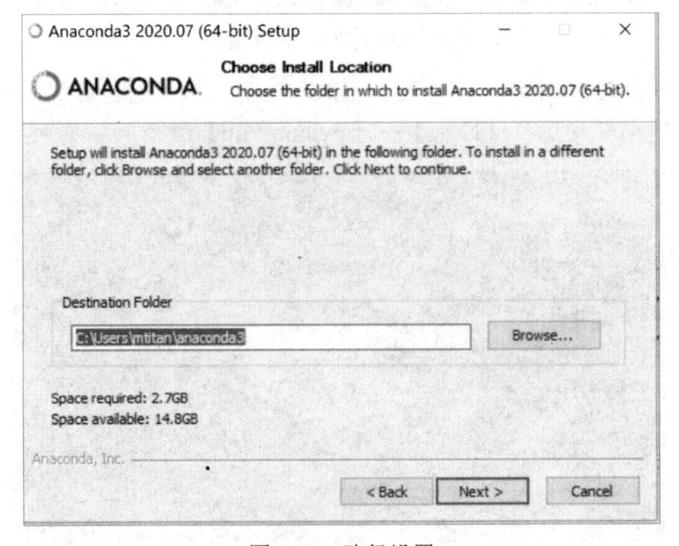


图 1-19　路径设置

（2）确定好安装路径后，点击【Next】按钮进入安装选项界面，如图 1-20 所示。在该界面中，如果是第一次安装，则两个复选框均可勾选。其中，第一个复选框是将 Anaconda 下的 Python 环境添加到环境变量中，如果不勾选此复选框，则需手动添加。

（3）点击【Install】按钮进入安装过程，点击【Finish】按钮完成安装。

3．使用 Anaconda

Anaconda 安装好后，可以选择【开始】→【Anaconda3(64-bit)】菜单命令启动相关开发环境，如图 1-21 所示。可以看到，Anaconda 下有 Jupyter Notebook、Spyder 等开发环境，Jupyter Notebook 在数据分析领域中用得较多，接下来以 Jupyter Notebook 为例讲述其用法。

（1）选择【开始】→【Anaconda3(64-bit)】→【Jupyter Notebook(Anaconda3)】菜单命令，打开 Jupyter Notebook 开发界面，可以发现这是一个网页界面，如图 1-22 所示。Jupyter Notebook

是基于网页的 Python 开发环境。

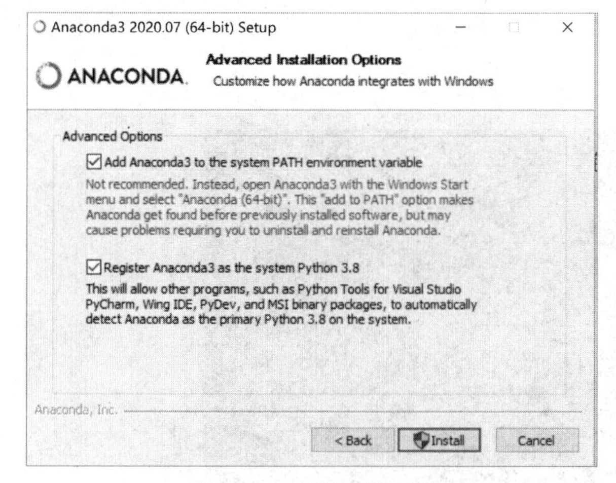


图 1-20 安装选项界面

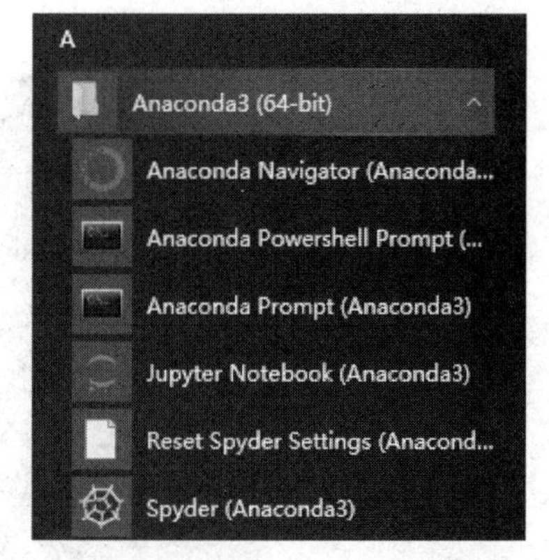


图 1-21 Anaconda 下的开发环境

图 1-22 Jupyter Notebook 开发界面

（2）选择右上角的【New】→【Python3】菜单命令，进入 Python 代码编写的网页界面。在这个界面的每个 Cell 中输入代码块，点击【运行】按钮即可输出运行结果，如图 1-23 所示。

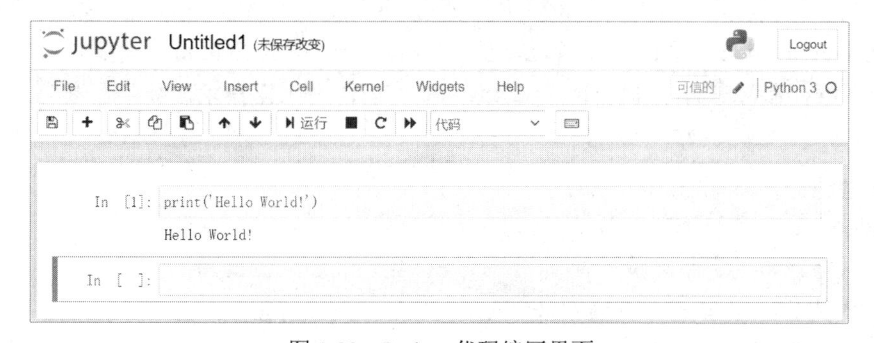


图 1-23 Python 代码编写界面

（3）查看 Anaconda 下已安装的扩展库。可选择【开始】→【Anaconda3(64-bit)】→【Anaconda Prompt(Anaconda3)】菜单命令，运行“conda list”命令，可查询当前环境下安装了哪些扩展库，如图 1-24 所示。

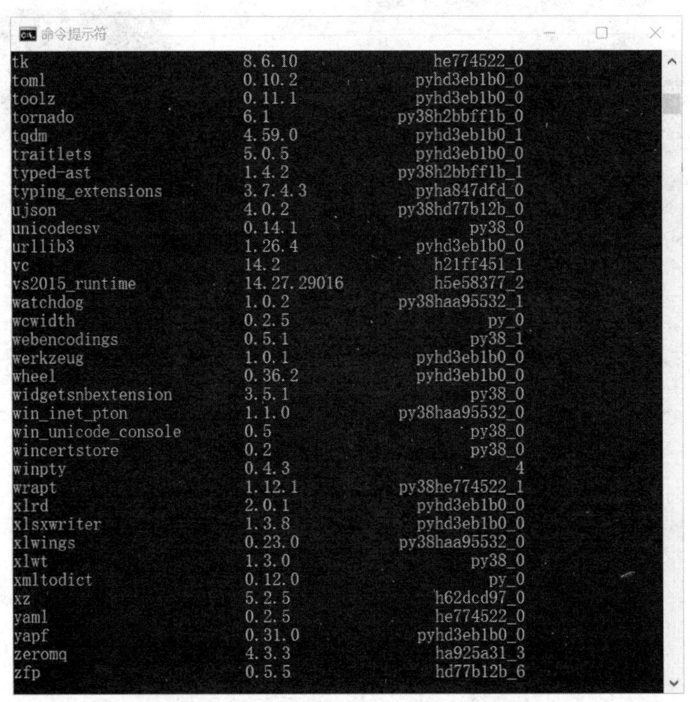


图 1-24　Anaconda 当前的扩展库

> **边学边练：**
> Windows 操作系统下载部署 Anaconda 集成开发环境的步骤如下。
> （1）根据计算机实际环境，在官网下载 Anaconda。
> （2）将 Anaconda 安装至电脑 C:\Python\Anaconda 目录下。
> （3）打开 Jupyter Notebook，输入代码“print('Hello World!')”并运行。

### 1.2.5　任务实现——PyCharm 和 Anaconda 联动的开发环境配置

根据 1.2.2～1.2.4 节边学边练的要求，小 T 已安装好了 Python IDLE、PyCharm 和 Anaconda 3 种 Python 开发环境，每种开发环境都有自己的 Python 解释器，不同解释器下安装有不同的扩展库，这会对后续学习 Python 带来不便。小 T 对 PyCharm 和 Anaconda 联动的开发环境进行配置，鉴于 Anaconda 强大的环境管理功能，将 PyCharm 中的 Python 解释器配置为 Anaconda 中的 Python 解释器，并将 D 盘下的 PythonCode 目录作为工作目录，在学习和书写 Python 代码时使用。

> **边学边练：**
> Windows 操作系统下载部署 PyCharm 集成开发环境的步骤如下。
> （1）根据计算机实际环境，在官网下载 PyCharm Community 版本。
> （2）将 PyCharm 安装至电脑 C:\Python\PyCharm 目录下。
> （3）打开 PyCharm，输入代码“print('Hello World!')”并运行。

【任务分析】

（1）创建工作路径 D:\PythonCode。

（2）将 PyCharm 中解释器配置为 Anaconda 中的解释器，即 C:\Python\Anaconda3 下的 Python 解释器，并将 PyCharm 的工作路径配置为 D:\PythonCode。

（3）配置 Anaconda 的工作路径为 D:\PythonCode。

【任务实现】

### 1. 创建工作路径

在 D 盘下创建目录 PythonCode 并将其作为工作路径。

### 2. 配置 PyCharm 解释器和工作路径

打开 PyCharm 的项目创建界面，配置【Location】选项为工作路径“D:\PythonCode”，“Interpreter”路径为“C:\Python\Anaconda3”，如图 1-25 所示。

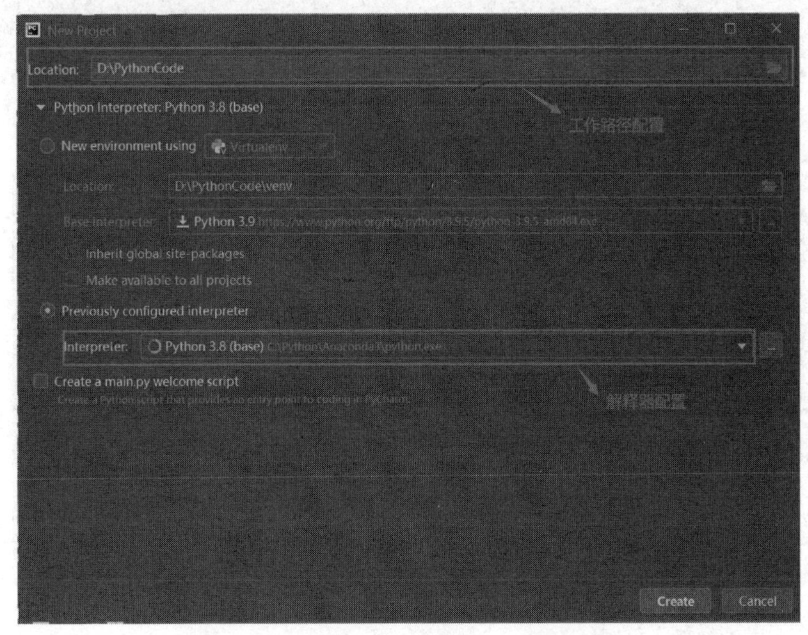


图 1-25　配置 PyCharm 工作路径和解释器

配置完成后，新建一个 Python 文件，选择【File】→【Settings】菜单命令，打开【Settings】界面，通过【Python Interpreter】下拉列表可以看到 Python 解释器已是 Anaconda 中的解释器，扩展库也与 Anaconda 默认环境下的扩展库一致，如图 1-26 所示。

### 3. 配置 Anaconda 的工作路径

（1）配置 Jupyter Notebook 文件路径。选择【开始】→【Anaconda3(64-bit)】→【Anaconda Prompt(Anaconda3)】菜单命令，输入“jupyter notebook --generate-config”，按回车键。得到 Jupyter Notebook 配置文件路径，如图 1-27 所示。

（2）更改 notebook_dir 目录。根据配置的文件路径，找到对应目录下的配置文件“jupyter_notebook_config.py”，以记事本方式打开该文件，找到“notebook_dir”目录，将其更改为工作路径“D:\PythonCode”。注意在修改时去掉 c.NotebookApp.notebook_dir 前的“#”及空格，如图 1-28 所示。

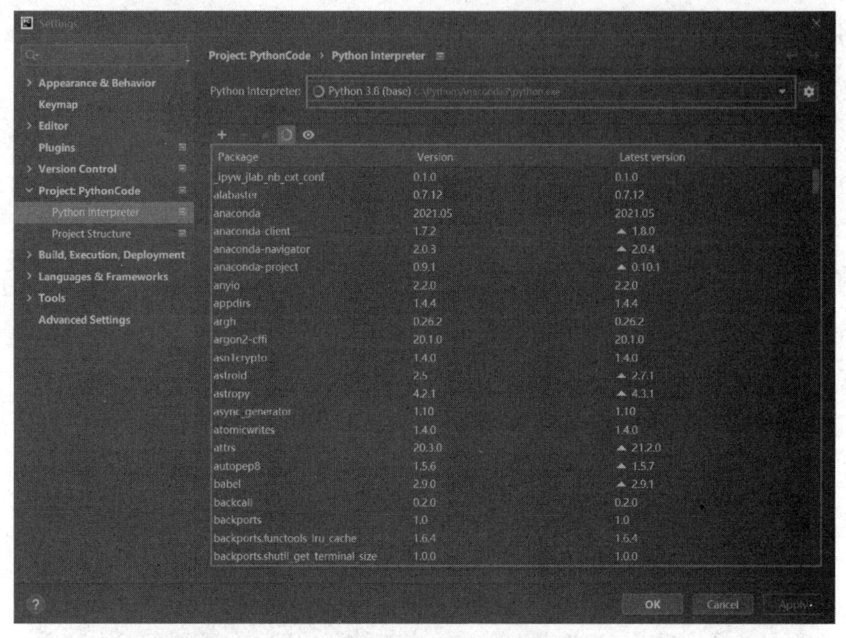


图 1-26 【Settings】界面

图 1-27 Jupyter Notebook 配置文件路径

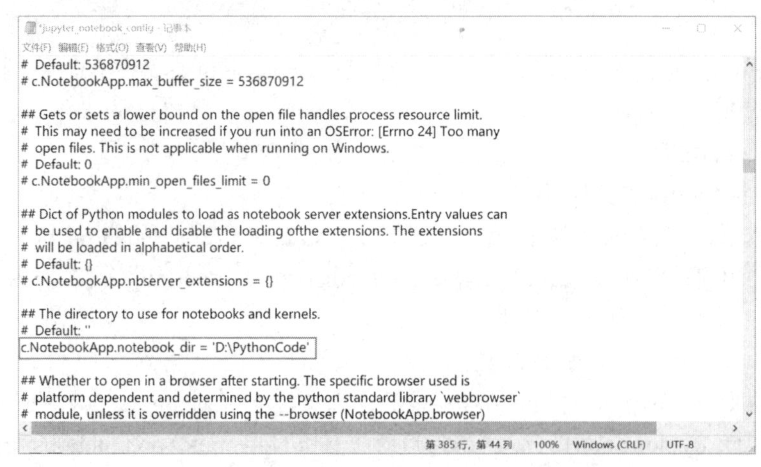


图 1-28 更改 notebook_dir 目录

（3）修改 Jupyter Notebook 启动路径。选择【开始】→【Anaconda3(64-bit)】菜单命令，右击【Jupyter Notebook(Anaconda3)】，打开文件位置。右击【Jupyter Notebook】，在弹出的快捷菜单中选择【属性】命令，出现图 1-29 所示的界面，修改【目标】中的参数，即删除“‘%USERPROFILE%’”，并点击【确定】按钮。

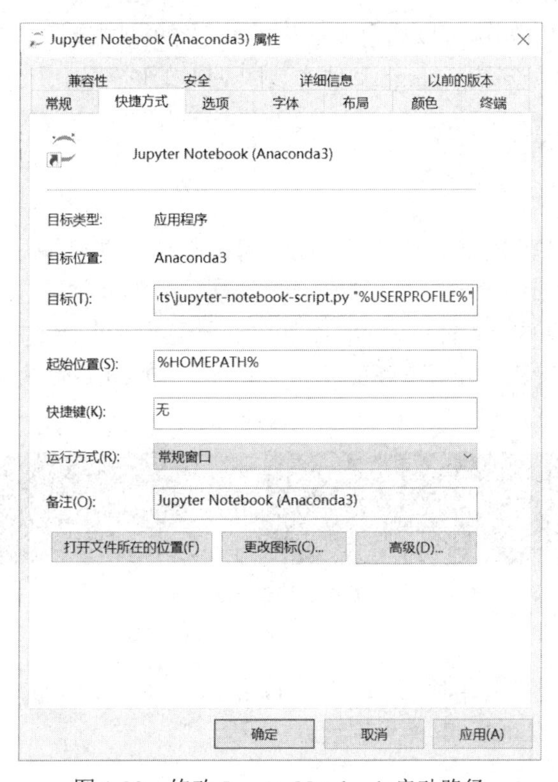


图 1-29 修改 Jupyter Notebook 启动路径

（4）启动 Jupyter Notebook，确认默认工作路径已变更为“D:\PythonCode”。

**边学边练:**

在完成 1.2.3、1.2.4 节边学边练的基础上，完成以下任务。

（1）将 PyCharm 中的 Python 解释器设置为 Anaconda 中的解释器。

（2）在 D 盘下创建 Pythoncode 目录，用来存放本任务的所有 Python 代码。

（3）将 PyCharm、Jupyter Notebook 的默认工作路径设置为（2）所建的路径。

## 任务 1.3 Python 扩展库的安装

**【任务描述】**

在后面的学习中，小 T 会用到 Matplotlib 第三方扩展库绘制图表。导师告诉他，Python 中的标准库可以直接导入使用而无须安装，但第三方扩展库必须在安装后方可使用，并且有不同的安装方法，根据实际情况可选择相应的安装方法。本任务会讲解 Python 扩展库安装的基本方法。

【任务分析】

（1）了解 Python 扩展库管理的常用方法。

（2）用不同方法安装 Python 扩展库。

（3）查看、卸载 Python 扩展库。

在 Python 扩展库的官网中可以搜索和下载各种各样的扩展库。在 Python 中安装扩展库有 3 种常用的方法：pip 命令安装、tar.gz 文件安装和.whl 文件安装。

## 1.3.1 pip 命令安装

### 1. pip 包管理工具

pip 是一个安装和管理 Python 的工具，使用起来非常方便，省去了手动搜索、查找版本、下载、安装等一系列烦琐的步骤，而且能自动解决包依赖的问题。

Python 3.4 以上的版本一般都自带 pip 工具。用户可以通过 cmd 命令行的方式，输入“pip -V”命令确认 pip 是否安装，并查看当前的 pip 版本号，如图 1-30 所示。

图 1-30 确认 pip 版本

### 2. pip 安装命令

在使用 pip 命令安装扩展库时，需要连接互联网下载并安装扩展库。使用 pip 命令安装扩展库非常简单，这里以 Matplotlib 库为例进行演示。

（1）安装最新版本的 turtle 库：

```
pip install matplotlib
```

默认获取当前最新版本的安装包进行安装。

（2）安装指定版本的 turtle 库：

```
pip install matplotlib==3.1.3
```

使用“==”指定过去的某个版本，通常是为了在协作开发时与他人或公司的环境保持一致。

（3）查看当前 matplotlib 库的版本：

```
pip show matplotlib
```

使用该命令会显示已安装的 matplotlib 的具体版本和安装路径等信息。

（4）卸载 matplotlib 库：

```
pip uninstall matplotlib
```

只需这一行命令即可轻松地将已安装的库卸载。

（5）显示安装包 matplotlib 库：

```
pip show matplotlib
```

使用该命令可以获得该安装包的名称、版本、作者、安装在本地的地址等信息。

（6）显示所有已安装的包：

```
pip list
```

使用该命令可以获得所有已安装的包的名称和版本信息。

## 1.3.2 tar.gz 文件安装

使用 pip 命令安装扩展库非常方便，但并不是所有的扩展库都能用它来安装，有的扩展库可能只提供了源码压缩包文件，或者安装环境不能上外网，这时就可以用 tar.gz 文件来安装。

可以先在 Python 扩展库官网中搜索要安装的第三方库的库名，然后在找到的扩展库界面中点击【Download files】按钮，即可看到提供的下载文件，如图 1-31 所示。

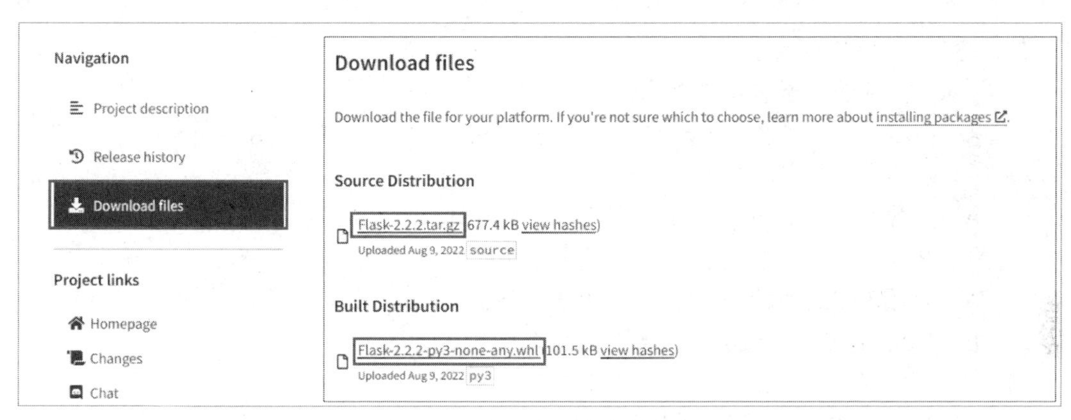


图 1-31　扩展库下载文件信息

点击文件名即可下载 tar.gz 压缩包，在本地解压缩之后，进入文件目录，执行下列命令：

```
python3 setup.py install
```

虽然只有一行命令，但是相比 pip 命令，这种方式是相对复杂的，尤其是在某个扩展库有很多依赖库时，就更不方便了。

## 1.3.3 .whl 文件安装

目前有超过一半的库文件有对应的 wheel 文件，其形式是扩展名为.whl 的文件。它本质上是一个压缩包，专门用于 Python 模块的安装，用户可以通过 pip 工具中内置的 wheel 子命令来安装。

在图 1-31 中可以看到 Python 用于 Web 开发的 Flask 扩展库文件 Flask-2.2.2-py3-none-any.whl，将它下载并保存到本地，执行下列 pip 命令：

```
pip install Flask-2.2.2-py3-none-any.whl
```

**边学边练：**

请完成下面任务。

（1）使用 pip 命令在线安装 Django 库。

（2）查看安装好的 Django 版本，然后卸载 Django。

（3）下载 Django 的.whl 文件，并将其进行安装（选做）。

# 任务 1.4 认识 Python 实训

## 一、实训目的

1. 了解 Python 的发展历史和特点。
2. 掌握 Python 开发环境安装和配置。
3. 掌握第三方库的安装。

## 二、实训内容

**实训任务 1：理论题**

1. Python 文件的扩展名是（　　）。

   A．.python　　B．.py　　C．.pg　　D．.pn

2. Python 的中文含义是（　　）。

   A．蟒蛇　　B．蜜蜂　　C．大象　　D．松鼠

3. 关于 Python 版本的描述，下面选项中不正确的是（　　）。

   A．常用 Python 版本是 Python 1 和 Python2
   B．Python 2.7 已于 2020 年底停止支持
   C．现阶段大部分公司用的是 Python 3
   D．Python 的流行程度非常高

4. 关于 Python 的描述，下面选项中不正确的是（　　）。

   A．Python 是一门高级语言　　B．Python 复杂难懂
   C．Python 运行速度很快　　D．Python 可移植性差

5. Python 是一门（　　）类型的编程语言。

   A．机器语言　　B．汇编　　C．编译　　D．解释

6. 在 Windows 操作系统下编写的 Python 程序可以在其他平台运行，这说明了 Python 具有（　　）的特点。

   A．可移植性　　B．面向对象
   C．语法简介　　D．生态丰富

7. （　　）不是 Python 的开发环境。

   A．Rstudio　　B．Pycharm
   C．Jupyter Notebook　　D．Spyder

8. 关于 pip 命令，下列描述正确的是（　　）。

   A．pip 可以安装任何的第三方库
   B．wheel 文件不是用 pip 命令安装的
   C．pip 安装时不能指定所要安装库的版本
   D．pip show 命令可以列出所有安装好的第三方库

9. pip 命令不可以实现（　　）功能。

   A．安装一个第三方库
   B．卸载一个已经安装好的第三方库
   C．列出当前已安装的所有第三方库

D．执行 Python 程序

10．下列（　　）不是 Python 的应用领域。

A．科学计算　　　　B．Web 开发

C．数据分析　　　　D．操作系统管理

**实训任务 2：操作题**

1．在电脑上完成本章边学边练的所有任务。

2．以下是由字符组成的“超级玛丽”图形，编写一个简单的 Python 程序打印出此图形。

```
   ********
      ************
      ####....#.
     #..###.....##....
     ###.......######
        ...........
      ##*#######
      ####*******######
      ...#***.****.*###....
      ....**********##.....
      ....**** *****....
          #### ####
        ###### ######
##########################################
#...#......#.##...#......#.##...#......#.#
##########################################
##########################################
#...#......#.##...#......#.##...#......#.#
##########################################
```

# 项目二

# Python 基本语法

## 知识目标

- 掌握 Python 的基本语法。
- 掌握 Python 的变量用法。
- 掌握 Python 的数据类型转换、运算符和表达式的使用。

## 能力目标

- 会命名 Python 的标识符。
- 能转换 Python 的数据类型。
- 能熟练使用不同的运算符进行运算。

## 项目导学（视频）

小 T 在学习中发现，Python 不同于以往学过的程序语言，其风格独特，是一门好学易懂的语言，而且应用领域广泛，特别是在科学计算、数据分析领域，这与它多样化的数据类型密不可分。本项目从最基础的数学计算、画图等任务出发，讲解 Python 的程序风格、内置对象、基本的数据类型及其转换、运算符。

微课：Python 基本语法项目导学

## 任务 2.1　Python 程序风格——运行你的第一个程序（视频）

微课：Python 程序风格

**【任务描述】**

Python 是一门简单易学的编程语言，其语法优美，有相应的规范和独特的风格。接下来以等边三角形绘制程序为例，讲解 Python 的缩进规则、基本语法等程序风格。

**【任务分析】**

（1）在 PyCharm 或者其他集成开发环境中输入并运行【例 2-1】的代码。

（2）学习并牢记 Python 的缩进规则。

（3）用 import 语句导入标准库。

（4）学习使用行注释。

**【例 2-1】** 等边三角形的绘制。

```
#-*- coding:utf-8 -*-
# 完成一个三角形的绘制
import turtle                                # 导入 turtle 库

turtle.fillcolor("yellow")                   # 设置填充颜色
turtle.begin_fill()
for i in range(3):
    turtle.forward(100)                      # 画线长度 100
    turtle.right(120)                        # 右转 120 度
turtle.end_fill()                            # 填充颜色
turtle.mainloop()                            # 结束
```

运行以上代码，得到的运行结果如图 2-1 所示，在窗口中绘制了一个边为黑色、填充色为黄色的等边三角形。

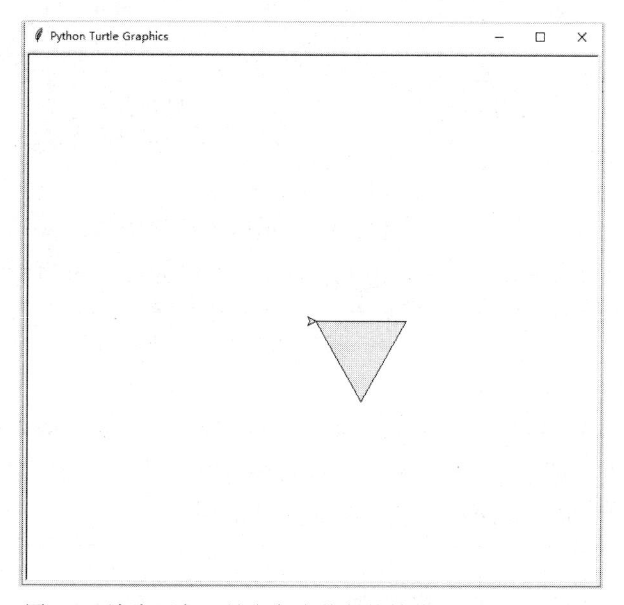


图 2-1　边为黑色、填充色为黄色的等边三角形绘制结果

接下来通过上述程序代码来讲解 Python 的程序风格。

### 2.1.1　Python 库的导入和使用

Python 标准库是 Python 安装时自带的库，这些库实现了常用的数学运算（math 库）、图形绘制（turtle 库）、操作系统处理（os 库）等功能。标准库需要通过 import 命令来导入并使用。

在【例 2-1】中，先用 import 命令导入绘图库 turtle，然后用 turtle 库中的方法完成等边三角形的绘制。

库的导入操作还有其他实现方法，与模块的导入和使用类似，具体可参考 5.3 节的内容。

**即学即答：**

下列关于 Python 库的说法中，正确的是（　　）。

A．Python 标准库需要安装才能使用

B．Python 第三方库不需要安装就可以使用

C．Python 标准库不需要引入就可以使用

D．Python 标准库和第三方库都需要用 import 命令引入才可以使用

### 2.1.2　Python 缩进规则

其他语言一般使用“{}”来控制代码块，但 Python 采用缩进来标识代码块，使代码看起来更简洁清爽，这是 Python 的一大特色。

缩进的空白数量是可变的，可使用“Tab”键或者空格键实现，但是同一代码块中的语句必须包含相同的缩进空白数量，且“Tab”键和空格键不允许混用，必须严格遵循这个规则，否则会出错。一般地，缩进 4 个空格的宽度为佳。

在【例 2-1】中，for 循环语句下的两行代码为其控制的代码块，均为 4 个空格，代码可以正确运行。

在下面的代码中，for 循环语句下的第二条语句缩进与第一条语句缩进的空格不一致。

```
...
for i in range(3):
    turtle.forward(100))                          # 画线长度 100
  turtle.right(120)                               # 缩进没保持一致
...
```

以这段代码在 PyCharm 中的运行为例，会显示以下错误信息。

```
C:\Python\Anaconda3\python.exe D:/py/tzk/000Python/jiaocai/02/firstPython.py
  File "D:/py/tzk/000Python/jiaocai/02/firstPython.py", line 7
    turtle.right(120)                             # 右转 120 度
                    ^

IndentationError: unindent does not match any outer indentation level
```

在 Python 代码块中必须使用相同数目的行首缩进空格数。建议在每个缩进层次中都使用单个制表符（按“Tab”键）或 4 个空格，切记不能混用。

**即学即答：**

Python 以（　　）的方式标识代码块。

A．( )　　　　B．{}

C．[]　　　　D．缩进

### 2.1.3　Python 行与注释

在程序中，通常用自然语言对某些代码的含义和功能进行标注和说明，这可以大大提高程序的可读性，这就是注释的作用。

注释分文档注释、块注释和行内注释。文档注释是为所有公共模块、函数、类及方法编写的文档说明。块注释在块的开头进行注释。行内注释对单行语句进行注释。

根据注释文本的长度不同，又有单行注释和多行注释之分。

### 1. 单行注释

单行注释，只能注释一行内容，通常用井号“#”开头，语法格式如下：

```
#-*- coding:utf-8 -*-
# 第一个注释，打印 hello word!
print("hello word!")                          # 第二个单行注释，print 语句
```

解释器不执行任何注释内容，即注释的内容不会被机器编译。需要注意的是，编码声明（如 # -*- coding:utf-8 -*-）也是以“#”开头的，但不属于注释。

“# -*- coding:utf-8 -*-”的主要作用是指定文件编码方式为UTF-8，在执行这条语句之后，文件编码方式会被强制转换为UTF-8。一般地，Python 3.X 版本默认的编码方式是UTF-8，但为防止不同编辑器在编辑代码时出现乱码、报错的情况，建议在 Python 代码文件的第一行声明默认编码方式为UTF-8。

### 2. 多行注释

在 Python 程序的开发过程中，难免会有多行注释的需要，如果使用“#”，则需要在每行前面都加“#”来实现注释，语法格式如下：

```
#第一个注释
#第二个注释
```

而多行注释可以通过更加方便的注释方式来注释多行内容，一般用在注释一个模块代码或者一段文字的情况下，使用三个单引号或者三个双引号将需要注释的内容引起来，达到多行或者整段注释的目的，如【例 2-2】所示。

【例 2-2】多行注释。

```
"""
《菩萨蛮大柏地》
赤橙黄绿青蓝紫，
谁持彩练当空舞？
雨后复斜阳，
关山阵阵苍。
当年鏖战急，
弹洞前村壁。
装点此关山，
今朝更好看。
"""
'''
该词作者毛泽东；
写于 1933 年。
'''
```

在进行多行注释的时候，必须保持前后使用的引号类型一致，即前面使用单引号，后面就不能使用双引号；或者前面使用双引号，后面就不能使用单引号。

**即学即答：**

Python 的单行注释使用（　　）符号。

A．$ B．#

C．@ D．*

### 2.1.4 语句换行

过长的语句会影响代码的美观性与可读性，Python 官方建议每行代码不超过 79 个字符。Python 通常在一行写完一条语句，如果语句过长，则需要换行。

**1．用反斜杠换行**

在 Python 中，可以使用反斜杠“\”来实现语句换行，如【例 2-3】所示。

**【例 2-3】**使用反斜杠换行。

```
strPoem="《菩萨蛮大柏地》 毛泽东"+\
"赤橙黄绿青蓝紫，"+\
"谁持彩练当空舞？"+\
"雨后复斜阳，"+\
"关山阵阵苍。"+\
"当年鏖战急，"+\
"弹洞前村壁。"+\
"装点此关山，"+\
"今朝更好看。"
print(strPoem)
```

输出结果为：

```
《菩萨蛮大柏地》 毛泽东
赤橙黄绿青蓝紫，谁持彩练当空舞？雨后复斜阳，关山阵阵苍。当年鏖战急，弹洞前村壁。装点此关山，今朝更好看。
```

反斜杠后直接按回车键即可实现续行，使用的关键在于反斜杠后不能用空格或者其他符号。

**2．使用逗号换行**

在“[]”、“{}”或“()”中定义的多行语句，是 Python 组合数据类型的定义，不需要使用反斜杠来换行，使用逗号“,”换行即可，如【例 2-4】所示。

**【例 2-4】**使用逗号换行。

```
strPoem = ["《无题》 毛泽东     " ,
           "孩儿立志出乡关，",
           "学不成名誓不还。" ,
           "埋骨何须桑梓地，",
           "人生无处不青山。"]
print(strPoem)
```

输出结果为：

```
['《无题》 毛泽东     ', '孩儿立志出乡关，', '学不成名誓不还。', '埋骨何须桑梓地，', '人生无处不青山。']
```

**3．同一行多条语句**

在 Python 中，可以使用分号“;”对多条短语句实现隔离，从而在同一行实现多条语句，如【例 2-5】所示。

**【例 2-5】**使用分号隔离同一行多条语句。

```
print("《人民解放军占领南京》毛泽东")
print("钟山风雨起苍黄,百万雄师过大江。");print("虎踞龙盘今胜昔,天翻地覆慨而慷。")
print("宜将剩勇追穷寇,不可沽名学霸王。");print("天若有情天亦老,人间正道是沧桑。")
```

Python 使用换行作为其语句的终结，但是在“[]”、“{}”、“()”或者三引号包含的字符串中是例外的。在三引号包含的字符串中，可以直接使用换行，不需要进行格式化处理。

```
《人民解放军占领南京》毛泽东
钟山风雨起苍黄,百万雄师过大江。
虎踞龙盘今胜昔,天翻地覆慨而慷。
宜将剩勇追穷寇,不可沽名学霸王。
天若有情天亦老,人间正道是沧桑。
```

**边学边练：**

请用两种换行方法，结合 print()输出函数，将下面这段字符串中的每一句诗词进行换行输出。

《卜算子·咏梅》 毛泽东 风雨送春归，飞雪迎春到。已是悬崖百丈冰，犹有花枝俏。俏也不争春，只把春来报。待到山花烂漫时，她在丛中笑。

### 2.1.5 Python 的执行原理

根据程序的执行原理对编程语言进行分类，可分为编译型语言和解释型语言。在前面的内容中提到，Python 是解释型语言，在【例 2-1】程序的执行中也充分地体现了这一点。

编译型语言要求提前将所有源代码一次性转换成二进制指令，并生成一个可执行程序（Windows 操作系统下的.exe），使用的转换工具被称为编译器。解释型语言则是一边执行一边转换，不会生成可执行程序，使用的转换工具被称为解释器。

编译型语言与解释型语言，两者各有利弊。前者由于程序执行速度快，在同等条件下对系统要求较低，因此在开发操作系统、大型应用程序、数据库系统时都采用编译型语言，比如 C/C++、Pascal、VB 等；而一些网页脚本、服务器脚本、数据分析等对速度要求不高、对不同系统平台间的兼容性要求高的应用中，通常使用解释型语言，比如 JavaScript、Perl、Python 等，两者的程序执行原理如图 2-2 所示。

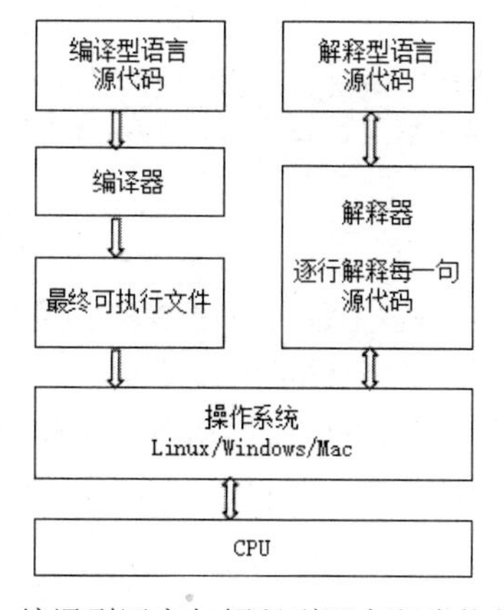


图 2-2 编译型语言与解释型语言程序执行原理

### 2.1.6 任务实现——运行你的第一个程序

**【任务分析】**

小 T 要绘制一个等边三角形，首先需要用 import 命令引入 turtle 库；然后利用 turtle 库的 fillcolor 方法设置三角形填充颜色；设置好后开始填充，利用 for 循环画出 3 条三角形的边，每画完一条边，画笔右转 120 度；最后结束填充，并完成程序。运行该程序就可以绘制出一个等边三角形。

**素养小课堂：**

根据 2.1 节所学，对【例 2-1】代码进行如下优化。

（1）添加程序功能注释、单行注释，增强程序的可读性。

（2）在编写代码过程中注意缩进，增强程序的美观性。

养成良好的代码编写习惯，是一名优秀的程序员最基本的素养。

**【源代码】**

**【例 2-6】**任务实现：等边三角形的绘制。

```
#-*- coding:utf-8 -*-
"""这是一个绘制等边三角形的 Python 程序
turtle 库：绘图库
turtle.fillcolor：设置填充颜色；turtle.forward：画线段；turtle.right：画笔右转
"""

import turtle                                      # 导入 turtle 库


turtle.fillcolor("yellow");
turtle.begin_fill()                                # 设置填充颜色，开始填充
for i in range(3):
    turtle.forward(100)                            # 画线长度 100
    turtle.right(120)                              # 右转 120 度
turtle.end_fill()                                  # 结束填充颜色
turtle.mainloop()                                  # 结束程序
```

运行以上代码，输出图 2-1 所示的等边三角形。

## 任务 2.2 Python 内置对象——计算圆的面积（视频）

**【任务描述】**

微课：Python 内置对象

已知圆的半径，求圆的面积是小学生都要求掌握的计算题。小 T 打算从这道简单的数学题目出发来学习 Python 的基本语法。他需要设计 Python 程序来实现输入圆的半径和输出圆的面积的功能。这里圆的面积公式为 $s = \pi r^2$，其中 $r$ 代表圆的半径，s 代表圆的面积，$\pi$ 代表圆周率。

**【任务分析】**

（1）输入圆的半径。

（2）根据公式求出圆的面积。

（3）输出圆的面积。

## 2.2.1 标识符和关键字

### 1. 标识符

在程序设计的过程中，经常需要在程序中定义一些符号来标记一些名称，这些符号被称为标识符。变量名是标识符的一种，关键字是一种特殊的标识符。标识符的命名必须遵守以下规则：

（1）允许使用字母、数字、下画线“_”及其组合作为变量名标识符。

（2）标识符不能以数字开头。

（3）Python 内置的关键字不允许作为标识符。

**【例 2-7】**标识符的命名。

```
str_1 ='我爱你中国'                           # 合法标识符
str*2='hello'                                # 不合法标识符，不能含有*
2user='winfrey'                              # 不合法标识符，数字不能放在开头
import=3                                     # 不合法标识符，import 是关键字
```

Python 的标识符区分大小写。例如，“Name”和“name”是两个不同的标识符。

### 2. 关键字

关键字又称为保留字，它是 Python 预先定义好、具有特定含义的标识符，用于记录特殊值、标识程序结构。原则上用户可以在遵守规则的前提下随意为变量命名，但是变量名不能与 Python 中的关键字相同。Python 3.8 版本共有 35 个关键字，如表 2-1 所示。

表 2-1 Python 关键字

| | | | | |
|---|---|---|---|---|
| False | await | else | import | pass |
| None | break | except | in | raise |
| True | class | finally | is | return |
| and | continue | for | lambda | try |
| as | def | from | nonlocal | while |
| assert | del | global | not | with |
| async | elif | if | or | yield |

运行下面两行代码，即可查看当前 Python 版本的关键字。

**【例 2-8】**查看 Python 的关键字。

```
import keyword
print(keyword.kwlist)
```

此外，还可以通过输入“help()”进入帮助系统查看所有关键字。

```
>>>help()                                    #进入帮助系统
help>keywords                                #查看所有关键字列表
help>return                                  #查看关键字 return 的说明
help>quit                                    #退出帮助系统
```

#### 3. 命名规范

Python 标识符的要求非常宽泛，原则上符合语法要求的字符或者字符串都可以作为标识符，但是为了提高程序的规范性和可阅读性，命名时应尽量遵循以下规则。

（1）见名知意。标识符应能体现其表示的变量的含义。比如，使用 name 标识记录姓名的变量，使用 age 标识记录年龄的变量等。

（2）命名方法：

- 常量名用大写的单词标识。
- 含义较复杂的变量，可以用下画线分隔，比如 my_name、MY_HEIGHT 标识；也可以用大写词（驼峰命名）即首字母大写的多个单词标识，比如 myAge 标识。
- 可以在名称中标识出标识符的数据类型，比如 intAge、strPoem、lstArticle 等。

**即学即答：**

以下标识符中，不合法的是（　　）。

A．for　　　　B．_pass

C．user_name　　　　D．pa55word

### 2.2.2 变量

#### 1. 变量

很多语言中都有常量的概念，常量是值不能改变的数据对象。例如，在 C 语言中用 const 关键字来定义圆周率 $\pi$ 的值，定义语句如下：

```
const float PI=3.1415926
```

在 Python 中不会使用语法强制定义常量，也就是说，Python 定义常量的本质是变量，变量是所有编程语言都支持的对象。

变量是指能存储计算结果或者表示值的抽象概念。在创建变量时，计算机内存会自动给该变量分配一个存储空间，用以存放变量值。

变量名的命名规则与标识符一致，并且通过赋值符号“=”进行赋值。在 Python 中不需要提前声明变量，在创建时直接赋值即可，同一个变量可以存储任何数据类型的数据。

在 Python 中存储一个数据需要一个变量。在【例 2-9】中，先将 3.14 赋值给 PI，15 赋值给 r，然后根据圆的面积公式求出面积并赋值给 s。变量可以重新被赋值，在 Python 中重新赋值的变量值不限于第一次数据类型。

【例 2-9】一般的变量赋值。

```
PI =3.14              # PI 看起来是一个常量，实际上是一个变量，用赋值符号进行赋值
r = 15                # r 是一个整型的变量，用赋值符号进行赋值
s =PI*r*r             # 根据圆面积公式求出的值，放入变量 s 中，用赋值符号进行赋值
r = 5.55              # 变量 r 还可以存储其他数据类型的值，本语句中存储浮点型数据
PI = '圆周率是：'      # 变量 PI 还可以存储其他数据类型的值，本语句中存储字符串
print(s)
```

变量创建完成后，其值存储在内存空间中，Python 用变量名来表示这些存储变量值的内存单元，使用变量名即可访问变量值，如图 2-3 所示。

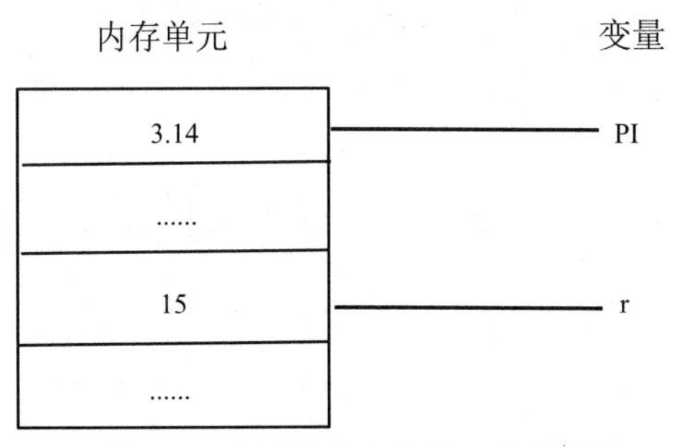


图 2-3　变量值在内存单元中的存储

### 2．变量的赋值

将值赋给变量的过程就是赋值，赋值通过赋值语句实现，它可以用来定义新的变量或者将已有的变量指向特定值。赋值符号是“=”，左边是变量，右边是表达式或者值，这里着重讲解多变量的赋值。

（1）链式赋值，其一般语法格式如下：

```
变量 1=变量 2=…=变量 n=表达式或值
```

它与以下赋值语句是等价的。

```
变量 n=表达式或值
…
变量 1=变量 2
```

在【例 2-10】中，将 a、b、c 三个变量链式赋值为 8，那么 a、b、c 均指向存储 8 的内存单元，因此三个变量的值均为 8。

**【例 2-10】**链式赋值。

```
a=b=c=8
print('a 的值是：',a)
print('b 的值是：',b)
print('c 的值是：',c)
```

输出结果为：

```
a 的值是：8
b 的值是：8
c 的值是：8
```

（2）同步赋值，其一般语法格式如下：

```
变量 1,变量 2,…,变量 n=表达式 1,表达式 2,…,表达式 n
```

在使用这种赋值方式时，赋值符号左边的变量个数与右边的表达式个数必须一致。

```
变量 1=表达式 1
…
变量 n=表达式 n
```

在【例 2-11】中，将 a、b、c 三个变量同步赋值为 85、78 和 92。

**【例 2-11】**同步赋值。

```
a,b,c=85,78,92
print('a 的值是：',a)
```

```
print('b 的值是：',b)
print('c 的值是：',c)
```

输出结果为：

```
a 的值是：85
b 的值是：78
c 的值是：92
```

**即学即答：**

下列赋值语句中，（　　）是非法的。

A．a,b=1,2,3　　B．a=b=c=x+y

C．x,y=a,b　　D．x,y=x+y,x-y

### 2.2.3　变量的输入和输出

#### 1．input()输入函数

input()函数是 Python 的内置函数，用于从控制台读取用户输入的内容。input()函数总是以字符串的形式来处理用户输入的内容，所以用户输入的内容可以包含任意字符。

input()函数的使用方式如下：

```
str=input(tipmsg)
```

各参数的含义如下：

- str：表示一个字符串类型的变量，input()会将读取到的字符串放入 str 中。
- tipmsg：表示提示信息，它会显示在控制台上，告诉用户应该输入什么样的内容；如果不写 tipmsg，则不会有任何提示信息。

【例 2-12】input()输入函数。

```
a = input("请输入一个数字：")
b = input("请再输入一个数字：")
print("数字 a 的数据类型：", type(a))
print("数字 b 的数据类型：", type(b))
```

在以上代码的执行过程中，需要用键盘输入信息，这里分别输入 2020 和 1111。

输出结果为：

```
请输入一个数字：2020↵
请再输入一个数字：1111↵
数字 a 的数据类型： <class 'str'>
数字 b 的数据类型： <class 'str'>
```

在输入字符串时，按下回车键后 input()的读取就结束了。对输入的两个正整数，如果要实现它们的算术运算，则还需要进行数据类型转换，数据类型的转换详见 2.3 节，这里主要补充 eval()转换函数的知识。

#### 2．eval()转换函数

eval()函数可将字符串进行转换，基本语法格式如下：

```
evs=eval(s)
```

其功能是去掉字符串 s 最外侧的引号，并按照 Python 语句的方式执行去掉引号后的内容，其中，变量 evs 用来保存 eval()函数对字符串内容进行运算后的结果，使用方式如【例 2-13】所示。

【例 2-13】eval()转换函数。

```
a=eval("3.14")
print(a)
b=eval("3.14*2")
print(b)
```

输出结果为：

```
3.14
6.28
```

在上述例子中，eval()函数去掉了字符串"3.14"最外侧的引号，将结果赋值给 a，a 表示一个浮点数 3.14；eval()函数去掉了字符串"3.14*2"最外侧的引号，将其内容作为 Python 语句进行计算，运算结果赋值给 b，b 表示一个浮点数 6.28。

**3．print()输出函数**

print()函数用于输出运算结果，它可以输出各种数据类型的数据，其基本语法格式如下：

```
print(*objects, sep='', end='\n')
```

各参数的含义如下。

- objects：输出的文件对象，可以是单个或者多个，当为多个对象时，需要用分隔符 sep 分隔。
- sep：分隔符，默认使用空格分隔。
- end：设定输出的结尾字符，默认为换行符\n。

【例 2-14】print()输出函数。

```
title='人民解放军占领南京'
author='毛泽东'
content='钟山风雨起苍黄,百万雄师过大江。虎踞龙盘今胜昔,天翻地覆慨而慷。\
宜将剩勇追穷寇,不可沽名学霸王。天若有情天亦老,人间正道是沧桑。'
print(title,author,content,sep='**')
```

输出结果为：

```
人民解放军占领南京**毛泽东**钟山风雨起苍黄,百万雄师过大江。虎踞龙盘今胜昔,天翻地覆慨而慷。宜将剩勇追穷寇,不可沽名学霸王。天若有情天亦老,人间正道是沧桑。
```

**即学即答：**

语句 print('你好，中国', 2023, '我来了', sep='！ ')的输出结果是（ ）。

A．你好，中国！2023！我来了　　B．你好，中国！2023！我来了！

C．你好，中国<br>2023！我来了　　D．你好，中国！<br>我来了

## 2.2.4 任务实现——计算圆的面积

**【任务分析】**

接下来实现计算圆的面积的程序。这是一个典型的输入-处理-输出结构的 Python 程序，

按以下思路进行程序的设计：

（1）输入圆的半径。

（2）确定圆周率 $\pi$ 的值。

（3）根据圆的面积公式，求出圆的面积并输出。

**素养小课堂：**

根据 2.2 节所学，在编写程序时需注意以下几点。

（1）变量命名需遵循其命名规范，同时需要能见名知意。

（2）添加足够的注释来增强程序的可读性。

遵循变量命名规范、养成良好的程序注释习惯，是一名优秀程序员需具备的职业素养。

**【源代码】**

**【例 2-15】**任务实现：计算圆的面积。

```
"""这是一个圆面积计算的 Python 程序
输入：半径
输出：圆的面积
"""
radius=input('请输入圆的半径：')      # 输入圆的半径，input()输入的数据是一个字符串
radius=eval(radius)                   # 将字符串转换成整数或浮点数
PI=3.14                               # 圆周率是一个常数，用大写 PI 为其命名
area=PI*radius*radius                 # 根据面积公式求出面积，把结果赋值为 area 变量
print("圆的面积是：",area)            # 输出圆的面积
```

输出结果为：

```
请输入圆的半径：3.5
圆的面积是： 38.465
```

## 任务 2.3　数据类型和数字型数据类型

微课：数据类型和数字型数据类

**【任务描述】**

Python 是一门简单易学的编程语言，其语法优美，有相应的规范和独特的风格，小 T 设计了一个程序，能根据输入的身高、体重，帮同学们测量身体的质量指数（BMI，Body Mass Index），一方面可以通过这个程序判断测量者身体的健康情况，另一方面可以详细掌握各类数字型数据类型。BMI=体重÷身高$^2$，其中，体重单位是千克，身高单位是米。

**素养小课堂：**

BMI 指数，简称体质指数，是一个国际上常用的衡量人体胖瘦程度及是否健康的标准。世界卫生组织将 BMI 正常值定为 18.5～24.9，小于 18.5 体重过轻，25～29.9 为超重，大于或等于 30 为肥胖。体质指数可以反映和衡量一个人的健康状况，过胖和过瘦都不利于健康。

大家可以动手算一算自己的 BMI 指数，对于过胖或者过瘦的同学，可以制定相应的运

动和科学饮食计划，并坚持不懈地执行，让体育锻炼、科学饮食成为一种生活方式。
拥有一个健康的体魄，是人生最大的财富，也是进行青春奋斗的基础。

【任务分析】

（1）定义身高、体重等变量，并用 input()函数输入。
（2）根据公式计算 BMI 值。
（3）根据 BMI 值判定的规则，输出身体健康状况。

## 2.3.1 数据类型

Python 有以下数据类型，包括数字型数据类型（如整型、浮点型及复数类型）、布尔型数据类型、字符串数据类型、列表数据类型、元组数据类型、字典数据类型、集合数据类型。其中，字符串、列表、元组、字典和集合数据类型属于组合数据类型。

这里我们对数据类型做基本的概括，如图 2-4 所示，在后续的章节中会对其进行详细的讲解和应用。

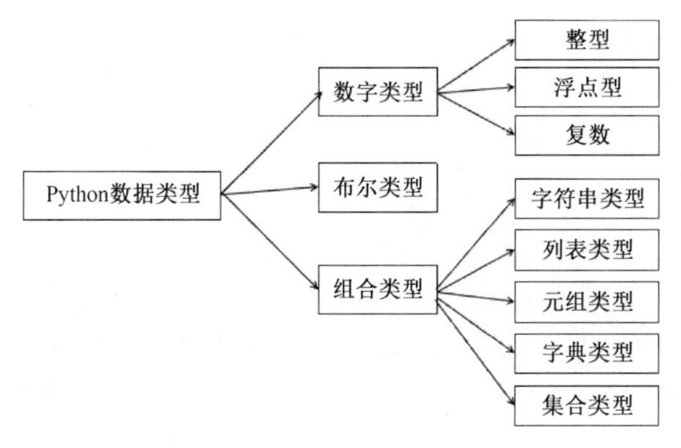


图 2-4 Python 的数据类型

## 2.3.2 数字型数据类型

### 1. 整数类型 int

整数就是没有小数部分的数字，Python 中的整数包括正整数、0 和负整数。Python 中的整数类型也称为整型（int）。

整型可以按照不同进制进行记数，常用的进制是二进制、八进制、十进制和十六进制，如二进制数 11。

- 十进制形式：我们平时见到的整数就是十进制形式，它由 0～9 共 10 个数字排列组合而成，但不能以 0 开头，除非这个数值本身就是 0。例如，十进制数 100，记为“100”即可。
- 二进制形式：由 0 和 1 两个数字组成，书写时以“0b”或“0B”开头。例如，十进制数 100，对应的二进制数记为“0b1100100”。
- 八进制形式：八进制整数由 0～7 共 8 个数字组成，以“0o”或“0O”开头。注意，第一个符号是数字 0，第二个符号是大写或小写的字母 O。例如，十进制数 100，对应的八进制数记为“0o144”。

- 十六进制形式：由 0～9 共 10 个数字及 A～F（或 a～f）6 个字母组成，书写时以“0x”或“0X”开头。例如，十进制数 100，对应的十六进制数记为“0x64”。

```
100                                          # 十进制
0b1100100                                    # 二进制
0o144                                        # 八进制
0x64                                         # 十六进制
```

不同进制间的数据类型可以用 Python 函数相互转换，不同进制间数据的转换函数如表 2-2 所示：

表 2-2　不同进制间数据的转换函数

| 函　数 | 含　义 |
| --- | --- |
| int(x) | 将 x 转换为一个十进制数 |
| bin(x) | 将 x 转换为一个二进制数 |
| oct(x) | 将 x 转换为一个八进制数 |
| hex(x) | 将 x 转换为一个十六进制数 |

【例 2-16】不同进制数的转换。

```
"""进制间的转换"""
x=100
bx=bin(100)
ox=oct(100)
hx=hex(100)
print("100 的二进制值：",bx)                 # 十进制数转换成二进制数
print("100 的八进制值：",ox)                 # 十进制数转换成八进制数
print("100 的十六进制值：",hx)               # 十进制数转换成十六进制数
by=0b1100101
y=int(by)                                    # 二进制数转换成十进制数
oy=oct(by)                                   # 二进制数转换成八进制数
hy=hex(by)                                   # 二进制数转换成十六进制数
print("0b1100101 的十进制值：",by)
print("0b1100101 的八进制值：",oy)
print("0b1100101 的十六进制值：",hy)
```

进制转换函数中的参数可以是任意进制的数，通过执行该函数可以得到相应进制的数值，上述程序的输出结果为：

```
100 的二进制值： 0b1100100
100 的八进制值： 0o144
100 的十六进制值： 0x64
0b1100101 的十进制值： 101
0b1100101 的八进制值： 0o145
0b1100101 的十六进制值： 0x65
```

有些强类型的编程语言会提供多种整数类型，每种类型的长度都不同，能容纳的整数的大小也不同，程序员需要根据实际数字的大小选用不同的类型。例如，Java 语言提供了 byte、short、int、long 4 种类型的整数，它们的长度依次递增，如果选择错误，则会导致数值溢出。

而 Python 不同，它的整数不分类型，或者说它只有一种类型的整数。Python 整数的取值范围是无限的，无论多大或者多小的数字，Python 都能轻松处理。

当所用数值超过计算机自身的计算能力时，Python 会自动使用高精度计算（大数计算），可以用 type()函数确认一个数据类型。

**【例 2-17】**整数数据类型。

```
# 将 78 赋值给变量 n
n = 78
print(n)
print( type(n) )
# 给 x 赋值一个很大的整数
x = 8888888888888888888888
print(x)
print( type(x) )
# 给 y 赋值一个很小的整数
y = -7777777777777777777777
print(y)
print( type(y) )
```

输出结果为：

```
78
<class 'int'>
8888888888888888888888
<class 'int'>
-7777777777777777777777
<class 'int'>
```

x 是一个很大的数字，y 是一个很小的数字，使用 Python 能正确地对其进行输出，而不会发生溢出，这说明 Python 对整数的处理能力非常强大。无论多大或者多小的整数，Python 只用一种类型存储，就是 int。

整数类型对应数学中的整数概念，可以对整数执行加（+）、减（-）、乘（*）、除（/）运算。

### 2．浮点型 float

在编程语言中，小数通常以浮点数的形式存储。Python 中的小数有两种书写形式：

- 十进制形式。

这种形式就是我们平时看到的小数形式，如 0.21、2.456、0.346。

在书写小数时必须包含一个小数点，否则会被 Python 当作整数处理。

- 指数形式。

小数还可以用科学记数法表示，如实数×$10^n$，Python 小数的科学计数形式的写法为：

```
<实数>En 或<实数>en
```

以上形式中的实数称为尾数，是一个十进制数；n 称为阶码，是一个十进制整数，n 中的正负符号称为阶符；E 或 e 是固定的字符，用于分割尾数部分和指数部分。

指数形式的小数举例如下：

```
2.1E5              # 即 2.1×10⁵，其中 2.1 是尾数，5 是指数。
```

```
3.7E-2              # 即 3.7×10⁻²，其中 3.7 是尾数，-2 是指数。
0.5E7               # 即 0.5×10⁷，其中 0.5 是尾数，7 是指数。
```

Python 的浮点型遵循的是 IEEE（电气与电子工程师协会）双精度标准，每个浮点数占 8 个字节(64 位)，其中用 52 位存储尾数，11 位存储阶码，1 位存储阶符，其表示范围为-1.8E308～1.8E308，超出这个范围则被视为无穷大 inf 或无穷小 inf。

**【例 2-18】**超出范围的浮点型数据类型。

```
smallNum=-1.8E309                          # 此数小于浮点数可表示的最小值
print(smallNum)
bigNum=1.8E309                             # 此数大于浮点数可表示的最大值
print(bigNum)
```

输出结果为：

```
-inf
inf
```

在用 Python 处理浮点数时，经常会遇到需要保留小数位数的情况，常用的方法是使用 round(number,digits)函数返回浮点数 number 进行四舍五入后的值，其参数 number 是要处理的数据，digits 是保留小数点的位数，默认为 0。

**【例 2-19】**使用 round()函数保留小数位数。

```
print(round(3.1415926535))
print(round(3.1415926535,5))
```

输出结果为：

```
3
3.14159
```

### 3．复数类型 complex

复数（Complex）也是 Python 的一种数据类型，与数学中的复数概念一致，由实部（real）和虚部（imag）构成。在 Python 中，复数的虚部以 j 或者 J 作为后缀，具体语法格式为：

```
a+bj
```

a 表示实部，b 表示虚部。复数的实部和虚部可以用 real、imag 属性获取并查看。

**【例 2-20】**复数数据类型。

```
c1=12+0.2j
print(c1.real)                             # 打印 c1 实部
print(c1.imag)                             # 打印 c1 虚部

c2=6-1.2j
#对复数进行简单计算
print("c1+c2:",c1+c2)
```

输出结果为：

```
12.0
0.2
c1+c2: (18-1j)
```

#### 4．布尔类型 bool

Python 提供了布尔数据类型来表示真（对）或假（错）。例如，常见的“5>3”，这个比较算式是正确的，在程序中称之为真（对），使用 True 来表示；“4>20”这个比较算式是错误的，在程序中称之为假（错），使用 False 来表示。

True 和 False 都是 Python 中的关键字，当作为 Python 代码输入时，一定要注意首字母是大写的，否则解释器会报错。

值得一提的是，布尔类型可以被当作整数来对待，即 True 相当于整数值 1，False 相当于整数值 0。Python 提供的数据类型都可以转换为一个布尔值，如 None、0 值（0，0.0，0j）、空序列值（""、[]、()）、空映射值（{}）都为 False，其他值都为 True。

【例 2-21】布尔数据类型。

```
print(bool(0))
print(bool([]))
print(bool({0}))
```

输出结果为：

```
False
False
True
```

**即学即答：**

以下（　　）属于数字型数据类型。

A．0　　　　B．3.14

C．1+2j　　　　D．以上都是

### 2.3.3　数字型数据类型的转换

不同类型的数据之间可以进行转换。数据类型的转换需要通过相应的函数实现。实现数字型数据类型转换的函数包括转换成整数类型的 int()函数、转换成浮点数类型的 float()函数，以及转换成复数类型的 complex()函数，函数说明如表 2-3 所示。

表 2-3　数据类型转换函数

| 函　数 | 说　明 |
| --- | --- |
| int(x[,base]) | 将 x 转换成一个整数，如果 x 是字符串，则用 base 指定进制类型 |
| float(x) | 将 x 转换成一个浮点数 |
| complex(real[,imag]) | 创建一个复数，real 为实部，imag 为虚部 |

int()函数在 2.3.2 节的不同进制转换中已使用过，如果其参数 x 是一个有进制的数字字符串，则需要指名其进制；如果 x 是一个浮点数，则 int(x)保留其整数部分的值。

【例 2-22】数字型数据类型的转换。

```
#1.接收用户输入
num=input('请输入一个小数字符串：')
#2.打印结果
print("您的幸运数字是",num)
#3.检测接收到的用户输入的 str 字符串类型数据
```

```
print(type(num))
#4.输入的是十进制，转换为 int 类型
print(int(num))
print(type(int(num)))
#4.输入的是十六进制，转换为 int 类型
print(int(num,16))    # 有进制的数字字符串，需要在参数中指定进制
print(type(int(num)))
#5.float()转换成浮点型
print(float(num))
print(type(float(num)))
```

输出结果为：

```
请输入一个小数字符串：99
您的幸运数字是 99
<class 'str'>
99
<class 'int'>
153
<class 'int'>
99.0
<class 'float'>
```

**边学边练：**

编写 Python 程序实现以下功能。

（1）从键盘输入一个小数字符串“99.99”，将其转换成浮点数输出。

（2）在（1）的基础上将其转换成整型数据输出。

（3）在（2）的基础上，将其作为十六进制数，再转换成整型数据输出。

### 2.3.4 任务实现——计算身体质量指数

**【任务分析】**

在编写计算身体质量指数的 Python 程序之前，需要先了解 BMI 的计算规则（见 2.3 节的素养小课堂），然后输入测量者的身高、体重，经过计算公式和 BMI 的判定规则，输出身体健康情况，并给予建议。这是一个典型的输入-处理-输出的程序结构。按以下步骤来设计程序：

（1）定义身高、体重等变量，并用 input()函数输入。

（2）根据公式计算 BMI 值。

（3）根据 BMI 的判定规则（BMI 正常值定为 18.5～24.9，小于 18.5 体重过轻，25～29.9 为超重，大于或等于 30 为肥胖），输出身体健康情况及相应建议。

**【源代码】**

**【例 2-23】**任务实现：计算身体质量指数。

```
# 身体质量指数 BMI 计算
strHeight=input("请输入您的身高（单位为米）：")  # 以米为单位输入身高
```

```
height=float(strHeight)                          # 将小数字符串转换成 float 数据类型
print("您的身高: ",height,'m')
strWeight=input("请输入您的体重(单位为千克): ") # 以千克为单位输入体重
weight=float(strWeight)                          # 将小数字符串转换成 float 数据类型
print("您的体重: ",weight,'kg')
bmi = round(weight/(height*height),1 )   # 计算身体 BMI 指数，四舍五入保留 1 位小数
print("您的 BMI 指数是: ",bmi)
if bmi<18.5:
    print('您的体重过轻，请加强营养摄入。')
if bmi >= 18.5 and bmi<24.9:
    print('您的体重处于正常范围，注意保持。')
if bmi >=24.9 and bmi<29.9:
    print('您的体重过重，注意饮食健康和体育锻炼。')
if bmi>=29.9:
    print('您过于肥胖，需要特别注意饮食健康和体育锻炼。')
```

在程序中，用 input()函数分别输入身高和体重，在将其转换为 float 数据类型之后才能计算 BMI 指数。在计算指数时，为避免计算结果位数太多，用 round()函数将其保留一位小数。按照 BMI 的判定规则来判断测量者的身体健康情况，并给出建议。读者可以根据自己或者亲朋好友的身体情况，测一测 BMI 指数，并根据计算结果做好健康管理。

以一名身高 1.78 米、体重 72kg 的男性为例，程序的输出结果为：

```
请输入您的身高(单位为米): 1.78
您的身高:  1.78 m
请输入您的体重(单位为千克): 72
您的体重:  72.0 kg
您的 BMI 指数是:  22.7
您的体重处于正常范围，注意保持。
```

# 任务 2.4 运算符——水仙花数的判断

**【任务描述】**

“宇宙之大，粒子之微，火箭之速，化工之巧，地球之变，生物之谜，日月之繁，无处不用到数学。”这是我国著名数学家华罗庚的名言，计算机技术的发展给予了人们一种新的探索数学规律的手段。

在学习了数据类型之后，我们需要进一步了解数据间的运算，和小 T 一起，以解决数学问题为目标来学习 Python 的运算法则。在数字中存在这样的数：如果一个三位数，其各个数位上数字的立方和等于其本身，则称之为“水仙花数”。例如 153=1^3+5^3+3^3，153 就是一个水仙花数。接下来和小 T 一起设计一个程序，实现判断输入的三位数是否为水仙花数。

**素养小课堂：**

一个 n 位自然数等于自身各个数位上数字的 n 次幂之和，则称此数为自幂数，水仙花数就是三位的自幂数。数学上的一位自幂数叫作独身数，两位自幂数是不存在的，三位自幂数叫作水仙花数，四位自幂数叫作四叶玫瑰数，五位自幂数叫作五角星数……十进制中最大的

自幂数有 39 位，共有 88 个自幂数。

水仙花数从自身出发，又回到了自身，这种回归自身的性质，在心理学上叫作“水仙花情结”，是自我肯定的表现，所以将有这样特性的数命名为水仙花数。

心理学家认为，自我肯定是人的一种本质行为，也表现为对生命的珍惜。作为青年，一方面要树立自信、自立、自强的信念，真正地了解自己、爱自己；另一方面，只有懂得爱自己，才能更好地关爱家人、朋友、同学。

**【任务分析】**

可以按照以下步骤完成本次任务：

（1）用 input()函数输入数据。

（2）利用算术运算符求出百位数、十位数、个位数。

（3）根据规则作出判断。

在 Python 中，对数据的变换称为运算，表示运算的符号被称为运算符，参与运算的数据被称为操作数。例如，“1+2”是一个加法运算，“+”被称为运算符，1 和 2 被称为操作数。按功能区分，运算符可分为算术运算符、比较运算符、逻辑运算符、赋值运算符、位运算符和成员运算符等。

## 2.4.1 算术运算符

算术运算符主要用于计算，如+、-、*、/都属于算术运算符。表 2-4 所示为 Python 支持的基本算术运算符。

**表 2-4 算术运算符**

| 运 算 符 | 说 明 | 实 例 | 结 果 |
|---|---|---|---|
| + | 加 | 12.45 + 15 | 27.45 |
| - | 减 | 4.56 - 0.26 | 4.3 |
| * | 乘 | 5 * 3.6 | 18.0 |
| / | 除法（和数学中的规则一样） | 7 / 2 | 3.5 |
| // | 取整（只保留商的整数部分） | 7 // 2 | 3 |
| % | 取余，返回除法的余数 | 7 % 2 | 1 |
| ** | 幂运算/次方运算，返回 x 的 y 次方 | 2 ** 4 | 16，即 24 |

Python 的算术运算符与数学意义上的算术运算是一致的，部分算术运算符的应用如【例 2-24】所示。

**【例 2-24】**算术运算符。

```
#某同学期末成绩总分、平均分运算
english =88
math = 90.5
python = 95

# 加法运算
sum = english + math + python
print("1--总成绩为:", sum)
```

```
# 除法运算
average = round(sum / 3,2)
print("2--平均成绩为:", average)

# 取整运算
field = english // 10
print("3--英语成绩在{}-{}段位间".format(field*10,(field+1)*10))
```

输出结果为：

```
1--总成绩为: 273.5
2--平均成绩为: 91.17
3--英语成绩在 80-90 段位间
```

从输出结果看，Python 支持不同数据类型间的运算。例如，上面程序中的 english、python 是整数类型数据，math 是浮点型数据，虽然三者的数据类型不同，但相加的运算过程和结果没有问题，相加后得到的总成绩 sum 是一个浮点型数据。事实上，Python 在进行混合运算时会强制对操作数的数字类型进行类型转换，遵循以下规则：

（1）对在整数类型与浮点型数据进行混合运算时，将整数类型转换为浮点型。

（2）对在其他类型与复数类型进行混合运算时，将其他类型转换为复数类型。

**即学即答：**

在 Python 运算符中，取余的运算符是（　　）。

A．%　　　　B．**

C．//　　　　D．/

## 2.4.2 比较运算符

比较运算符也称为关系运算符，用于对常量、变量或表达式的值进行关系判定，判定的结果是一个逻辑值 True（真）或者 False（假）。如果两个操作数的关系判定成立则返回 True，否则返回 False。常用的比较运算符如表 2-5 所示。

**表 2-5 比较运算符**

| 比较运算符 | 说　明 |
|---|---|
| > | 大于，如果>前面的值大于后面的值，则返回 True，否则返回 False |
| < | 小于，如果<前面的值小于后面的值，则返回 True，否则返回 False |
| == | 等于，如果==两边的值相等，则返回 True，否则返回 False |
| >= | 大于或等于（等价于数学中的 ≥），如果>=前面的值大于或等于后面的值，则返回 True，否则返回 False |
| <= | 小于或等于（等价于数学中的 ≤），如果<=前面的值小于或等于后面的值，则返回 True，否则返回 False |
| != | 不等于（等价于数学中的 ≠），如果!=两边的值不相等，则返回 True，否则返回 False |
| is | 也称为身份运算符，判断两个变量所引用的对象是否相同，如果相同则返回 True，否则返回 False |
| is not | 也称为身份运算符，判断两个变量所引用的对象是否不相同，如果不相同则返回 True，否则返回 False |

【例 2-25】比较运算符。

```
print("80 是否大于 100: ", 80 > 100)
```

```
print("24*5 是否大于或等于 66：", 24*5 >= 66)
print("86.5 是否等于 86.5：", 86.5 == 86.5)
print("34 是否等于 34.0：", 34 == 34.0)
print("False 是否小于 True：", False < True)
print("True 是否等于 True：", True == True)
```

输出结果为：

```
80 是否大于 100： False
24*5 是否大于或等于 66： True
86.5 是否等于 86.5： True
34 是否等于 34.0： True
False 是否小于 True： True
True 是否等于 True： True
```

**即学即答：**

表达式“50%10>0”返回的结果是（　　）。

A．0　　　　B．True

C．False　　D．以上都不是

### 2.4.3　逻辑运算符

逻辑运算符可以将多个语句按照逻辑进行连接，从而判定更复杂的逻辑问题。Python 中的逻辑运算符包括 and、or 和 not。在这 3 个逻辑运算符中，and 和 or 是双目运算符，即连接了两个操作数；not 是单目运算符，只对一个操作数进行运算，其含义和说明如表 2-6 所示。

表 2-6　逻辑运算符

| 逻辑运算符 | 含　义 | 基本格式 | 说　明 |
| --- | --- | --- | --- |
| and | 逻辑与运算 | x and y | 当 x 和 y 的布尔值均为 True 时，返回 y；否则返回 x |
| or | 逻辑或运算 | x or y | 当 x 和 y 的布尔值均为 True 时，返回 x，否则返回 y |
| not | 逻辑非运算 | not x | 如果 x 为 True，则 not x 返回 False；否则返回 True |

【例 2-26】逻辑运算符的使用。

```
a=22
b=33
print("a and b",a and b)
print("a or b:",a or b)
print("not a:",not a)
```

输出结果为：

```
a and b 33
a or b: 22
not a: False
```

逻辑运算符一般和关系运算符结合使用。例如，可以结合关系运算符来判定闰年，判定规则如下所示。

- 闰年判定规则 1：普通闰年，能被 4 整除而不能被 100 整除的年份。
- 闰年判定规则 2：世纪闰年，能被 400 整除的年份。

结合这两个规则，对于一个年份 year，我们可以通过“(year%4==0 and year%100!=0) or year%4==0”的逻辑表达式来判定是否为闰年，如果这个表达式返回 True，则 year 为闰年；如果返回 False，则不是闰年。

**即学即答：**

表达式“1024%2==0 or 99”的结果是（　　）。

A．True　　B．False

C．99　　D．0

## 2.4.4 赋值运算符

赋值运算符用来把右侧的值传递给左侧的变量。Python 中最基本的赋值运算符是“=”，该运算符可以直接将右侧的值传递给左侧的变量。赋值运算符也可以将运算后的值传递给左侧的变量，即与算术运算符组成复合运算符（如+=、-=）来实现运算和赋值的复合功能，这种扩展后的赋值运算符使赋值表达式的书写更加优雅和方便。Python 的赋值运算符如表 2-7 所示。

表 2-7 赋值运算符

| 运 算 符 | 说 明 | 用法举例 | 等价形式 |
|---|---|---|---|
| = | 最基本的赋值运算 | x = y | x = y |
| += | 加赋值 | x += y | x = x + y |
| -= | 减赋值 | x -= y | x = x - y |
| *= | 乘赋值 | x *= y | x = x * y |
| /= | 除赋值 | x /= y | x = x / y |
| %= | 取余赋值 | x %= y | x = x % y |
| **= | 幂赋值 | x **= y | x = x ** y |
| //= | 取整赋值 | x //= y | x = x // y |

**【例 2-27】**赋值运算符的使用。

```
a = 35
b = 15
c = 5

c = a + b                                  # 一般赋值
print("1.c 的值为: ", c)
c += a                                     # 加赋值
print("2. c 的值为: ", c)
c *= a                                     # 乘赋值
print("3.c 的值为: ", c)
c /= a                                     # 除赋值
print("4.c 的值为: ", c)
c = 2
c %= a                                     # 取余赋值
print("5.c 的值为: ", c)
c **= a                                    # 幂赋值
print("6. c 的值为: ", c)
```

```
c //= a                                        # 取整赋值
print("7. c 的值为: ", c)
```

输出结果为：

```
1. c 的值为: 50
2. c 的值为: 85
3. c 的值为: 2975
4. c 的值为: 85.0
5. c 的值为: 2
6. c 的值为: 34359738368
7. c 的值为: 981706810
```

**即学即答：**

表达式“x/=y”等价于（　　）。

A．x=y　　　　B．x=x/y

C．x=y/x　　　　D．y=x/y

## 2.4.5 位运算符

位运算符把数字转换为二进制后进行运算，其操作数必须为整数。Python 中的位运算符如表 2-8 所示。

表 2-8　位运算符

| 运 算 符 | 描　述 | 用　法 | 说　明 |
|---|---|---|---|
| & | 按位与运算符 | x & y | 参与运算的两个值，如果相应的二进制位都为 1，则该位的结果为 1，否则为 0 |
| \| | 按位或运算符 | x \| y | 参与运算的两个值，只要对应的二进制位中有一个为 1，该位的结果就为 1 |
| ^ | 按位异或运算符 | x ^y | 参与运算的两个值，当对应的二进制位相异时，结果为 1 |
| ~ | 按位取反运算符 | ~x | 对 x 的每个二进制位取反，即把 1 变为 0，把 0 变为 1。~x 类似于 -x-1 |
| << | 左移动运算符 | x << n | 把运算数 x 的各二进制位全部左移 n 位，由 n 指定移动的位数，高位丢弃，低位补 0 |
| << | 右移动运算符 | x << n | 把运算数 x 的各二进制位全部右移 n 位，由 n 指定移动的位数 |

**【例 2-28】**位运算符的使用。

```
a=60
b=13

print(a&b)
print(a|b)
print(a^b)
print(~a)
print(a<<2)
print(a>>2)
```

```
'''原理如下：
a = 0011 1100
b = 0000 1101
-----------------
a&b = 0000 1100
a|b = 0011 1101
a^b = 0011 0001
~a  = 1100 0011
a<<2= 1111 0000
a>>2= 0000 1111
'''
```

输出结果为：

```
12
61
49
-61
240
15
```

### 2.4.6 成员运算符

成员运算符用于判断某值在给定的序列中是否存在，这种序列包括列表、字符串、集合等组合数据类型。Python 中的成员运算符包括 in 和 not in，如表 2-9 所示。

表 2-9 成员运算符

| 运算符 | 用 法 | 说 明 |
| --- | --- | --- |
| in | 在指定的序列中找到值则返回 True，否则返回 False | x in y，如果 x 在 y 序列中，则返回 True，否则返回 False |
| not in | 没有在指定的序列中找到值则返回 True，否则返回 False | x not in y，如果 x 不在 y 序列中，则返回 True，否则返回 False |

【例 2-29】成员运算符的使用。

```
'''判断 e 是否在 str 中存在'''
e='e'
str='Hello, China!'
print(e in str)
print(e not in str)
```

输出结果为：

```
True
False
```

### 2.4.7 运算符的优先级

有时候需要各种运算的组合才能完成相应的功能，这势必需要确定运算的优先级，以免在运算中造成混乱。

Python 为运算符设置了优先级，按优先级从高到低执行运算。Python 的优先级排序如表 2-10 所示。

表 2-10　运算符优先级

| 运　算　符 | 说　　明 |
| --- | --- |
| ** | 幂运算（最高优先级） |
| *、 /、%、// | 乘、除、取余、取整 |
| +、- | 加、减 |
| >>、<< | 按位右移、按位左移 |
| & | 按位与 |
| ^、| | 按位异或、按位或 |
| ==、!=、>=、>、<=、< | 比较运算符 |
| is、not is | 身份运算符 |
| in、not in | 成员运算符 |
| not、and、or | 逻辑运算符 |

【例 2-30】运算符的优先级。

```
'''运算符的优先级'''
a=20
b=10
c=3
r1=(a+b)-c                    # 先执行括号里的运算，再执行减法运算
r2=a/b*c                      # 先执行除法运算，再执行乘法运算
r3=a**c/b                     # 先执行幂运算，再执行除法运算
print(r1,r2,r3,sep='\n')
```

输出结果为：

```
27
6.0
800.0
```

**即学即答：**

用 Python 运算符表达数学表达式“$\frac{3^2+5\times 7^3}{2}$”，正确的是（　　）。

A．3**2+5*7**3/2　　B．(3**2+5*7**3)/2

C．3**2+(5*7**3)/2　　D．(3**2)+5*7**3/2

## 2.4.8　任务实现——水仙花数的判断

**【任务分析】**

本节讲解了各类运算符的运算规则和优先级。现在和小 T 一起来编写判定一个三位数是否为水仙花数的程序。对于输入的三位数 num，关键在于用已学过的运算符取其百位、十位和个位数，并用比较运算符比较各位数的立方和是否与原数相等。按以下步骤来设计程序：

（1）用 input()函数输入数据 num。

（2）利用取整（//）、取余（%）等运算符取出百位数、十位数、个位数。

（3）求出各位数的立方和，并与原数进行比较。

（4）根据比较结果做出是否是水仙花数的判断。

**【源代码】**

**【例 2-31】** 任务实现：水仙花数的判断。

```
# 输入一个三位数，将输入结果赋值给变量 num
num=eval(input("请输入一个三位数："))
# 分别计算百位、十位和个位数
hundreds=num//100
tens=num//10%10
ones=num%10
# 格式化输出
print(hundreds**3+tens**3+ones**3 == num)
```

**【任务结果】**

```
请输入一个三位数：111
False
```

# 任务 2.5 Python 基本语法实训

## 一、实训目的

1．掌握 Python 的基本语法。

2．掌握 Python 变量与标识符、运算符的使用。

3．能够利用 Python 编写简单的程序。

## 二、实训内容

### 实训任务 1：理论题

1．在 Python 中，表示整数类型的是（　　）。

A．int　　B．integer　　C．float　　D．string

2．布尔类型的值包括（　　）和（　　）。

A．0 和 1　　B．True 和 False

C．None 和 True　　D．0 和 True

3．将二进制数 10101 转换为十进制数，正确的转换方法是（　　）。

A．bin(10101)　　B．oct(10101)　　C．int('0b10101')　　D．int(0b10101)

4．将十进制数 2 转换为二进制数，正确的转换方法是（　　）。

A．bin(2)　　B．hex(2)　　C．int(2,2)　　D．int(2)

5．若 x=5，y=10，那么(x and y)的结果是（　　）。

A．5　　B．10　　C．True　　D．False

6．浮点型数据 4.35E5 表示的是（　　）。

A．$4.3*10^5$　　B．$4.35*10^5$　　C．$4.3*e^5$　　D．$4.35*E^5$

7．x**=3 与（　　）等价。

A．x=x*3　　B．x=x+x*3　　C．x=x+x**3　　D．x=x**3

8．用（　　）函数可以查看变量的数据类型。

A．getsizeof()　　B．type()

C．int()　　D．object()

9．运行以下程序，下列说法正确的是（　　）。

```
a=100
b="你好"
print(a,b)
```

A．输出为 3 3　　B．输出为 100 3

C．输出为 100 你好　　D．运行时出现错误提示

10．表达式“2>1 and 100”的结果是（　　）。

A．True　　B．False　　C．100　　D．0

**实训任务 2：操作题**

1．用 input()函数输入直角三角形两个直角边的长度 a、b，用 print()函数输出斜边 c 的长度，保留两位小数。

程序代码：

2．输入两个正整数，用 Python 编写一个程序，实现两个数的互换，并按顺序输出互换后的两个数。

程序代码：

3．输入一个四位正整数，判断其是否为四叶玫瑰数。（四叶玫瑰数是指自身各个数位上数字的 4 次幂之和与该四位数本身相等）

程序代码：

# 项目三

# 程序控制结构

### 知识目标

- 了解判断语句、循环语句及其常用的句法。
- 理解判断语句、循环语句的流程。
- 理解 break、continue、pass 语句的作用。
- 了解程序中的错误与异常。

### 能力目标

- 掌握使用判断语句来进行流程控制的方法。
- 掌握循环语句的用法，用循环语句进行流程控制。
- 掌握 break、continue、pass 语句在流程控制中的用法。
- 掌握利用异常处理解决问题的方法。

### 项目导学（视频）

微课：程序控制结构项目导学

导师要求小 T 设计一个程序来判断输入的年份是闰年还是平年，并根据输入的月份来判断这个月共有几天，同时做好程序执行过程中的异常处理，这些都涉及到程序的流程控制。下面和小 T 一起来学习 Python 的流程控制结构吧。

## 任务 3.1　判断语句——平、闰年以及月份天数的判定（视频）

**【任务描述】**

微课：判断语句

在编写程序之前，要先了解闰年的判定规则。闰年有普通闰年和世纪闰年之分，普通闰年是能被 4 整除而不能被 100 整除的年份（如 2004 年、2020 年等就是普通闰年）；世纪闰年是能被 400 整除的年份（如 1900 年不是世纪闰年，2000 年是世纪闰年）。不是闰年的年份就是平年。闰年中的 2 月份有 29 天，平年中的 2 月份只有 28 天，其他月份在平、闰年的天数一致。

整个程序的设计分为两部分，一是判断年份是否为闰年，需要使用 if 条件判断语句；二是按照闰年、平年的月份分布输出月份天数的统计。

**素养小课堂：**

闰年是历法中的名词，分为普通闰年和世纪闰年。闰年（Leap Year）是为了弥补因人为历法规定造成的年度天数与地球实际公转周期的时间差而设立的。补上时间差的年份为闰年。闰年共有 366 天（1 月～12 月分别为 31 天、29 天、31 天、30 天、31 天、30 天、31 天、31 天、30 天、31 天、30 天、31 天）。

中国的农历为了迎合地球绕太阳运行的周期，每隔 2～4 年增加一个月，增加的这个月为闰月，这一年为闰年。苏轼有诗“园中草木春无数，只有黄杨厄闰年。”意思是说园中各种草木在春天长得茂盛，只有黄杨难长，遇闰年不仅不长，反要缩短，因此有以“黄杨厄闰”比喻境遇困难的说法。

在学习、工作、生活中难免有“黄杨厄闰”的时候，这时需要我们迎难而上、克服困难，解决了困难就会有新的收获。

**【任务分析】**

按以下步骤来设计程序：

（1）输入一个年份、一个月份，将其转换为整数。

（2）对年份进行判断，确定其是闰年还是平年。

（3）根据年份性质输出月份天数的统计。

完成上述功能，需要用到 if 条件判断语句，根据输入的年份先来判断属于平年还是闰年，再来判断月份的天数。接下来讲解条件判断语句。

### 3.1.1 单分支结构（if 语句）

单分支结构（if 语句）是最简单的条件判断语句。if 语句的语法格式为：

```
if 判断条件:
    语句块
```

if 语句由 if 关键字、判断条件和冒号组成，每个 if 条件后都要使用冒号。使用缩进来划分语句块，缩进数相同的语句为受 if 控制的语句块。

if 语句的执行过程如图 3-1 所示。若输入的条件判定为 True，则先执行语句块，然后执行 if 语句的后续语句；若为 False，则直接执行 if 语句的后续语句。

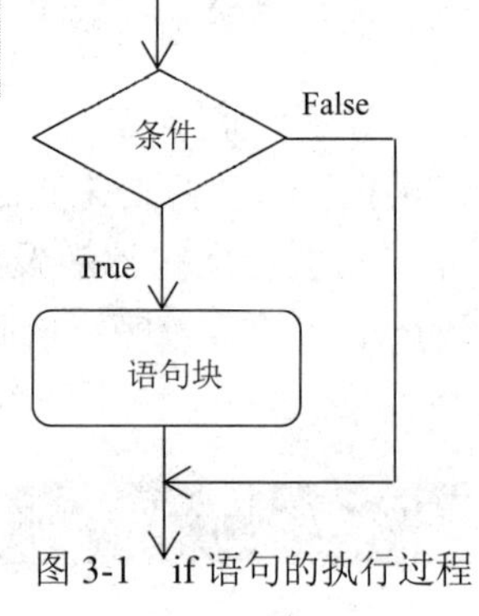

图 3-1　if 语句的执行过程

下面用具体实例来演示 if 语句的使用。在实际生活中，身高在 1.3 米以下的儿童经常可以享受免票的优惠，下面的代码可根据身高判定该儿童是否需要购票。

**【例 3-1】** if 语句 1。

```
height=140
print("if 语句开始判断")
if height>=130:
    print("你需要购票了")
print("if 语句判断结束")
```

运行结果为：

```
if 语句开始判断
你需要购票了
if 语句判断结束
```

**【例 3-2】** if 语句 2。

```
height=120
print("if 语句开始判断")
if height>=130:
    print("你需要购票了")
print("if 语句判断结束")
```

运行结果为：

```
if 语句开始判断
if 语句判断结束
```

从【例 3-1】、【例 3-2】可知，当 height 这个变量的值不一样时，程序的运行结果也会不一样，程序会根据 height 的值来判断是否运行指定语句。当 height 的值大于或等于 130 时，则 if 条件判定为真，输出“你需要购票了”的提示信息，否则 if 条件判定为假，不输出提示信息。

### 3.1.2 双分支结构（if-else 语句）

单分支结构只能用来处理满足条件的情况，对于不满足条件的情况就无能为力了。通常在不满足条件时需要执行另一个语句块，即双分支结构的 if-else 语句。

**1. 双分支结构的一般形式**

双分支结构用 if-else 语句实现，其一般语法格式为：

```
if 判断条件:
    语句块 1
else:
    语句块 2
```

if-else 语句的执行过程如图 3-2 所示。若条件判定为 True，则执行语句块 1；若条件判定为 False，则执行语句块 2。

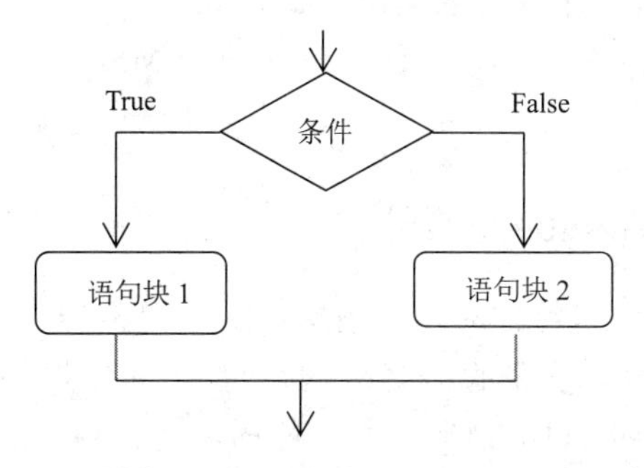


图 3-2 if-else 语句的执行过程

下面用具体的实例来演示 if-else 语句的使用。输入一个成绩，若大于或等于 60 分，则输出“恭喜您，您的成绩合格了。”，否则输出“很遗憾，您的成绩不合格，还需更努力。”

**【例 3-3】** if-else 语句。

```
score=eval(input('请输入您的成绩：'))
if score>=60:
    print('恭喜您，您的成绩合格了。')
else:
    print('很遗憾，您的成绩不合格，还需更努力。')
```

运行结果为：

```
请输入您的成绩：87
恭喜您，您的成绩合格了。

请输入您的成绩：58
很遗憾，您的成绩不合格，还需更努力。
```

**边学边练：**

编写程序，实现以下功能：从键盘输入一个整数，如果该数大于或等于 0，则输出“您输入了一个非负整数”，否则输出“您输入了一个负整数”。

**2．条件运算符**

在 Python 中，可以用条件运算符进行最基本的条件判定，基本语法格式为：

```
语句1 if 条件判断式 else 语句2
```

在运行程序时遵循以下流程：

（1）对条件判断式进行运算，得到判断结果。

（2）如果条件判断结果为 True，则执行语句 1，返回执行结果。

（3）如果条件判断结果为 False，则执行语句 2，返回执行结果。

对于【例 3-3】的程序，可以用下面的条件运算符来实现。

**【例 3-4】**用一个简洁的条件运算符实现程序功能。

```
score=eval(input('请输入您的成绩：'))
print('成绩合格') if score>=60 else print('成绩不合格')
```

如果满足条件 score>=60，则打印“成绩合格”，否则打印“成绩不合格”。

**即学即答：**

下列选项中，可将 x 和 y 中较小值赋值给 Min 的是（　　）。

A．Min = if x>y x else y　　　　B．if Min < y: Min=x

C．Min = x if x < y else y　　　　D．if y< x: Min=y

### 3.1.3　多分支结构（if-elif-else 语句）

双分支结构的 if-else 语句只能判断两种情况，如【例 3-3】中仅能判断成绩合格和不合格的情况，如果还需要进行成绩优秀、良好等级的判断，if-else 语句就力不从心了。在这种情况下，需要用到多分支结构 if-elif-else 语句，其一般语法格式为：

```
if 条件1:
    语句块1
elif 条件2:
    语句块2
elif 条件3:
```

```
    语句块 3
...
else:
    语句块 n
```

if-elif-else 语句由 if、elif 和 else 关键字组成。在执行 if-elif-else 语句时，若条件 1 成立，则执行语句块 1；若条件 1 不成立，则判断 elif 下的条件 2，条件 2 成立则执行语句块 2；若条件 2 不成立，则判断 elif 下的条件 3……直至所有的条件均不成立，则执行 else 也就是语句块 n。if-elif-else 语句的执行过程如图 3-3 所示。

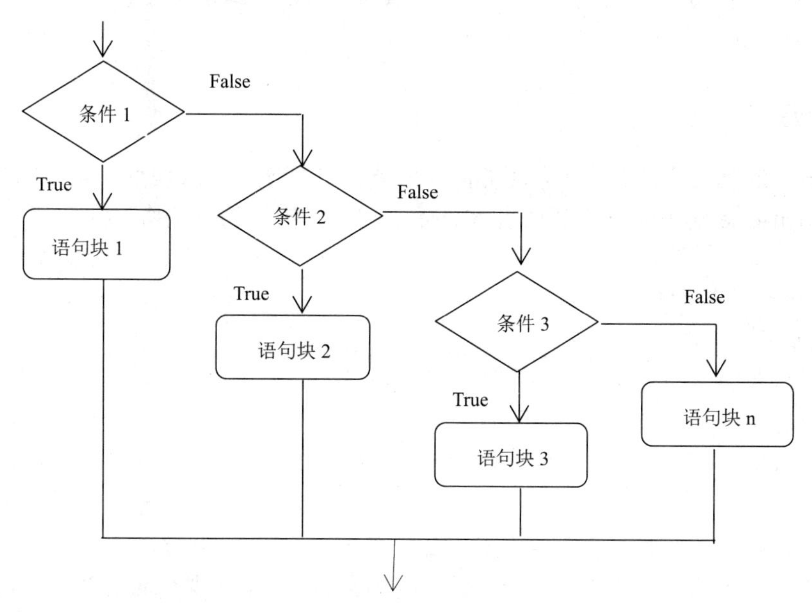


图 3-3　if-elif-else 语句的执行过程

接着优化成绩等级，成绩在[90,100]为优，[80,90)为良，[70,80)为中等，[60,70)为及格，[0,60)为不及格。下面用 Python 程序完成相应的功能。

**【例 3-5】** if-elif-else 语句。

```
'''成绩等级判定'''
score=eval(input('请输入您的成绩：'))
if score>=90 and score<=100:
    print("成绩等级为优。")
elif score>=80 and score<90:
    print("成绩等级为良。")
elif score>=70 and score<80:
    print("成绩等级为中等。")
elif score>=60 and score<70:
    print("成绩等级为及格。")
else:
    print("成绩等级为不及格。")
```

运行结果为：

```
请输入您的成绩：90
```

```
成绩等级为优。
```

在【例 3-5】中，如果 score 满足大于或等于 90 且小于或等于 100，则执行“print("成绩等级为优。")”语句；如果 score 满足大于或等于 80 且小于 90，则执行“print("成绩等级为良。")”语句。从上到下对每一个 elif 条件进行判断，如果上面的 elif 条件都不满足，则执行“print("成绩等级为不及格。")”语句。

**即学即答：**

在下列各项中，(　　)用于实现多分支选择。

A．在 if-else 的 if 中加 if　　B．在 if-else 的 else 中加 if

C．if-elif-else　　D．if-else

### 3.1.4　if 嵌套

有些场景中的判定条件有多个，此时需要将条件进行嵌套来实现程序相应的功能。if 嵌套是指在 if 或者 if-else 语句中包含 if 或者 if-else 语句，其嵌套的语法格式为：

```
if 条件 1:
    语句块 1
    if 条件 2:
        语句块 2
…
```

在上述格式中，外层和内层的 if 判断语句使用 if 语句还是 if-else 语句，可以根据实际情况进行选择。

班级评选三好学生，前提条件是语文成绩必须大于或等于 90 分，同时语文、数学、英语、体育、美术成绩的平均分大于或等于 90 分。下面通过程序来实现相应的功能，输入某位同学的成绩来确定他是否有评选三好学生的资格。

**【例 3-6】**if 嵌套。

```
chinese=eval(input('请输入您的语文成绩：'))
math=eval(input('请输入您的数学成绩：'))
english=eval(input('请输入您的英语成绩：'))
pe=eval(input('请输入您的体育成绩：'))
art=eval(input('请输入您的美术成绩：'))
average=(chinese+math+english+pe+art)/5
if chinese>=90:
    print("您的语文成绩满足评选条件。")
    if(average>=90):
        print("您的平均成绩也达到评选标准。")
        print("您有评选三好学生的资格。")
    else:
        print("您的平均成绩达不到评选标准。")
        print("您没有评选三好学生的资格。")
else:
    print("您的语文成绩达不到评选三好学生的标准。")
    print("您没有评选三好学生的资格。")
```

运行结果为：

```
请输入您的语文成绩：92
请输入您的数学成绩：80
请输入您的英语成绩：85
请输入您的体育成绩：88
请输入您的美术成绩：93
您的语文成绩满足评选条件。
您的平均成绩达不到评选标准。
您没有评选三好学生的资格。
```

在上述例子中，评选三好学生有两个条件。首先判断 chinese 是否大于或等于 90 分，如果满足，则再进行平均成绩的判断，如果平均成绩也大于或等于 90 分，则有三好学生的评选资格。这里用的 if 语句里面嵌套了 if-else 语句，即用 if 嵌套来实现对两个条件的判定。

**即学即答：**

下列不属于 Python 表达分支结构的关键字是（　　）。

A．if　　　　B．elif

C．else　　　D．is

### 3.1.5 任务实现——平、闰年以及月份天数的判定

**【任务分析】**

在前面讲解了闰年的判定规则，以及闰年、平年中每个月份的天数，现在和小 T 一起来编写 Python 程序，实现从键盘输入年份和月份，输出其是否为闰年和月份天数的信息。按以下步骤来设计程序：

（1）输入一个年份、一个月份，将其转换为整数。

（2）对年份进行判断，判断其能否被 4 整除而不能被 100 整除，或者能被 400 整除，以此确定其是闰年还是平年。

（3）一年中的 1 月、3 月、5 月、7 月、8 月、10 月、12 月是 31 天，4 月、6 月、9 月、11 月是 30 天，而闰年的 2 月份是 29 天，平年的 2 月份是 28 天，按这个规则确定输入的月份的天数。

**【源代码】**

**【例 3-7】**任务实现：闰年、平年的判断以及月份天数的判定。

```
"""判断输入的年份是平年还是闰年，判断输入的月份有几天"""

year = eval(input("请输入年份："))
month = eval(input("请输入月份："))
days = 0  #该月的天数

#判断闰年
if (year%4==0 and year%100!=0) or year%400==0:
    print("{}年是闰年！".format(year))
    # 判断月份是否为 1、3、5、7、8、10、12
```

```
        if month==1 or month == 3 or month == 5 or month == 7 or month == 8 or
month == 10 or month == 12:
            days=31
        # 判断是否为 2 月份
        elif month==2:
            days=29
        else:   # 剩余月份为 4、6、9、11
            days=30

    #判断平年
    else:
        print("{}年是平年! ".format(year))
        # 判断月份是否为 1、3、5、7、8、10、12
        if month==1 or month == 3 or month == 5 or month == 7 or month == 8 or
month == 10 or month == 12:
            days=31
        # 判断是否为 2 月份
        elif month==2:
            days=28
        # 剩余月份为 4、6、9、11
        else:
            days=30
    print("{}年{}月有{}天。".format(year,month,days))
```

运行结果为：

```
请输入年份：2022
请输入月份：8
2022 年是平年!
2022 年 8 月有 31 天。
```

## 任务 3.2　循环语句——打印九九乘法表

**【任务描述】**

九九乘法表是一张很有规律的表，乘数、被乘数有序地增加。打印九九乘法表是学习 for 循环很好的案例。

从九九乘法表的列来看，乘数在每列中都是一致的，而被乘数依次从乘数增加到 9；从九九乘法表的行来看，被乘数保持不变，乘数从 1 增加到被乘数，整体图形呈三角形形状，如图 3-4 所示。

```
1*1=1
2*1=2  2*2=4
3*1=3  3*2=6  3*3=9
4*1=4  4*2=8  4*3=12 4*4=16
5*1=5  5*2=10 5*3=15 5*4=20 5*5=25
6*1=6  6*2=12 6*3=18 6*4=24 6*5=30 6*6=36
7*1=7  7*2=14 7*3=21 7*4=28 7*5=35 7*6=42 7*7=49
8*1=8  8*2=16 8*3=24 8*4=32 8*5=40 8*6=48 8*7=56 8*8=64
9*1=9  9*2=18 9*3=27 9*4=36 9*5=45 9*6=54 9*7=63 9*8=72 9*9=81
```

图 3-4　九九乘法表

**素养小课堂：**

九九乘法表是中国对世界贡献很大的发明。早在春秋战国时期，中国人就发明了十进位制，之后还发明了九九表，又称九九歌、九因歌，是中国古代筹算中进行乘法、除法、开方等运算中的基本计算规则，沿用到今日，已有两千多年历史。

九九乘法表后来向东传入高丽、日本，经过丝绸之路向西传到印度、波斯，继而在全世界流行。直到13世纪初欧洲才出现这种简单的乘法表。

**【任务分析】**

实现九九乘法表的打印，需要用到循环嵌套。乘法表是两个数的乘积表，一个数是i，它从1变化到9，控制外层循环，并在一个确定的i循环下进行j循环；另一个数是j，为了不出现重复的i*j的值，j的值只从1变化到i。换行符用\n表示，一次循环结束便换行。

### 3.2.1 while 循环语句

微课：while 循环语句

在现实生活中，许多场景都需要循环操作，比如时针的转动、数据有规律地增加或者减少。在程序设计中，有些语句需要循环执行，这就需要通过循环语句来实现。Python 提供了两种循环语句，分别是 while 循环语句和 for 循环语句。接下来讲解这两种循环语句的使用。

#### 1. whie 循环语句

while 循环语句的基本语法格式为：

```
while 条件表达式:
    语句块
```

while 循环语句由 while 关键字、条件表达式和冒号组成，控制其下缩进的语句块，在满足条件的情况下，循环执行该语句块。while 循环语句的执行过程如图 3-5 所示。

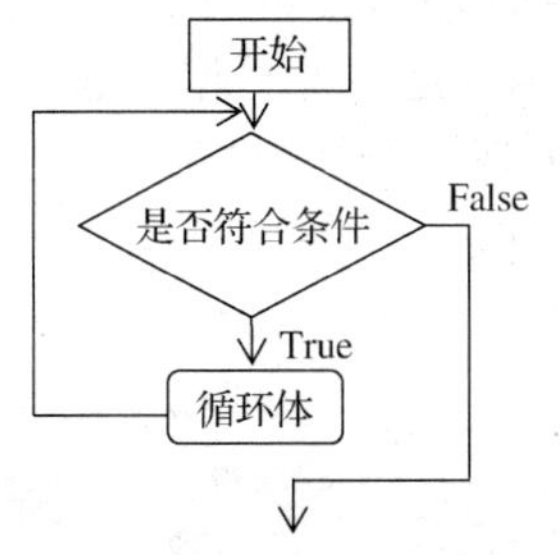


图 3-5　while 循环语句的执行过程

从图 3-5 中可以看到，while 循环语句是一个条件循环语句，与 if 语句相似，区别是从单次执行变成了重复执行，以及条件除了被用来判断是否进入语句块，还被用来作为是否终止循环的判断依据。

在执行 while 语句时，若变量符合 while 循环语句的条件，则进入下一个循环体，重复执行该循环体，直到变量不符合 while 循环语句的条件时，终止该循环。

**【例 3-8】** while 循环语句的使用。

```
i=1
while i<=5:
    print("第",i,"遍 Python")
    i+=1
print("循环已结束")
```

运行结果为：

```
第 1 遍 Python
第 2 遍 Python
```

```
第 3 遍 Python
第 4 遍 Python
第 5 遍 Python
循环已结束
```

上面例子中的 i 是循环变量，表达式“i<=5”是循环条件，“print("第",i,"遍 Python")”与“i+=1”是循环体内执行的语句，“print("循环已结束")”是 while 循环语句结束后执行的语句。

具体的执行顺序如下所示。

第 1 步：i 赋值为 1。

第 2 步：判断循环条件 i<=5 是否成立，成立则执行第三步；不成立则跳到第六步。

第 3 步：打印第 i 遍“Python”。

第 4 步：i 自增 1。

第 5 步：回到第 2 步，判断 i<=5 是否为真。

第 6 步：如果条件不成立，则打印“循环已结束”。

### 2. while 无限循环

while 循环语句的循环表达式一般是关系表达式或逻辑表达式，在表达式永远成立的情况下，会陷入无限循环，也叫死循环。如下面的代码：

```
i=1
while True:
    print("第",i,"遍 Python")
    i=i+1
print("循环已结束")
```

上述代码的循环表达式永远成立，则会一直执行循环体，永远执行不到打印“循环已结束”的语句。针对这样的无限循环，一般会在循环体内增加条件分支，当满足条件时使用 break 语句来跳出循环，或者按“Ctrl+C”组合键来中断循环。因此，while 循环语句的循环体一般都要包含改变循环变量的语句，使得在特定情况下退出循环，避免死循环。

**【例 3-9】** 无限循环的控制。

```
i=1
while True:
    print("第",i,"遍 Python")
    i+=1
    if i >7:
        break    #跳出循环
print("打印结束")
```

运行结果为：

```
第 1 遍 Python
第 2 遍 Python
第 3 遍 Python
第 4 遍 Python
第 5 遍 Python
第 6 遍 Python
```

```
第 7 遍 Python
打印结束
```

当 i 的值大于 7 时跳出循环，避免死循环。

**边学边练：**

用 while 循环语句实现以下功能。

（1）输入一个正整数 n。

（2）输出 1+2+3+...+n 的值。

### 3.2.2 for 循环语句

微课：for 循环语句

for 循环语句是已知重复执行次数的循环语句，通常称为计数循环，但不局限于计数循环，它可以遍历任何有序的序列对象元素，比如数组、列表、字符串等。

**1．for 循环语句的一般格式**

for 循环语句的一般语法格式为：

```
for 临时变量 in 可迭代对象:
       语句块
```

将可迭代对象中的每一个元素都赋值给临时变量，临时变量在每一次被赋值的时候都执行一次受其控制的语句块；当可迭代对象中的每一个元素都被遍历时，该 for 循环语句结束，执行下一个语句。for 循环语句的执行过程如图 3-6 所示。

for 语句可遍历的可迭代对象包括：字符串、列表、元组、字典、集合（在后续章节中详细介绍）等。

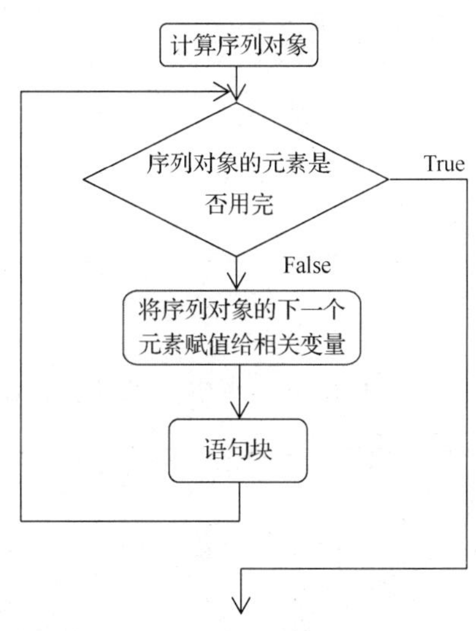


图 3-6 for 循环语句的执行过程

**【例 3-10】**字符串的 for 遍历。

```
for i in "China":
  print(i)
```

运行结果为：

```
C
h
i
n
a
```

2．range()函数实现 for 循环

for 循环可以和 range()函数搭配使用来遍历一个数字序列。range()函数可以生成一个由整数组成的可迭代对象，其语法格式为：

```
range(start, end, step)
```

上述语法会产生一个从 start 开始，每增加一个 step 产生一个新数，直到 end（不包括 end）为止的序列。在不指定 start 的情况下从 0 开始。

**【例 3-11】** for 循环中 range()函数的使用。

```
for i in range(5):
    print("*"*(i+1))
```

运行结果为：

```
*
**
***
****
*****
```

由【例 3-11】可以看出，for 循环遍历了 0～4，当 i 为 0 时，输出的“*”为 1（0+1）个，for 循环执行一轮自动换行；当 i 为 1 时，输出的“*”为 2（1+1）个，以此类推，直至 i 为 4 时结束。

**边学边练：**

用 for 循环实现以下功能。

（1）输入一个正整数 n。

（2）输出 1+2+3+...+n 的值。

### 3.2.3 循环嵌套

循环的嵌套是指一个循环语句内又包含一个循环语句，while 和 for 循环语句皆可再嵌套一个 while 和 for 循环语句，二者也可相互嵌套。

1．while 循环嵌套

while 循环嵌套是指在 while 循环语句中再嵌套 while 或 for 循环语句，其基本语法格式为：

```
# while 循环语句中嵌套 while 循环语句
while 循环条件 1:                          # 外层循环
    语句块 1
    while 循环条件 2:                      # 内层循环
        语句块 2

# while 循环语句中嵌套 for 循环语句
```

```
while 循环条件 1:                          # 外层循环
    语句块 1
    for 临时变量 in 可迭代对象:              # 内层循环
        语句块 2
```

以 while 循环语句中嵌套 while 循环语句的循环嵌套为例，如果外层的循环条件 1 为 True，则执行语句块 1，并对内层的循环条件 2 进行判断；如果循环条件 2 也为 True，则执行语句块 2，直到循环条件 2 为 False 为止；内层循环结束后继续判断外层的循环条件 1，如此重复执行直到循环条件 1 为 False 时，结束外层循环。

在【例 3-12】中用 while 循环嵌套实现打印一个由“*”构成的直角三角形。

**【例 3-12】**while 循环嵌套。

```
i=1
while i<5:
    j=0
    while j<i:
        print("*",end="")
        j+=1
    print()
    i+=1
```

运行结果为：

```
*
**
***
****
```

**2．for 循环嵌套**

for 循环嵌套是指在 for 循环语句中再嵌套 for 或 while 循环语句，其基本语法格式为：

```
# for 循环语句中嵌套 for 循环语句
for 临时变量 1 in 可迭代对象 1:              # 外层循环
    语句块 1
    for 临时变量 2 in 可迭代对象 2:          # 内层循环
        语句块 2

# for 循环语句中嵌套 while 循环语句
for 临时变量 in 可迭代对象:                  # 外层循环
    语句块 1
    while 循环条件:                         # 内层循环
        语句块 2
```

以 for 循环语句中嵌套 for 循环语句的循环嵌套为例，程序首先访问外层循环中可迭代对象 1 的第一个元素，执行语句块 1，访问内层循环中可迭代对象 2 的第一个元素，执行语句块 2；然后访问内层循环中可迭代对象 2 的下一个元素，执行语句块 2，如此重复执行，直到内层循环中可迭代对象 2 的所有元素都被访问完，结束内层循环；继续访问外层循环中可迭代对象 1 的下一个元素，所有外层循环中的元素都被访问完毕，结束外层循环。从执行机制来看，外层循环每执行一次，内层循环就会执行一轮。

在【例 3-13】中用 for 循环嵌套实现打印一个由“*”构成的直角三角形。

【例 3-13】for 循环嵌套。

```
for i in range(1,5):
    for j in range(0,i):
        print("*",end="")
    print()
```

运行结果为：

```
*
**
***
****
```

### 3.2.4 任务实现——打印九九乘法表

【任务分析】

九九乘法表的行列均有规律可循，小 T 仔细研究了这些规律，发现乘数在每列中是一致的，而被乘数依次从乘数增加到 9；被乘数在每行中保持不变，乘数从 1 增加到被乘数，整体图形呈三角形形状。

小 T 打算用 for 循环嵌套实现九九乘法表打印，定义两个临时变量 i、j，i 从 1 增加到 9，控制外层循环；在一个确定的 i 循环下进行 j 循环，但为了不出现重复的 i*j 的值，j 的值只从 1 变化到 i。

在九九乘法表打印中，一次内层循环结束要用 print()换行。按以下步骤来设计程序：

（1）定义外层循环变量 i，for 循环从 1 到 9，控制列。

（2）定义内层循环变量 j，for 循环从 1 到 i，控制行。

（3）输出 i*j。

（4）内层循环结束，用 print()换行。

【源代码】

【例 3-14】任务实现：打印九九乘法表。

```
for i in range(1,10):
    for j in range(1,i+1):
        d = i * j
        print('%d*%d=%2d'%(i,j,d),end = '  ')
    print()
```

运行结果为：

```
1*1= 1
2*1= 2  2*2= 4
3*1= 3  3*2= 6  3*3= 9
4*1= 4  4*2= 8  4*3=12  4*4=16
5*1= 5  5*2=10  5*3=15  5*4=20  5*5=25
6*1= 6  6*2=12  6*3=18  6*4=24  6*5=30  6*6=36
7*1= 7  7*2=14  7*3=21  7*4=28  7*5=35  7*6=42  7*7=49
```

```
8*1= 8  8*2=16  8*3=24  8*4=32  8*5=40  8*6=48  8*7=56  8*8=64
9*1= 9  9*2=18  9*3=27  9*4=36  9*5=45  9*6=54  9*7=63  9*8=72  9*9=81
```

## 任务 3.3 占位与中断语句——打印三位数的回文数

**【任务描述】**

数学中有一种特殊的对称数字，即回文数。如果一个正整数，从左向右看（正序数）与从右向左看（反序数）是一样的，我们就称其为回文数。小 T 要输出三位数的回文数，他需要设定一个循环来遍历所有的三位数，对每一个三位数只需判断第一位和第三位是否相等即可。对于第一位和第三位不相等的数则略过，这需要借助中断语句来实现。

**素养小课堂：**

回文数是数学中对称美的一种体现，对称的排列，优美的意境，让人感受到数学的神奇和美。我国的古代诗歌中也存在回文诗。回文诗也称为回环诗，唐代吴兢的《乐府古题要解》中对回文诗的释义为："回文诗，回复读之，皆歌而成文也。"

回文诗有很多种形式，如通体回文、就句回文、双句回文、本篇回文、环复回文等。以就句回文为例，清代诗人李旸的《春闺》中有"垂帘画阁画帘垂，谁系怀思怀系谁？影弄花枝花弄影，丝牵柳线柳牵丝。脸波横泪横波脸，眉黛浓愁浓黛眉。永夜寒灯寒夜永，期归梦还梦归期。"可以看出每一句从左向右读、从右向左读都是一样的。鉴于本书篇幅有限，有兴趣的读者可以自行了解回文诗的奥秘。

唐诗宋词是我国文学的瑰宝，回文诗尽显我国古代文人的风采，值得细细品读。

**【任务分析】**

按以下步骤来设计程序：

（1）定义临时变量 i，用 for 循环语句取值，从 100 循环至 999，步长为 1。

（2）取 i 的第一位和第三位进行判断，如果不相等则略过，进行下一元素的循环；否则输出 i。

完成上述功能，需要用到 for 循环语句以及中断语句，接下来对相关的知识进行讲解。

### 3.3.1 占位语句（pass）

pass 是空语句，作用是保持程序结构的完整性，一般只用作占位。当程序需要语句但还没有可写的语句时，就可以使用 pass 语句来占位。例如，循环体需要包含至少一条语句，可以用 pass 语句作为循环体语句，此时的程序如下：

```
for x in range(10):
    pass
```

该程序会循环 10 次，但是除了循环本身，它什么也没有做。

### 3.3.2 break 和 continue 语句

在 Python 中，break 和 continue 语句用于改变循环的流程。在通常情况下，循环遍历执行一个语句块，直到判断条件是 False 为止。但有时我们会希望不检测判断条件就可以终止当前迭代对象，甚至整个循环。在这种情况下，就需要使用 break 和 continue 语句。

### 1. break 语句

break 语句用于终止循环语句。即使循环条件不是 False 或者迭代对象还没有被完全访问完，也会终止循环。注意：如果 break 语句在嵌套循环内，则 break 将终止最内层循环。

一帮朋友玩游戏，轮流数数，从 1 数到 9，逢 3 的倍数拍手，其他数进行报数。

**【例 3-15】** break 语句。

```
i = 1
while True:
    if i % 3==0:
        print('逢 3 的倍数拍手')
    else:
        print(i)
    if i==9:
        break
    i+=1
```

运行结果为：

```
1
2
逢 3 的倍数拍手
4
5
逢 3 的倍数拍手
7
8
逢 3 的倍数拍手
```

在【例 3-15】中，如果不包含 break 语句，则 while 循环语句会是死循环。由于循环体内多了一个逢 9 停止的判断条件，因此需要执行 break 语句来终止循环。

### 2. continue 语句

continue 语句用于结束本次循环，并开始下一轮循环。循环不会终止，会继续下一次迭代。稍微对上一个例子中的游戏规则做出改动，循环数数，从 1 数到 9，逢 3 的倍数不报数，其他数进行报数。

**【例 3-16】** continue 语句。

```
i = 1
while True:
    if i % 3==0:
        i+=1
        continue
    else:
        if i==10:
            break
        else:
            print(i)
```

```
    i+=1
```

运行结果为：

```
1
2
4
5
7
8
```

当循环变量 i 的值为 3 的倍数时，先执行“i+=1”再执行 continue 语句，不会终止整个循环，会继续下一次迭代。当 i 的值为 10 时终止当前迭代，不再执行 print 语句。

**3．break 和 continue 语句的异同点**

（1）continue 语句只能结束本次循环，而不能终止整个循环；break 语句能结束所在循环，并跳出循环体。

（2）break 和 continue 语句只能用在循环中，不能单独使用。

（3）break 和 continue 语句在嵌套循环中只对最近的一层循环起作用。

**即学即答：**

以下叙述正确的是（　　）。

A．continue 语句的作用是结束整个循环

B．break 语句只能在循环体内使用

C．break 语句和 continue 语句在循环体内的作用相同

D．从多层循环嵌套中退出时，只能使用 goto 语句

### 3.3.3 任务实现——打印三位数的回文数

**【任务分析】**

小 T 在学习了前面的知识后，发现要想打印三位数的回文数，只要取出百位数和个位数，判断其是否相等就可以，对于第一位和第三位不相等的数则略过，这里用 continue 语句来实现。按以下步骤来设计程序：

（1）定义临时变量 i，用 for 循环语句取值，从 100 循环至 999，步长为 1。

（2）用整除运算取 i 的百位数，用取余运算取其个位数。

（3）比较百位数和个位数，如果不相等，则用 continue 继续循环。

（4）如果百位数和个位数相等，则打印出 i，并自加 1。

（5）进行下一个元素的循环，直到 100～999 的所有元素都被访问完。

**【源代码】**

**【例 3-17】**任务实现：打印三位数的回文数。

```
for i in range(100,1000):
    hundreds=i//100
    ones=i%100%10
    if hundreds!=ones:
        continue
```

```
    else:
        print(i)
        i=i+1
```

运行结果为：

```
101
111
121
131
141
151
161
171
181
191
202
212
...
```

## 任务 3.4　异常处理——求两个正整数的和

【任务描述】

程序运行时会出现各种异常，这就需要我们对错误进行预判并提前处理。例如，有这样一个程序，实现求两个正整数 A 和 B 的和，并要求在一行中输入 A 和 B，中间以空格分开。但是用户在输入 A 和 B 时，却不一定是程序要求的正整数。因此，为控制这种异常情况，在设计程序时，如果用户输入的是两个正整数，则按“A+B＝和”的格式输出；如果输入的不是正整数，则在相应位置输出“?”，此时的和也是“?”。

【任务分析】

上述问题可以用多分支结构实现，也可以用异常处理实现。程序要求 A 和 B 都是正整数，而 Python 中输入的都是字符串，则可以用 int()函数将其转换为正整数，当输入非整数形式的内容时，系统会抛出异常。这里需要用异常处理来控制整个程序的流程。

### 3.4.1　程序中的错误

程序中的错误分为 3 类：语法错误、逻辑错误和运行时错误。

1．语法错误

语法错误（SyntaxError）也称解析错误，是指由不遵循语言的语法引起的错误，一般是指程序语句、表达式、函数等存在书写格式或语法规则上的错误。语法错误属于编译阶段的错误，会导致解析错误。有语法错误的程序无法被正确地编译或运行。

常见的语法错误包括程序遗漏了某些必要的符号（冒号、逗号或括号）、关键字拼写错误、缩进不正确、全角符号和空语句块（需要用 pass 语句）等。

语法错误一般会在 IDLE 或其他 IDE 中有明显的错误提示，如图 3-7 所示。这段代码是在 PyCharm 中编写的，程序中存在三处语法错误。第一处在第一行语句中，这里的赋值符号为全角状态，应用半角符号；第二处在 if 语句结尾，缺失了半角的冒号；第三处是 print 关键字拼写错误。

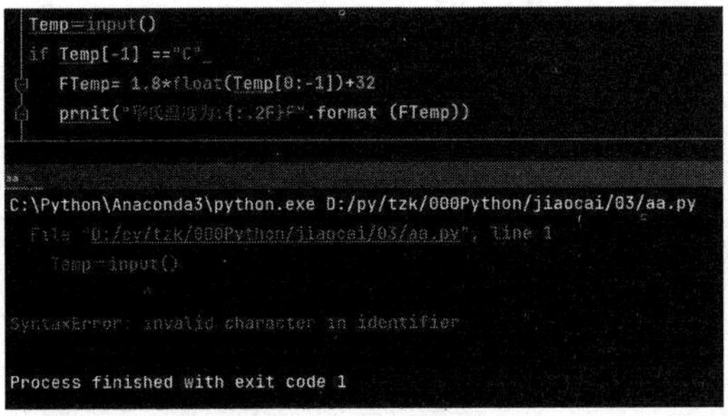

```
Temp=input()
if Temp[-1] =="C"
    FTemp= 1.8*float(Temp[0:-1])+32
    prnit("华氏温度为:{:.2F}F".format (FTemp))

C:\Python\Anaconda3\python.exe D:/py/tzk/000Python/jiaocai/03/aa.py
  File "D:/py/tzk/000Python/jiaocai/03/aa.py", line 1
    Temp=input()
        ^
SyntaxError: invalid character in identifier

Process finished with exit code 1
```

图 3-7　语法错误提示

#### 2. 逻辑错误

逻辑错误（语义错误）是指程序可以正常运行，但其运行结果与预期不符。与语法错误不同，存在逻辑错误的程序从语法上来说是正确的，但会产生意外的输出结果，并不一定会被立即发现。逻辑错误的唯一表现是错误的运行结果。

常见的逻辑错误包括运算符优先级考虑不周、变量名使用不正确、语句块缩进层次错误、布尔表达式错误等。

例如下面的代码段，当输入的用户名为“admin”或“root”，且密码为“asd*-+”时，输出“登录成功”。

```
if username=="admin" or username == 'root' and password=='asd*-+':
    print("登录成功")
```

这段代码没有语法错误，但由于 or 的优先级低于 and，因此一旦 or 左边的结果为真，右边就会短路，若不做处理，则直接输出“登录成功”。这里可以分成两个 if 语句来写，或用括号改变优先级，以确保逻辑的正确性。

#### 3. 运行时错误

运行时错误是指程序可以运行，但是在运行过程中遇到错误，会导致意外退出。当程序由于运行时错误而停止时，通常会说程序崩溃了。通常所说的异常便是运行时错误，有时也会把所有错误都归于异常。

### 3.4.2　异常及处理

异常是在程序运行过程中发生的一个事件，该事件会影响程序的正常运行。在 Python 无法正常处理程序或者在程序运行中发生错误而没有被处理时就会发生异常，这些异常会被 Python 中的内建异常类捕捉。异常的类型有很多，在前面的学习过程中，有 SyntaxError、NameError、TypeError、ValueError 等多个错误提示信息，这些都是异常。

Python 中有许多内置异常，有着完整的层次结构，每当解释器检测到某类错误时，都能触发相对应的异常。在程序设计的过程中，用户可以编写特定的代码，专门用于捕捉异常，如果捕捉到某类异常，则使程序执行另外一段代码，也就是为该异常定制的逻辑，使程序能够正常运行。这种处理方法就是异常处理。

#### 1. try...except 语句

在 Python 中，可以使用 try、except、else 和 finally 这几个关键字来组成一个包容性很好的程序，通过捕捉和处理异常来增强程序的健壮性。用 try 可以检测语句块中的错误，从而让 except 语句捕获异常信息并进行处理。try...except 的语法格式为：

```
try:
    <语句块 1>                    # 需要检测异常的代码块
except    <异常名称 1>:
    <语句块 2>                    # 在 try 部分引发异常名称 1 时执行的语句块
[except  <异常名称 2>:
    <语句块 3>]                   # 在 try 部分引发异常名称 2 时执行的语句块
[else:
    <语句块 4>]                   # 在没有异常发生时执行的语句块
[finally:
    <语句块 5>]
```

except 语句和 finally 语句都不是必需的，但是二者必须要有一个，否则 try 就没有意义。except 语句可以有多个，Python 会按 except 语句的顺序依次匹配指定的异常，如果异常已经得到处理则不会进入后面的 except 语句。

程序首先执行 try 与 except 语句之间的语句块，如果未发生异常，则忽略所有 except 下面的语句块，直接执行 else 或后面的语句块。

如果在执行 try 子句的过程中发生异常，且异常与某个 except 后面的错误类型相符，则执行该 except 后面的语句块。except 语句可以有多个，分别用于处理不同类型的异常，但程序只能执行其中一个。

如果 try 中的语句无法正确执行，则根据错误类型选择执行对应 except 中的语句块，该语句块中可以包含错误信息或者其他的可执行语句。

如果 try 中的语句没有触发异常，即语句可以正常执行，则执行 else 中的语句块。

finally 放在最后，其内容通常是做一些后续的处理，比如关闭文件、资源释放之类的操作。finally 后面的语句块是无论如何都要执行的，即使在前面的 try 和 except 语句块中出现了 return，也会先将 finally 后面的语句块执行完再去执行前面的 return 语句。

**2．单异常处理**

单异常处理是指只针对一类异常进行捕捉的程序控制。例如，温度有摄氏度和华氏度两个体系，要求编写程序将用户输入的华氏度转换为摄氏度，或将输入的摄氏度转换为华氏度。输入一个表示温度的数值且以字符 C 或 F 结束，分别表示摄氏度和华氏度。

转换算法如下：

$$C=(F-32)/1.8$$

$$F=C*1.8+32$$

温度的转换比较容易实现，只需根据最后一位字符判断执行哪个分支下的语句进行转换即可，难点是异常的处理。在【例 3-18】中，“float(Temp[0:-1])”在进行数据类型转换时可能会因为括号中的数据无法转换为浮点型而出现异常，而这个异常基本上是用户输入的问题。当用户输入的数据不符合题目要求时，程序要能抛出异常并进行合适的处理。

我们可以在捕捉到输入异常时要求用户重新输入，在无异常触发时执行 else 子句来结束循环。

**【例 3-18】**单异常处理。

```
while True:          # 构建无限循环，使用户在异常发生时可以重复输入
```

```
try:             # 判断是否存在异常，在无异常时执行其子句
    Temp=input()
    if Temp[-1]== 'C':
        Temp=1.8*float(Temp[0:-1])+32
        print("华氏温度为:{:.2}F".format(Temp))
    elif Temp[-1]=='F':
        Temp=(float(Temp[0:-1])-32)/1.8
        print("摄氏温度为:{:.2f}C".format(Temp))
    else:
        print("输入错误，末位只能是“C”或“F”")
except:          # 在异常被触发时给出重新输入的提示，并准备接收输入
    print("输入错误，除末位外应该是数字型，请重新输入")
else:            # 在无异常触发时结束循环
    break
```

### 3. 多异常处理

python 允许用户在一个程序中同时对多类异常进行捕捉，触发哪个异常就执行哪个异常对应的语句。Python 中常见的异常名称及其描述如表 3-1 所示，读者可以参考 Python 文档查看所有的异常类及其子类。

表 3-1　常见异常名称及其描述

| 异常名称 | 描　述 |
|---|---|
| Exception | 常规异常的基类，可以捕捉任意异常 |
| SyntaxError | 语法错误 |
| NameError | 未声明/未初始化的对象（没有属性） |
| SystemError | 一般的解释器系统错误 |
| ValueError | 传入无效的参数，或传入一个用户不期望的值，即使值的类型是正确的 |
| IndentationError | 缩进错误（代码没有正确对齐） |
| ImportError | 导入模块/对象失败（路径问题或名称错误） |
| ModuleNotFoundError | 模块不存在 |
| ZeroDivisionError | 除（或取模）零 |
| OverflowError | 数值运算超出最大限制 |
| AttributeError | 对象没有这个属性 |
| IndexError | 索引超出序列边界，如 x 只有 10 个元素，却访问 x[11] |
| KeyError | 映射中没有这个键（试图访问字典里不存在的键） |
| TypeError | 对类型无效的操作 |
| TabError | Tab 和空格混用 |
| RuntimeError | 一般的运行时错误 |

【例 3-19】多异常处理。

```
try:
    import turtle                          #import tutle时输出“模块名称有误”
    size=eval(input())
    print (size)                           #参数写成sizee时输出“变量未定义”
```

```
    turtle.circle (size)
    turtle.done ()                    # done 写成 one 时，会输出“属性不存在”
except  ModuleNotFoundError :
    print('‘模块名称有误’')
except NameError:
    print("变量未定义")
except AttributeError:
    print('‘属性不存在’')
except SyntaxError:
    print('‘存在语法错误’')
```

在【例 3-19】中，如果把模块 turtle 写成 tutle，则会捕捉到错误 ModuleNotFoundError 异常，执行对应的 print 语句；如果把 size 写成 sizee，则会捕捉到 NameError 异常，执行对应的 print 语句。

Python 内置了一个 Exception 类，该类可以捕捉到所有内置的、非系统退出的异常，以及所有用户定义的异常。当需要输出程序遇到的异常时，可以使用以下方法，如【例 3-20】所示。

【例 3-20】Exception 类的使用。

```
try:
    import tutle
    size = eval (input() ) # import tutle 时输出“NO module named ‘tutle’”
    print(size)             # 参数写成 sizee 时会输出“name ‘sizee’ is not define”
    turtle.circle(size)
    # circle 写成 circe 时输出“module'turtle has no attribute ‘circe’”
    turtle. done()
except Exception as e:
    print(e)
```

**即学即答：**

对于 except 子句的排列，下列哪种是正确的（　　）。

A．父类在前，子类在后　　B．子类在前，父类在后

C．没有顺序，谁在前先捕获谁　　D．先有子类，与其他如何排列无关

### 4．finally 语句

如果 try 中的异常没有在 exception 中被指出，则系统会抛出 traceback（默认错误代码），并且终止程序，接下来的所有代码都不会被执行。如果用 finally 关键字，则程序会在抛出 traceback 之前执行 finally 中的语句。这个方法在某些必须要结束的操作中很有用，比如释放文件句柄和释放内存空间等。

下面通过具体例子说明，要求把李白的《静夜思》写入文件 test.txt，并逐行输出。在这个例子中，我们可以在打开文件时用“W”模式来获得写权限，但没有读权限，因此在逐行读取文件时会触发异常。此时文件处于打开状态，程序被中断执行，无法执行关闭文件的语句，文件会一直处于异常状态。

finally 中的语句无论是否触发异常都会被执行，所以经常把关闭文件、清理资源之类的操作放在 finally 语句下。

【例 3-21】finally 语句的使用。

```
s= '''静夜思
李白
床前明月光，
疑是地上霜。
举头望明月，
低头思故乡。
 '''
try:
    file= open('test.txt', 'w', encoding='utf-8')    # 以“写”模式打开文件
    file.write(s)                                     # 写入 s 中的字符串
    file.seek(0)                                      # 文件指针回到文件开头
    for line in file:                                 # 遍历逐行读文件
        print(line, end= '')                          # 逐行输出文件内容
# 若将 file.close()放在此处，则当前面遇到异常时无法关闭文件
except:
    print('文件读写权限错误')
finally:
    file.close ()  # finally 中的语句无论是否触发异常都会被执行，可确保文件关闭
```

在实际应用中，异常处理并不是解决类似问题的最好方法，一个较好的方法是使用上文管理器，即使用 with 方法，可以用以下语句代替 open 语句：

```
with open ( 'test.txt', 'w',encoding='utf-8') as file:
```

用这种方法打开文件，当触发异常时，文件会自动关闭，不需要显式地执行 close 语句，既可简化程序的编写，又可增强程序的健壮性。

**即学即答：**

在异常处理中，释放资源、关闭文件、关闭数据库等由（　　）来完成。

A．try 子句　　　　B．catch 子句

C．finally 子句　　D．raise 子句

## 3.4.3 任务实现——求两个正整数的和

【任务分析】

求两个正整数 A 和 B 的和，在一行中输入 A 和 B，中间以空格分开。因为 Python 中输入的都是字符串，所以要用 int()函数将其转换为正整数，当输入非整数形式的内容时，程序会抛出异常。小 T 在设计程序代码时，先把输入的字符串根据空格划分为多个字符串并放入列表中，然后根据可能的情况用 try...except 子句来实现捕捉异常。

【源代码】

【例 3-22】任务实现：求两个正整数的和。

```
ls=input().split()
try:
    a=int(ls[0])
```

```
    if a<=0:
      a='?'
except:
    a='?'
try:
    b=int(ls[1])
    if b<=0:
      b='?'
except:
    b='?'
if a=='?' or b=='? ':
    print('{}+{} ={}'.format (a, b,'?'))
else:
    print('{}+{} ={}'.format (a, b,a+b))
```

当输入 3 和 4 时，运行结果为：

```
3+4 =7
```

# 任务 3.5　程序控制结构实训

## 一、实训目的

1．掌握判断语句、循环语句的语法。

2．能使用判断语句、循环语句解决实际问题。

3．理解并掌握 continue、break 语句的作用。

4．会使用 try...except 语句进行异常处理。

## 二、实训内容

### 实训任务 1：理论题

1．在下列各项中，（　　）不属于流程控制结构。

A．顺序结构　　B．网状结构

C．循环结构　　D．选择结构

2．在下列各项中，（　　）用于实现多分支选择。

A．在 if-else 的 if 中加 if　　B．在 if-else 的 else 中加 if

C．if-elif-else　　D．if-else

3．下列语句执行后，变量 n 的值为（　　）。

```
n =0
for i in range (1, 100,3):
    n+= 1
```

A．32　　B．33　　C．34　　D．35

4．下列 Python 语句中，正确的是（　　）。

A．max=x>y ? x:y　　B．min =x if x<y else y

C．if(x > y) print(x)　　　　D．while (x <10) print(x)

5．下列选项中，会输出“1,2,3”的是（　　）。

A.

```
for  i  in  range (3):
    print(i)
```

B.

```
for  i  in range(2):
    print(i +1).
```

C.

```
a_list =[0,1,2]
for i in a_list:
    print(i +1)
```

D.

```
i=1
while i < 3:
    print (i)
    i=i+1
```

6．已知 x=10，y=20，z=30；执行以下语句后 x，y，z 的值是（　　）。

```
if x< y:
    z=x
    x=y
    y=z
```

A．10，20，30　　　　B．10，20，20

C．20，10，10　　　　D．20，10，30

7．有一个函数关系表如下所示：

| x | y |
|---|---|
| x<0 | x-1 |
| x=0 | x |
| x>0 | x+1 |

下列程序段中，能正确表示上面关系的是（　　）。

A.

```
y=x+1
if x >=0:
    if x==0:
        y=x
    else:
        y=x-1;
```

B.

```
y=x-1
if x!==0:
    if x >0:
        y=x+1
```

```
        else:
            y=x
```

C.

```
    if x<=0:
        if x<0:
            y= X-1
        else:
            y=X
    else:
        y =x+1
```

D.

```
    y=x
    if x<=0:
        if x<0:
            y =x-1
    else:
        y=x+1
```

8．运行以下代码的结果是（　　）。

```
for i in range(6):
    if i%2==0: continue
    elif i%3:
        print(i,end=' ')
        break
else:
    print('end')
```

A．1　　B．1 end　　C．1 5 end　　D．1 5

9．阅读下面的代码：

```
sum= 0
for i in range (100):
    if(i%10):
        continue
    sum = sum + i
print(sum)
```

运行结果是（　　）。

A．5050　　B．4950　　C．450　　D．45

10．下列关于 break 语句和 continue 语句的叙述中，不正确的是（　　）。

A．在多重循环语句中，break 语句的作用仅限于其所在层的循环

B．continue 语句执行后，继续执行循环语句的后续语句

C．continue 语句与 break 语句类似，只能用在循环语句中

D．break 语句结束循环，继续执行循环语句的后续语句

11．以 0 作为除数时会引发（　　）。

A．ZeroDivisionError　　B．AttributeError

C．IndexError　　D．NameError

12．运行以下程序，下列说法正确的是（　　）。

```
def fun(n):
    if n == 1:
        return 1
    else:
        return fun(n-1)+1
print(fun(3))
```

A．输出 1　　B．输出 3

C．输出 6　　D．运行时出现错误提示

13．关于 break 语句，下列说法正确的是（　　）。

A．break 语句执行后，会跳出所在的一层循环

B．break 语句执行后，会跳出所在的函数

C．break 语句只能包含在循环中

D．break 语句只能包含在函数中

14．以下程序的运行结果是（　　）。

```
i=1
s=0
while i<10:
    if i%2==0:
        continue
    else:
        s=s+i
    i=i+1
print(s)
```

A．25　　B．1　　C．0　　D．死循环，无输出

15．对于“for i in s:…”语句，以下说法不正确的是（　　）。

A．如果 s 为字典，则在执行该循环时，i 取值会对字典中的每个键-值对进行遍历

B．如果 s 为列表，则在执行该循环时，i 取值会对列表中的每个元素进行遍历

C．如果 s 为字符串，则在执行该循环时，i 取值会对字符串中的每个字符进行遍历

D．如果 s 为集合，则在执行该循环时，i 取值会对集合中的每个元素进行遍历

16．运行以下程序段的结果是（　　）。

```
for i in range(1,5):
    if i%3 == 0: break
    else: print(i,end =' ')
```

A．1 2　　B．1 2 3　　C．1 2 4　　D．1 2 4 5

**实训任务 2：操作题**

1．编写一个程序，使用 for 循环语句输出 0～10 的整数。

| 程序代码： |
| --- |

2．输入一个年份，判断这一年是不是闰年。

程序代码：

3．输入 3 条线段的长度，判断其能否构成三角形，若能则计算三角形的面积。

程序代码：

4．编写一个程序，判断用户输入的数是正数还是负数。

程序代码：

5．输入两个整数，打印它们相除之后的结果，并对输入的不是整数或除数为零的内容进行异常处理。

程序代码：

6．猜年龄游戏，要求：允许用户最多尝试 3 次，在每尝试 3 次之后，如果还没有猜对，则询问用户是否还想继续玩，如果回答 Y 或 y，则继续让其猜 3 次，以此往复；如果回答 N 或 n，则退出程序；如果猜对了，则直接退出程序。

程序代码：

# 项目四

# 组合数据类型

### 知识目标

- 了解 Python 的字符串、列表、元组、字典和集合等数据类型的创建方法。
- 掌握字符串、列表、元组、字典和集合的常用方法。
- 了解字符串、列表、元组、字典和集合在不同领域中的应用。

### 能力目标

- 能熟练应用字符串数据类型。
- 能熟练应用列表数据类型。
- 能熟练应用元组数据类型。
- 能熟练应用字典数据类型。
- 能熟练应用集合数据类型。

微课：组合数据类型项目导学

### 项目导学（视频）

小 T 需要帮助导师统计课程结束后自己班级的成绩，以及一篇文章中中文、英文字母的个数和词频统计等。根据前面所学的 Python 知识，小 T 发现要帮助导师解决这几个问题相对困难。事实上，利用 Python 中的字符串、列表、字典等组合数据类型及其操作，可以轻松地解决这几个问题。接下来讲解字符串、列表、元组、字典等组合数据类型。

组合数据类型可以将多个数据类型组织起来，根据数据组织方式的不同，Python 的组合数据类型可分成 3 类：序列类型（字符串、列表、元组数据类型）、集合类型（集合数据类型）和映射类型（字典数据类型）。

## 任务 4.1　字符串——统计各类字符数目（视频）

微课：字符串任务引入

【任务描述】

小 T 需要协助导师统计某同学提交的一篇论文中中文、英文字母和数字的个数，以及空格数等信息，作为初步判断该论文在字数、篇幅上是否达到要求的依据。由于还未讲解 Python 在文件处理中的应用，因此这里将文章作为字符串处理，并进行各类字符的统计。

**素养小课堂：**

论文常被用来进行科学研究和描述科研成果，包括毕业论文、学位论文、科技论文等。论文一般由题名、作者、目录、摘要、关键词、正文、参考文献等部分组成，需遵循《论文写作规范国家标准》(GB7713-87)。毕业论文的撰写、答辩等是大学生必须完成的课程，论文也是大学学习成果的综合应用。因此，大学期间需做好学习规划，注重技能实践和积累，注重成果的转化，以完成高质量的毕业论文。

【任务分析】

可以用 Python 中的字符串来解决该任务：

（1）定义字符串。

（2）遍历字符串中的每一个字符，判断该字符的类型，并在相应的计数变量上加 1。

（3）输出中文字数、英文字母个数和数字个数、空格数及其他字符个数。

### 4.1.1　字符编码（视频）

微课：字符编码

编码（coding）是指用代码来表示各组数据资料，使其成为可利用计算机进行处理和分析的信息。随着计算机技术的发展，编码体系也在不断地发展。

#### 1．ASCII 编码

最常用的字符编码是 ASCII 码（American Standard Code for Information Interchange，美国信息交换标准码），是现今通用的单字节编码系统之一。它采用一个字节对字符进行编码，用 7 位二进制数表示，可表达 128 个字符。这 128 个字符由 33 个控制字符（码位为 0～31,127）和 95 个可见字符（码位为 32～126，包括数字、字母和标点符号）组成，基本 ASCII 码如表 4-1 所示。

表 4-1　基本 ASCII 码

| ASCII 值（码位） | 字符 | ASCII 值（码位） | 字符 | ASCII 值（码位） | 字符 | ASCII 值（码位） | 字符 |
|---|---|---|---|---|---|---|---|
| 0 | NUL | 12 | FF | 24 | CAN | 36 | $ |
| 1 | SOH | 13 | CR | 25 | EM | 37 | % |
| 2 | STX | 14 | SO | 26 | SUB | 38 | & |
| 3 | ETX | 15 | SI | 27 | ESC | 39 | , |
| 4 | EOT | 16 | DLE | 28 | FS | 40 | ( |
| 5 | ENQ | 17 | DC1 | 29 | GS | 41 | ) |
| 6 | ACK | 18 | DC2 | 30 | RS | 42 | * |
| 7 | BEL | 19 | DC3 | 31 | US | 43 | + |
| 8 | BS | 20 | DC4 | 32 | (space) | 44 | , |
| 9 | HT | 21 | NAK | 33 | ! | 45 | - |
| 10 | LF | 22 | SYN | 34 | " | 46 | . |
| 11 | VT | 23 | ETB | 35 | # | 47 | / |

续表

| 48 | 0 | 68 | D | 88 | X | 108 | l |
|---|---|---|---|---|---|---|---|
| 49 | 1 | 69 | E | 89 | Y | 109 | m |
| 50 | 2 | 70 | F | 90 | Z | 110 | n |
| 51 | 3 | 71 | G | 91 | [ | 111 | o |
| 52 | 4 | 72 | H | 92 | \ | 112 | p |
| 53 | 5 | 73 | I | 93 | ] | 113 | q |
| 54 | 6 | 7 | J | 94 | ^ | 114 | r |
| 55 | 7 | 75 | K | 95 | - | 115 | s |
| 56 | 8 | 76 | L | 96 | ' | 116 | t |
| 57 | 9 | 77 | M | 97 | a | 117 | u |
| 58 | : | 78 | N | 98 | b | 118 | v |
| 59 | ; | 79 | O | 99 | c | 119 | w |
| 60 | < | 80 | P | 100 | d | 120 | x |
| 61 | = | 81 | Q | 101 | e | 121 | y |
| 62 | > | 82 | R | 102 | f | 122 | z |
| 63 | ? | 83 | X | 103 | g | 123 | { |
| 64 | @ | 84 | T | 104 | h | 124 | \| |
| 65 | A | 85 | U | 105 | i | 125 | } |
| 66 | B | 86 | V | 106 | j | 126 | ~ |
| 67 | C | 87 | W | 107 | k | 127 | DEL |

### 2. GB2312 和 GBK 编码

汉字编码最先采用的是 GB2312，全称为《信息交换用汉字编码字符集·基本集》，由中国国家标准总局在 1981 年发布，通行于中国大陆，新加坡等地也采用此编码。中国大陆几乎所有的中文系统和国际化软件都支持 GB2312。GB2312 编码共收录汉字 6763 个，其中一级汉字 3755 个，二级汉字 3008 个。同时，GB2312 编码收录了包括拉丁字母、希腊字母、日文平假名及片假名字母、俄语西里尔字母在内的 682 个全角字符。

GB2312 编码对所收录字符进行了“分区”处理，共 94 个区，每区含有 94 个位，共 8836 个码位。这种表示方式也称为区位码。

01～09 区收录除汉字外的 682 个字符。

10～15 区为空白区，没有使用。

16～55 区收录 3755 个一级汉字，按拼音排序。

56～87 区收录 3008 个二级汉字，按部首/笔画排序。

88～94 区为空白区，没有使用。

GB2312 规定对收录的每个字符均采用两个字节表示，第一个字节为“高字节”，对应 94 个区；第二个字节为“低字节”，对应 94 个位。所以它的区位码范围是 0101～9494。区号和位号分别加上 0xA0 就是 GB2312 编码。比如“侃”字处于 57 区 0 行 9 列的位置，其码位是 5709，区号和位号分别转换成十六进制数是 0x3909，0x39+0xA0=0xD0，0x09+0xA0=0xA9，所以该码位的 GB2312 编码是 0xD0A9。

GBK 于 1995 年 12 月的汉字编码国家标准中发布，是对 GB2312 编码的扩充，对汉字采用双字节编码。GBK 字符集共收录 21003 个汉字。

### 3. Unicode 编码

随着网络的发展，不同语言间的信息交换变得频繁，为解决不同语言间编码的兼容问题，Unicode 编码应运而生。它使用 4 个字节为每个字符编码，包含数十种文字，有超过 110 万个字符，每个字符都有一个唯一的 Unicode 编号。

现在常用的 UTF-8 编码就是由 Unicode 编码演变而来的。UTF-8 表示一个 ASCII 字符只需一个字节编码；带有变音符号的拉丁文、希腊文、西里尔字母、亚美尼亚语、希伯来文、阿拉伯文、叙利亚文等字母则需要两个字节编码；其他语言的字符（包括中日韩文字、东南亚文字、中东文字等）使用三个字节编码；另有其他极少使用的语言字符使用四个字节编码。

**即学即答：**

在 UTF-8 编码中，一个汉字占的字节数是（　　）。

A．4　　B．3　　C．2　　D．可变字节数

### 4. 字符编码常用方法

Unicode 编码为世界上所有字符都分配了一个唯一的数字编号，编号范围为 0x000000～0x10FFFF（十六进制数），一般写成十六进制数，在前面加上"\u"（"\u"是转义字符，表示 Unicode 编码）。例如，"马"的 Unicode 编号是"\u9A6C"。

有时候我们需要用到字符对应的 Unicode 值或 Unicode 编码来处理字符类型判断的问题，可以使用 ord()、chr()、encode()等函数实现字符及其对应 Unicode 值或各类编码的获取，从而判断字符类型。

```
chr(i)
```

返回整数 i 对应的 ASCII/Unicode 字符，其中 i 取 0～255 的整数。

```
ord(c)
```

返回字符 c 对应的 ASCII/Unicode 字符。

在 Unicode 编码中，20902 个基本汉字的编码范围在"\u4e00"和"\u9fa5"之间，获取字符串的编码值可使用 encode()函数实现，其语法格式如下：

```
str.encode(encoding='utf-8', errors='strict')
```

运用指定的编码方式对字符串进行编码，参数说明如下所示。

- str：要进行转换的字符。
- encoding：使用的编码，此参数可选，默认编码为"utf-8"。字符串编码常用的类型还有"gb2312"、"gbk"等。
- errors ：用于设置不同错误的处理方案，此参数可选，默认为"strict"，意为编码错误引起一个 UnicodeEncodeError，其他值有 ignore（忽略非法字符）、replace（用"?"替换非法字符）等。

也可以将一串编码值转换回字符串，这就是解码的过程，可使用 decode()函数实现，其语法格式如下：

```
bytes.decode(encoding='utf-8', errors='strict') # 将二进制数据转换为字符串
```

这里的 bytes 是指要进行转换的二进制数据，通常是 encode()函数转换的结果，其他参数与 encode()函数一致。

【例 4-1】字符编码。

```
print(chr(60),chr(90),chr(254))  # 返回 Unicode 值为 60,90,254 的字符
print('侃字 ASCII/Unicode 值:',ord('侃'))                    # 返回字符的 Unicode 值
print('侃字 Unicode 编码:','侃'.encode('unicode-escape'))  # 输出汉字 Unicode 编码
print('侃字 utf-8 编码:','侃'.encode('utf-8'))              # 输出汉字 UTF-8 编码
print('侃字 GB2312 编码:','侃'.encode('gb2312'))            # 输出汉字 GB2312 编码
print(r'\xe4\xbe\x83 对应的字符是: ',b'\xe4\xbe\x83'.decode('utf-8'))
print(r'\u4f83 对应的字符是: ',b'\u4f83'.decode('unicode-escape'))
```

运行结果如下：

```
< Z þ
侃字 ASCII/Unicode 值: 20355
侃字 Unicode 编码: b'\\u4f83'
侃字 utf-8 编码: b'\xe4\xbe\x83'
侃字 GB2312 编码: b'\xd9\xa9'
\xe4\xbe\x83 对应的字符是:  侃
\u4f83 对应的字符是:  侃
```

Python 3.0 以上版本完全支持中文字符，默认使用 UTF-8 编码，字母、数字、汉字等都可以按字符进行处理，并且中文可以作为变量名、函数名。常用汉字的 Unicode 编码范围是\u4e00~\u9fa5，可以利用这一特点来判断读入的字符是否为汉字。

### 4.1.2　字符串的创建（视频）

微课：字符串的创建

字符串是一系列将字符按顺序排列而成的序列，也称为文本。字符串是不可变的数据类型，不允许用户进行修改。

**1. 字符串的定义**

（1）单行字符串可以用单引号、双引号、三单引号或者三双引号来定义，不同的引号间可以相互嵌套，这种定义相对简单。多行字符串用三单引号或者三双引号来定义。如果要定义的字符串中有单引号，则用双引号来定义该字符串；同样地，如果字符串中有双引号，则用单引号来定义该字符串；如果字符串中既有单引号又有双引号，则用三引号来定义该字符串。

【例 4-2】字符串的定义。

```
string1="Let's go!"                  # 字符串中有单引号，用双引号进行定义
string2='123"abc"123'                # 字符串中有双引号，用单引号进行定义
print(string1);print(string2)
```

运行结果如下：

```
Let's go!
123"abc"123
```

（2）三引号被更多地用于定义多行字符串，如【例 4-3】所示。

【例 4-3】三引号定义字符串常量。

```
# 多行字符串中有双引号，用三单引号或三双引号进行定义
string3='''以下节日你最喜欢的是:
1."海上生明月，天涯共此时"的中秋节
```

```
2."千门万户曈曈日，总把新桃换旧符"的春节
3."尘世难逢开口笑，菊花须插满头归"的重阳节'''
print(string3)
```

运行结果如下：

```
以下节日你最喜欢的是：
1."海上生明月，天涯共此时"的中秋节
2."千门万户曈曈日，总把新桃换旧符"的春节
3."尘世难逢开口笑，菊花须插满头归"的重阳节
```

三引号还可以被用作定义文档的注释。事实上，如果三引号间定义的多行文本没有被赋值给变量，则可以看成文档注释。

**2．转义字符串**

（1）转义符：Python 中有一些字符可以表达特殊的含义，如果要使用这些字符，则需要在这些字母、数字或者符号前加反斜杠“\”，常用转义符如表 4-2 所示：

**表 4-2　常用转义符**

| 字　符 | 说　明 |
|---|---|
| \（行尾时） | 续行符 |
| \' | 单引号 |
| \" | 双引号 |
| \a | 系统铃声 |
| \b | 退格符 |
| \n | 换行符 |
| \r | 回车符 |
| \t | 水平制表符 |
| \v | 垂直制表符 |
| \o | 八进制数 |
| \x | 十六进制数 |
| \\ | 反斜杠 |

**【例 4-4】**转义字符串。

```
print("It' s me!")              # 输出带单引号的句子，可以用双引号来定义
print('It\' s me!')             # 可以用转义符来定义
print('Hello,\nit\'s me!')      # \n 是换行符
```

运行结果如下：

```
It' s me!
It' s me!
Hello,
It' s me!
```

（2）原始字符串：在实际应用中，也有不对字符串中转义符进行转义的需求，此时可以在字符串前面加上 r、R 来表示原始字符串，即字符串中所有的字符都表示其原始含义，常用在字符串表示文件路径、URL 网址等中。

**【例 4-5】**原始字符串 r 的使用。

```
file_path1='d:\\myfile\new\data.dat'   #\n 作为转义符输出
file_path2=r'd:\\myfile\new\data.dat'  #\n 不作为转义符输出
print(file_path1)
print(file_path2)
```

运行结果如下：

```
d:\myfile
new\data.dat
d:\myfile\new\data.dat
```

**即学即答：**

print('d:\\python\new\t3-1.dat')输出结果是（　　）。

A．d:\python<br>ew　　3-1.dat　　B．d:\python<br>ew\t3-1.dat

C．d:\python\new\t3-1.dat　　D．d:\python\new\3-1.dat

### 4.1.3　字符串的格式化（视频）

微课：字符串的格式化

#### 1．用%实现字符串的格式化

Python 可用%实现字符串的格式化，用于较复杂的字符串格式化输出，其基本用法是将一个值插入到另一个有格式符%s 的字符串中。Python 的字符串格式化符号较多，如表 4-3 所示。

表 4-3　Python 的字符串格式化符号

| 格式符号 | 描　述 |
|---|---|
| %s | 使用 str()函数将表达式转换为字符串 |
| %r | 使用 repr()函数将表达式转换为字符串 |
| %c | 格式化字符及其 ASCII 码 |
| %f 或%F | 十进制浮点数 |
| %d 或%i | 十进制整数 |
| %x | 十六进制整数 |
| %o | 八进制整数 |
| %e 或%E | 指数（底数为 e 或 E） |
| %g | 指数或浮点数，只能选择%f 或 %e 格式 |
| %G | 指数或浮点数，只能选择%F 或 %E 格式 |

（1）用%实现字符串格式化的基本语法格式如下：

```
str%value
```

str 是一个字符串，包含一个或者多个数据的格式化占位符；value 表示需要格式化的数据；%表示执行格式化操作，即将 str 中的格式化符号替换为 value。

【例 4-6】使用%格式化字符串。

```
strName='小 T'
intAge=21
fltScore=94.55
```

```
#%s 对应 strName 变量，%d 对应 intAge 变量，%f 对应 fltScore 变量
print("%s 年龄是%d 岁，他本学期英语成绩是%f 分。"%(strName,intAge,fltScore))
```

运行结果如下：

```
小 T 年龄是 21 岁，他本学期英语成绩是 94.550000 分。
```

此外，字符串格式化还常用于输出宽度、对齐方式、设置小数精度等应用中。

（2）指定最小输出宽度。

当使用表 4-3 中的格式化符号时，可以使用下面的语法格式指定最小输出宽度 n。

```
% [n][格式符号]
```

**【例 4-7】**指定最小输出宽度。

```
strName='小 T'
intAge=21
#姓名指定宽度为 10，年龄指定宽度为 5
print("%10s 年龄是%5d 岁。"%(strName,intAge))
```

运行结果如下：

```
        小 T 年龄是    21 岁。
```

注意，当数据的实际宽度小于指定宽度时，会在左侧以空格补齐；当数据的实际宽度大于指定宽度时，会按照数据的实际宽度输出。

（3）指定对齐方式。

在默认情况下，print()输出的数据总是右对齐的。也就是说，当数据不够宽时，数据总是靠右边输出，而在左边补充空格以达到指定的宽度。Python 允许在最小宽度之前增加一个标志来改变对齐方式，支持的字符串格式化辅助标识如表 4-4 所示。

**表 4-4　字符串格式化辅助标识**

| 格式符号 | 描　　述 |
| --- | --- |
| - | 指定左对齐 |
| + | 表示输出的数字总要带着符号：正数带+，负数带- |
| 0 | 表示宽度不足时补充 0，而不是补充空格 |

指定对齐方式的格式如下：

```
%[-][+][0][格式符号]
```

**【例 4-8】**指定对齐方式。

```
strName='小 T'
intAge=21
#姓名指定宽度为 10，年龄指定宽度为 5，带符号，左边补 0
print("%10s 年龄是%+05d 岁。"%(strName,intAge))
```

运行结果如下：

```
        小 T 年龄是+0021 岁。
```

**注意：**对于整数，当指定左对齐时，在右边补 0 是无效的，返回结果为右边空格补齐。因为用 0 补齐会改变整数的值，这是不允许的。

对于字符串，只能使用“-”标识，因为符号对于字符串没有意义，而补 0 会改变字符串的值。

（4）指定小数精度。

对于浮点数，Python 允许指定小数点后的数字位数，即指定小数的输出精度。精度值需要放在最小宽度之后，中间用点号“.”隔开；也可以不写最小宽度，只写精度。具体的语法格式如下：

```
%m.nf
```

或者

```
%.nf
```

m 表示最小宽度，n 表示输出精度，“.”不能省略，是必须存在的。

**【例 4-9】**指定小数精度。

```
strName='小T'
fltScore=94.55
#最小宽度为 8，小数点后保留 3 位，左边补 0
print("%s 本学期英语成绩是%08.3f 分。"%(strName,fltScore))
#最小宽度为 8，小数点后保留 1 位，带符号
print("%s 本学期数学成绩是%+08.1f 分。"%(strName,fltScore))
```

运行结果如下：

```
小T本学期英语成绩是 0094.550 分。
小T本学期数学成绩是+00094.5 分。
```

**即学即答：**

print('%d'%103.55)的输出结果是（　　）。

A．103　　B．104　　C．103.55　　D．104.00

**2．用 format()函数实现字符串的格式化**

在 Python 中，格式化字符串还可以使用 format()函数，它的格式化功能更强大。format()函数通过“{}”和“:”来实现字符串的格式化。

（1）format()函数的基本语法格式如下：

```
"<槽组字符串>".format(逗号分隔的参数)
```

槽组字符串由字符串和槽组组成，用来控制字符串和变量的显示格式，其中，槽组用大括号“{}”表示，每个槽组对应 format()中的相应参数。将【例 4-9】用 format()表示，如【例 4-10】所示。

**【例 4-10】**format()函数的使用。

```
strName="小T"
intAge=19
fltScore=94.5
#不指定位置，参数按默认顺序对应槽组
print("{}年龄是{}岁，他本学期大学英语成绩是{}分。".format(strName,intAge,fltScore))
#指定位置，参数按指定的顺序对应槽组
print("{0}年龄是{1}岁，他本学期大学英语成绩是{2}分，高等数学成绩也是{2}分。
".format(strName,intAge,fltScore))
```

运行结果如下：

```
小T年龄是19岁，他本学期大学英语成绩是94.5分。
小T年龄是19岁，他本学期大学英语成绩是94.5分，高等数学成绩也是94.5分。
```

（2）用 format()函数格式化数字。

format()函数槽组允许对数字型数据进行格式化。槽组内数字格式化的基本语法格式为：

```
{:<填充字符><对齐方式><宽度>}
```

其中，冒号“:”是格式引导符，前面的数字表示 format()函数中参数的索引，后面的信息可根据表 4-5 进行格式化，如{0:5d}表示 format 中第一个参数按 5 位宽度输出，如果参数宽度大于 5，则按实际位数输出，否则输出右对齐、左边补空格、宽度为 5 的参数。

表 4-5　format()格式化数字的方法

| 数　字 | 格　式 | 输　出 | 描　述 |
| --- | --- | --- | --- |
| "{:.2f}".format(3.1415) | "{:.nf}".format(s) | 3.14 | 保留小数点后 n 位小数 |
| "{:+.2f}".format(3.1415) | "{:+.nf}".format(s) | +3.14 | 带符号保留小数点后 n 位小数 |
| "{:6.2f}".format(3.1415) | "{:m.nf}".format(s) | 3.14 | 保留小数点后 n 位小数，宽度为 m |
| "{:0>4d}".format(3) | "{:0>nd}".format(s) | 0003 | 数字左边补 0，宽度为 n |
| "{:<4d}".format(3) | "{:x<nd}".format(s) | 3xxx | 数字右边补 x，宽度为 n |
| "{:4d}".format(13) | "{:nd}".format(s) | 13 | 右对齐，宽度为 n |
| "{:<4d}".format(13) | "{:<nd}".format(s) | 13 | 左对齐，宽度为 n |
| "{:^4d}".format(13) | "{:^nd}".format(s) | 13 | 中间对齐，宽度为 n |
| "{:,}".format(1000000) | "{:,}".format(s) | 1,000,000 | 以逗号分隔的数字格式 |
| "{:.2%}".format(0.25) | "{:.n%}".format(s) | 25.00% | 百分比格式，保留两位小数 |
| "{:.2e}".format(100000) | "{:.ne%}'.format(s) | 1.00e+09 | 指数计数法，保留两位小数 |

**【例 4-11】**用 format()函数格式化数字。

```
strName='小T'
intAge=19
fltScore=94.5
strName1='Peter'
intAge1=20
fltScore1=88
print("序号    姓名    年龄    成绩")
print("--------------------------------------------")
#如果冒号“:”前面有参数索引，则在全部槽组内设置参数索引，否则全部不设置
print("{0:^8d}{1:^8}{2:<8d}{3:6.2f}".format(1,strName,intAge,fltScore))
print("{:^8}{:^8}{:<8d}{:6.2f}".format(2,strName1,intAge1,fltScore1))
```

运行结果如下：

```
序号    姓名    年龄    成绩
--------------------------------------------
   1     小T     19      94.50
   2     Peter   20      88.00
```

**边学边练：**

1~10 中的 10 个数字，请将其转换为“0001.jpg”“0002.jpg”“0003.jpg”…“0010.jpg”输出。

### 4.1.4 字符串的常用方法

#### 1. 字符串的索引和切片

（1）字符串的索引。

字符串是一个有序的序列，可以使用索引对其进行访问和操作。字符串的索引分为正向索引和负向索引。正向索引从字符串左边的 0 开始，依次为 0，1，2，...，len(字符串)-1；字符串的负向索引从字符串的末尾开始，由右向左索引，从-1 开始，依次为-1，-2，...，-len(字符串)，如图 4-1 所示。

| 海 | 上 | 生 | 明 | 月 | ， | 天 | 涯 | 共 | 此 | 时 | 。 |
|---|---|---|---|---|---|---|---|---|---|---|---|
| 0 | 1 | 2 | 3 | 4 | 5 | 6 | 7 | 8 | 9 | 10 | 11 |
| -12 | -11 | -10 | -9 | -8 | -7 | -6 | -5 | -4 | -3 | -2 | -1 |

图 4-1　字符串正、负向索引

（2）字符串的切片。

字符串可利用索引对自身进行切片，即根据索引范围从字符串中获得连续的若干个字符，从而得到字符子串。字符串切片的基本语法格式如下：

```
<字符串>[start:end:step]
```

在 3 个参数中，start 和 end 分别表示切片的起始索引值（默认值为 0）和结束索引值（默认值为 len(字符串)），遵循左闭右开原则。step 表示切片的步长，默认值为 1。

**【例 4-12】**字符串切片。

```
s='海上生明月，天涯共此时。'
print(s[:])                # 提取从开头到结尾整个字符串
print(s[:7])               # 从头开始索引，到下标 7 所在位置
print(s[1:7])              # 索引从 1 到 7 的子字符串
print(s[1:7:2])            # 索引从 1 到 7 的子字符串，步长为 2
print(s[-11:-5])           # 索引从-11 到-5 的子字符串
print(s[1:-5])             # 索引从 1 到-5 的子字符串，正向索引和负向索引可以一起使用
```

运行结果如下：

```
海上生明月，天涯共此时。
海上生明月，天
上生明月，天
上明，
上生明月，天
上生明月，天
```

**即学即答：**

print('哪有什么岁月静好，不过是有人替你负重前行。'[4:-13])的输出结果是（　　）。

A．岁月静好　　　　B．月静好，

C．有人替你　　　　D．什么岁月

### 2．字符串的大小写转换

可以实现字符串大小写转换的函数有 upper()、lower()、capitalize()、title()、swapcase()，其基本语法格式和功能如下：

```
<字符串>.upper()
```

将原字符串中的小写字母转换为大写字母，返回新字符串。

```
<字符串>.lower()
```

将原字符串中的大写字母转换为小写字母，返回新字符串。

```
<字符串>.capitalize()
```

将原字符串中第一个字母大写，其他字母小写，返回新字符串。

```
<字符串>.title()
```

将原字符串中所有单词首字母大写，其余字母小写，返回新字符串。

```
<字符串>.swapcase()
```

将原字符串中大小写字母进行转换，返回新字符串。

【例 4-13】字符串大小写转换。

```
s='We are good friends.'
print(s.upper())                #将字符串 s 中字母转换为大写字母
print(s.lower())                #将字符串 s 中字母转换为小写字母
print(s.capitalize())           #将字符串 s 中第一个字母大写，其余字母小写
print(s.title())                #将字符串 s 中所有单词首字母大写，其余字母小写
print(s.swapcase())             #将字符串 s 中大小写字母进行转换
```

运行结果如下：

```
WE ARE GOOD FRIENDS.
we are good friends.
We are good friends.
We Are Good Friends.
wE ARE GOOD FRIENDS.
```

### 3．字符串的查找和统计

可以实现字符串查找的函数有 find()、rfind()、index()、rindex()，统计则用 count()方法实现。基本语法格式和功能如下：

```
<字符串>.find(subString)
```

返回在字符串中查找到的 subString 子串第一次出现位置的下标，如果不存在，则返回-1。

```
<字符串>.rfind(subString)
```

返回在字符串中查找到的 subString 子串最后一次出现位置的下标，如果不存在，则返回-1。

```
<字符串>.index(subString)
```

返回在字符串中查找到的 subString 子串第一次出现位置的下标，如果不存在，则报错。

```
<字符串>.rindex(subString)
```

返回在字符串中查找到的 subString 子串最后一次出现位置的下标，如果不存在，则报错。

```
<字符串>.count(subString)
```

返回字符串中出现 subString 子串的次数。

【例 4-14】字符串的查找。

```
s='We are good friends.We are all friends.'
print(s.find('friends'))
print(s.find('best'))                        #不存在子串，返回-1
print(s.rfind('friends'))
print(s.index('friends'))
print(s.rindex('friends'))
print(s.count('friends'))                    #统计字符串中出现子串 friends 的次数
```

运行结果如下：

```
12
-1
31
12
31
2
3
```

即学即答：

print('梅须逊雪三分白，雪却输梅一段香。'.find('雪'))的输出结果是（　）。

A．4　　B．8,　　C．6　　D．3

4．字符串的替换

字符串的替换用 replace()函数实现，基本格式如下：

```
<字符串>.replace(oldString,newString)
```

将原字符串中 oldString 子串替换为 newString 子串，返回新的字符串，如【例 4-15】所示。

【例 4-15】字符串的替换。

```
s='We are good friends.We are all friends.'
s1=s.replace('We','You')     #将原字符串中的 We 子串替换成 You 子串
print(s1)
```

运行结果如下：

```
You are good friends.You are all friends.
```

即学即答：

print('ASasdfdas'.replace('as','AS'))的输出结果是（　）。

A．ASASdfdas　　B．ASasdfdAS

C．ASASdfdAS　　D．ASasdfdas

5．字符串的连接

将序列中的元素以指定字符连接生成新的字符串，可以用 join()函数实现，其语法格式如下：

```
<指定字符>.join(字符串序列)
```

【例 4-16】字符串的连接。

```
seq=('C:','Program Files','WinRAR','Uninstall.exe')
```

```
newString='/'.join(seq)  # 用/连接字符串
print(newString)
```

运行结果如下：

```
C:/Program Files/WinRAR/Uninstall.exe
```

### 6．字符串的分隔

字符串的分隔采用 split()函数实现，具体语法格式如下：

```
<字符串>.split(分隔字符或字符串)
```

通过分隔符或字符串，将原字符串分隔成列表，默认的分隔符是空格。

**【例 4-17】**字符串的分隔。

```
s='We are good friends.We are all friends.'
s1=s.split()                                  # 默认用空格分隔
print(s1)
s2=s.split('are')                             # 用字符串 are 分隔
print(s2)
```

运行结果如下：

```
['We', 'are', 'good', 'friends.We', 'are', 'all', 'friends.']
['We ', ' good friends.We ', ' all friends.']
```

### 7．字符串类型判断

字符串由字母、数字、符号等字符组成，通过字符串的常用函数，可以判断出字符串的类型，相关函数有 isalnum()、isalpha()、isdigit()、isupper()、islower()等，其基本语法格式和功能如下：

```
<字符串>.isalnum()
```

当字符串全部由字母（包括各国文字）和数字组成时，返回 True，否则返回 False。

```
<字符串>.isalpha()
```

当字符串全部由字母（包括各国文字）组成时，返回 True，否则返回 False。

```
<字符串>.isdigit()
```

当字符串全部由数字组成时，返回 True，否则返回 False。

```
<字符串>.upper()
```

当字符串中的字母都是大写字母时，返回 True，否则返回 False。

```
<字符串>.lower()
```

当字符串中的字母都是小写字母时，返回 True，否则返回 False。

判断字符串是否为数字字符串、字母字符串，可以通过 isalnum()、isalpha()、isdigit()函数实现，如【例 4-18】所示。

**【例 4-18】**字符串类型判断 1。

```
s1='abc123'
s2='abc#123'
s3='China 中国'
s4='China 中国!'
```

```
s5='123'
print(s1.isalnum())
print(s2.isalnum())
print(s3.isalpha())
print(s4.isalpha())
print(s5.isdigit())
```

运行结果如下：

```
True
False
True
False
True
```

字符串大小写的判断可以使用 isupper()或者 islower()函数实现，如【例 4-19】所示。

【例 4-19】字符串类型判断 2。

```
s1='China123'
s2='CHINA123'
s3='china123'
print(s1.isupper())
print(s1.islower())
print(s2.isupper())
print(s3.islower())
```

运行结果如下：

```
False
False
True
True
```

**边学边练：**

定义一个字符串（包含数字、字母及其他字符）和字符，按要求完成以下功能并输出。

（1）该字符在字符串中第一次出现的位置。

（2）该字符在字符串中出现的次数。

（3）将字符串按字符分隔。

（4）该字符串是否全部为字母。

### 4.1.5 任务实现——统计各类字符数目

小 T 协助导师统计某篇文章中的中文字数、英文字母个数、数字个数和空格数，以及其他字符个数等信息，初步判断论文在字数、篇幅上是否达到要求。由于还未讲解 Python 在文件处理中的应用，因此这里以一个代码段为例讲解各类字符数量的统计。

**【任务分析】**

用 Python 中字符串的相关知识可以解决该任务，涉及到定义字符串、遍历字符串、判定字符类型等知识（注意：汉字的 Unicode 编码范围在\u4e00 和\u9fa5 之间，即对于字符 s，若语句“s>= '\u4e00' and s<= '\u9fa5'”返回值为真，则判定为汉字）。

（1）定义字符串。

（2）遍历字符串中的每一个字符，判断该字符的类型，并在相应的计数变量上加 1。

（3）输出中文字数、英文字母个数、数字个数、空格数及其他字符个数。

**【源代码】**

**【例 4-20】**统计各类字符数目。

```
    strArticle='''现代企业生产经营离不开信息技术，特别是基于企业流程再造与企业信息管理的
ERP 系统在企业管理中的运用。ERP（Enterprise Resource Planning）即企业资源计划，它在实现企
业的物流、信息流和资金流的集成，提高企业资源配置效率[1]，提升企业管理水平，提高企业经济效益和
企业核心竞争力[2]中有着重要作用。'''
    intChinese=0
    intNumber =0
    intLetter = 0
    intSpace = 0
    intOther = 0
    for i in range(len(strArticle)):
        if strArticle[i]>= '\u4e00' and strArticle[i]<= '\u9fa5':#判断中文
            intChinese+=1
        elif strArticle[i].isdigit():#判断数字
            intNumber+=1
        elif strArticle[i].isalpha():#判断空格
            intLetter+=1
        elif strArticle[i].isspace():#判断英文字母
            intSpace+=1
        else:
             intOther+=1#其他字符
    print("中文字数：{}个；\n 英文字符数：{}个；\n 数字个数：{}个；\n 空格数：{}个；\n 其他
字符个数：{}个".format(intChinese,intLetter,intNumber,intSpace,intOther))
```

运行结果如下：

```
中文字数：110 个；
英文字符数：32 个；
数字个数：2 个；
空格数：2 个；
其他字符个数：14 个。
```

## 任务 4.2　列表——成绩统计（视频）

微课：列表任务引入

**【任务描述】**

考试结束，小 T 要帮助导师统计出某班级（15 人）“Python 程序设计”课程成绩的平均分、不及格人数和不及格率、及格人数和及格率、优秀人数和优秀率。

【任务分析】

用 Python 中的列表数据类型解决该任务。

（1）定义列表，在列表中存储班级课程成绩。

（2）遍历列表，计算总分，统计不及格人数、优秀人数。

（3）输出平均分、不及格人数和不及格率、及格人数和及格率、优秀人数和优秀率。

## 4.2.1 列表的基本操作（视频）

微课：列表的基本操作

列表（list）是重要的 Python 数据类型，它由一系列按照特定顺序排列的元素组成，是 Python 内置的可变的序列，它有如下特点：

（1）列表中的数据按顺序排列。

（2）列表中每个元素都有自己的位置编号，编号有正向和负向两种索引。

- 正向下标从 0 开始。
- 负向下标从-1 开始。

（3）列表可以存储任意数据类型的对象，且允许重复。

### 1．列表的创建

（1）用方括号“[]”创建列表，方括号内不同的数据项使用逗号分隔，数据项可以是不同类型的数据，基本语法格式如下：

```
lst=[元素 1,元素 2,…,元素 n]
```

如果在方括号内没有任何数据项的情况下，创建的是空列表，则可以使用 type（变量名）来查看变量的数据类型。定义两个列表类型的变量并进行输出，如【例 4-21】所示。

**【例 4-21】**用方括号创建列表。

```
lstScore=['english',85,68,75,'computer',98,67,87]  #列表内包含了数字型和字符串型数据
lstNumber=[2,4,5,1,2,4]                             #列表内数据可重复
print(lstScore)
print(type(lstScore))
```

运行结果如下：

```
['english', 85, 68, 75, 'computer', 98, 67, 87]
<class 'list'>
```

（2）也可以用 list()函数创建列表。list()函数实际上是把接收到的其他可迭代数据类型（如字符串、元组、集合等）转换成列表，返回一个列表类型。如果 list()函数中没有任何参数则表示创建的是空列表。

**【例 4-22】**用 list()函数创建列表。

```
strHello='Hello World!'
print(strHello)                          #字符串
print(type(strHello))
lstHello=list(strHello)                  #字符串转换成列表
print(lstHello)
print(type(lstHello))
```

运行结果如下：

```
Hello World!
<class 'str'>
['H', 'e', 'l', 'l', 'o', ' ', 'W', 'o', 'r', 'l', 'd', '!']
<class 'list'>
```

**即学即答：**

列表 a=list('(1,2),Hello')，a 的值是（　　）。

A．['(', '1', ',', '2', ')', ',', 'H', 'e', 'l', 'l', 'o']　　B．[(1,2), ‘Hello’]

C．输出错误　　D．[‘(1,2)’, ‘Hello’]

**2．列表元素的访问**

使用下标索引来访问列表中的元素，基本语法格式如下：

```
列表名[索引] # 用索引访问列表中的元素
```

索引，即元素在列表中的位置。索引编号有正序、倒序两种，与字符串索引类似。正序左侧第一个元素索引为 0，第二个元素的索引为 1，以此类推。倒序从最后一个元素开始，第一个元素的索引为-1，第二个元素的索引为-2，以此类推。列表的长度可以用 len(列表名)表示，语法格式如下：

**【例 4-23】**用索引访问列表。

```
lstName=['李白','杜甫','王维','苏轼']
print(lstName[0])
print(lstName[2])
print(lstName[-1])
print(lstName[-2])
print(len(lstName))
```

运行结果如下：

```
李白
王维
苏轼
王维
4
```

**即学即答：**

有列表 a=[[1,2,3],[4,5,6],[7,8,9]]，则 a[0][1]表示的元素是（　　）。

A．1　　B．4

C．2　　D．5

**3．列表的遍历**

在通常情况下，访问列表中的元素，需要遍历列表操作。可以用 for 循环来遍历取得列表的元素。

**【例 4-24】**列表的遍历。

```
lstName=['李白','杜甫','王维','苏轼']
for name in lstName:
    print(name)
```

运行结果为：

```
李白
杜甫
王维
苏轼
```

**4．列表的切片**

除了以列表的形式遍历元素，还可以以切片的形式取得列表中的若干元素并对其进行处理，与字符串的切片类似，切片后得到的变量还是一个列表，其语法格式如下：

```
列表名[start:end:step]
```

start 表示起始索引，从 0 开始；end 表示结束索引；step 表示步长，步长为正时表示从左向右取值，步长为负时表示反向取值。

**【例 4-25】** 列表的切片。

```
lstName=['李白','杜甫','王维','苏轼']
print(lstName[1:3])
print(lstName[::2])
print(lstName[-4:-1])
```

运行结果如下：

```
['杜甫', '王维']
['李白', '王维']
['李白', '杜甫', '王维']
```

**边学边练：**

（1）创建一个列表 lstClassmates，存储学号前 10 的学生名字。

（2）分别取出列表中索引为 3、8 的学生的名字，并输出列表的长度。

（3）把列表 lstClassmates 中索引为 2～8 的学生的名字取出并放入列表 lstSub 中，遍历输出列表 lstSub 中的元素。

## 4.2.2　列表的常用方法（视频）

微课：列表的常用方法

在 Python 中，列表数据类型内置有很多操作方法，常用的方法如表 4-6 所示。

表 4-6　列表常用方法汇总

| 方　法 | 说　明 |
| --- | --- |
| list.append(x) | 在列表 list 的最后增加一个元素 x |
| list.insert(i,x) | 在列表 list 中索引为 i 的位置前增加元素 x |
| list.extend(L) | 将列表 L 中所有元素追加到列表 list 的末尾 |
| list.pop(i) | 删除并返回列表中索引为 i 的元素，i 的默认值为-1 |
| list.remove(x) | 在列表 list 中删除第一个值为 x 的元素，如果 list 中不存在 x，则抛出异常 |
| list.count(x) | 返回 x 在列表 list 中出现的次数 |
| list.index(x) | 返回列表 list 中第一个值为 x 的元素的索引，若不存在，则抛出异常 |
| list.sort() | 将列表 list 中的元素按从小到大排列 |
| list.reverse() | 将列表 list 中的元素反转 |

续表

| 方　法 | 说　明 |
|---|---|
| del list[索引值] | 将 list[索引值]元素从列表中删除 |
| list1+ list2 | 将两个列表合并为一个列表 |
| list*n | 重复合并同一个列表 n 次 |

下面来介绍列表的常用方法。

### 1. 列表元素的添加——append()、insert()、extend()

（1）list.append(x)：在列表 list 的最后增加一个元素 x。

**【例 4-26】** 列表元素的添加（1）。

```
#在 lstName 列表末尾增加“陆游”
lstName=['李白','杜甫','王维','苏轼']
lstName.append('陆游')
print(lstName)
```

运行结果为：

```
['李白', '杜甫', '王维', '苏轼', '陆游']
```

（2）list.insert(i,x)：在列表 list 中索引为 i 的位置前增加元素 x。

**【例 4-27】** 列表元素的添加（2）。

```
#接上一题，在 lstName 中的第 3 个名字（王维）前增加“李清照”
lstName.insert(2,'李清照')
print(lstName)
```

运行结果为：

```
['李白', '杜甫', '李清照', '王维', '苏轼', '陆游']
```

（3）list.extend(L)：将列表 L 中所有元素追加到列表 list 的末尾。

**【例 4-28】** 列表元素的添加（3）。

```
#接上一题，在 lstName 末尾追加列表 lstPainter 中的元素
lstPainter=['顾恺之','吴道子','齐白石']
lstName.extend(lstPainter)
print(lstName)
```

运行结果为：

```
['李白', '杜甫', '李清照', '王维', '苏轼', '陆游', '顾恺之', '吴道子', '齐白石']
```

### 2. 列表元素的删除——pop()、remove()

（1）list.pop(i)：删除并返回列表中索引为 i 的元素，i 的默认值为-1。

**【例 4-29】** 列表元素的删除（1）。

```
#接上一题，删除 lstName 中的倒数第二个元素
lstName.pop(-2)
print(lstName)        #pop 后的列表中少了索引为-2 的元素
```

运行结果为：

```
['李白', '杜甫', '李清照', '王维', '苏轼', '陆游', '顾恺之', '齐白石']
```

（2）list.remove(x)：在列表 list 中删除第一个值为 x 的元素，如果 list 中不存在 x，则抛出

异常。

【例 4-30】列表元素的删除（2）。

```
#接上一题，在 lstName 中删除“陆游”
lstName.remove('陆游')
print(lstName)
```

运行结果为：

```
['李白', '杜甫', '李清照', '王维', '苏轼', '顾恺之', '齐白石']
```

**即学即答：**

已知 x = [1, 2, 3, 2, 3]，在执行语句 x.remove(2) 之后，x 的值是（　　）。

A．[1, 3, 3]　　　　B．[1, 3, 2, 3]

C．[1, 2, 2, 3]　　　　D．[1, 2, 3, 3]

**3．列表元素的排序——sort()、reverse()**

（1）list.sort(key=None, reverse=False)：将列表 list 中的元素按规则排列。

key 参数指定一些规则，可以是 k=int，k =len，k=function 函数；reverse 参数的默认值是 False，可以被赋值为 True，即反向排序，两个参数都可以省略。

【例 4-31】列表元素的排序（1）。

```
lstNumber=[1,5,4,2,3]
lstNumber.sort()
print(lstNumber)
```

运行结果为：

```
[1, 2, 3, 4, 5]
```

（2）list.reverse()：将列表 list 中的元素反转。

【例 4-32】列表元素的排序（2）。

```
#接上一题
lstNumber.reverse()
print(lstNumber)
```

运行结果为：

```
[5, 4, 3, 2, 1]
```

**即学即答：**

已知 x 为非空列表，那么 x.sort(reverse=True)和 x.reverse()是等价的，这种说法是（　　）的。

A．对　　　　B．错

**4．列表元素的统计——count()、index()**

（1）list.count(x)：返回 x 在列表 list 中出现的次数。

【例 4-33】列表元素的统计（1）。

```
lstNumber=[1,5,4,2,3,4,3,4,6,7]
print(lstNumber.count(4))            #统计元素 4 在列表中出现的次数
```

运行结果为：

```
3
```

（2）list.index(x)：返回列表 list 中第一个值为 x 的元素的索引，若不存在，则抛出异常。

【例 4-34】列表元素的统计（2）。

```
#接上一题，元素 4 在列表中第一次出现的索引值
print(lstNumber.index(4))
```

运行结果为：

```
2
```

**边学边练：**

（1）创建一个列表 lstClassmates，包含本班级学号前 10 的学生名字。

（2）在列表末尾添加一个名为“令狐冲”的学生，并输出该列表的长度。

（3）返回列表中元素“令狐冲”的索引值，根据索引值删除它，再输出该列表的长度。

### 4.2.3 任务实现——成绩统计

小 T 帮助导师统计出某班级中“Python 程序设计”课程成绩的平均分、不及格人数和不及格率、及格人数和及格率、优秀人数和优秀率（90 分及 90 分以上为优秀）。

**【任务分析】**

小 T 打算先将成绩定义在列表中，再遍历该列表；每遍历一个成绩，都需要将该成绩加入总分、判断成绩等级并在对应成绩等级的计数中加 1；最后根据总人数，求平均成绩、不及格率、及格率和优秀率。

（1）定义列表，在列表中存储班级成绩。

（2）遍历列表，计算总分，统计不及格人数、优秀人数。

（3）输出平均分、不及格人数和不及格率、及格人数和及格率、优秀人数和优秀率。

**【源代码】**

【例 4-35】成绩统计任务实现。

```
lstScore=[86,92,95,78,62,54,78,74,70,69,86,73,45,75,57]
exce=0                                    # 优秀人数
nopass=0                                  # 及格人数
sumScore=0                                # 存放总分
for score in lstScore:
    sumScore+=score                       # 计算总分
    if score>=90:
        exce+=1                           # 统计优秀人数
    elif score<60:
        nopass+=1                         # 统计不及格人数
aveScore=sumScore/len(lstScore)           # 计算平均分
print("全班共{}人; ".format(len(lstScore)))
print("平均分是{:.2f}分; ".format(aveScore))
print("不及格人数是{}人, 不及格率为{:.2%};".format(nopass,nopass/len(lstScore)))
print("及格人数是{}人, 及格率为{:.2%};".format(len(lstScore)-nopass, 1-nopass/
len(lstScore)))
```

```
print("优秀人数是{}人，优秀率为{:.2%}。".format(exce,exce/len(lstScore)))
```

输出结果为：

```
全班共 15 人；
平均分是 72.93 分；
不及格人数是 3 人，不及格率为 20.00%；
及格人数是 12 人，及格率为 80.00%；
优秀人数是 2 人，优秀率为 13.33%。
```

## 任务 4.3　元组——用扑克牌实现抽奖（视频）

**【任务描述】**

扑克（Poker）是人们常用的游戏工具，不同的花色和牌值可以辅助产生很多有趣味的活动。现在班级里举行活动，小 T 作为抽奖环节的负责人，想充分利用扑克牌和 Python 程序来实现抽奖，一起来思考：怎样利用扑克和程序实现抽奖。

小 T 是用这样的思路来组织抽奖环节的：班级中有 50 位同学，每位同学随机抽取一张扑克牌（除副牌大王和小王），小 T 用 Python 程序产生一副扑克牌（正牌），用随机数函数随机产生若干张牌，手上的牌与程序随机产生的牌一致的同学中奖。

**【任务分析】**

众所周知，一副扑克牌有 54 张牌，其中 52 张正牌，可分为 13 张一组，由黑桃♠、红桃♥、梅花♣、方块◆4 种花色组成，每组花色的牌包括 1～10（1 通常表示为 A）及 J、Q、K 标示的 13 张牌，可以用元组实现。花色、数字的组合可以得到这 52 张正牌，如用“♠J”的形式来表示一张牌。用 Python 中的元组等数据类型解决该任务。

（1）定义两个元组，分别存储花色和牌值。

（2）循环嵌套这两个元组，进行两两组合，每循环一次，产生一张扑克牌。

（3）定义一个列表存储扑克牌，将新的扑克牌添加到此列表中。

### 4.3.1　元组的基本操作（视频）

微课：元组的基本操作

元组（tuple）和列表类似，它是有序的，可以包含任意类型元组，我们可以把它看作不可变的列表。

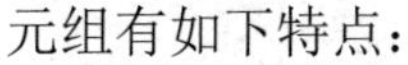

元组有如下特点：

（1）元组是有序的，它可以通过位置进行索引和切片。

- 正向下标从 0 开始；
- 反向下标从-1 开始。

（2）元组可以存储任意数据类型的对象，且允许重复。

（3）元组一旦创建就不能修改，元组对象的个数、元组里元素的值也不能修改。即不能修改、删除元组里的数据项。

**1．元组的创建**

（1）用小括号“()”创建元组，小括号内不同的元素使用逗号分隔，即使只有一个数据项，其后也需要有逗号。在创建元组时，不可省略逗号，可省略括号。元素可以是不同类型的数据。

如果括号内没有任何元素，那么创建的是空元组。

【例 4-36】元组的创建（1）。

```
tup1=(50)              #只有一个元素，后不加逗号，会被认为是其他类型变量
tup2=(50,)             #只有一个元素，后加逗号，定义为元组
tup3=50,               #只有一个元素，后加逗号，即使没有括号也定义为元组
print(type(tup1))
print(type(tup2))
print(type(tup3))
```

运行结果为：

```
<class 'int'>
<class 'tuple'>
<class 'tuple'>
```

（2）元组可以使用 tuple()函数将接收到的列表、字符串等可迭代对象转换为元组。

【例 4-37】元组的创建（2）。

```
tup=tuple([2008,'China',50])
print(type(tup))
print(tup)
```

运行结果为：

```
<class 'tuple'>
(2008, 'China', 50)
```

**即学即答：**

元组的每个元素的类型都必须不同，这种说法是（　　）的。

A．对　　　　B．错

### 2．元组的访问

元组访问类似列表，但由于元组不能修改、删除数据项，因此可以把元组看作只读的列表。用正序或倒序索引访问元组中的元素，这也与列表、字符串类似。

【例 4-38】元组的访问。

```
tup=(2008,'China',50)
print(tup[0])
print(tup[2])
print(tup[-2])
```

运行结果为：

```
2008
50
China
```

**即学即答：**

a=((1,2,3,4,5),(2,3,4,5,6),(3,4,5,6,7),(4,5,6,7,8))，那么 a[2][3]的值是（　　）。

A．2　　　　B．3　　　　C．5　　　　D．6

### 3. 元组的连接和删除

元组中的元素虽然不能进行修改和删除，但可以通过连接来增加元组中的元素；虽然不能删除元组中的元素，但可以用 del 来删除整个元组。

【例 4-39】元组的连接。

```
tup1=(2008,'China',50)
tup2=(2020,2021)
tup3=tup1+tup2
tup4=tup1*2
print(tup3)
print(tup4)
del tup4  # 删除元组，在输出时会报错，因为该元组已被删除
print(tup4)
```

运行结果为：

```
(2008, 'China', 50, 2020, 2021)
(2008, 'China', 50, 2008, 'China', 50)
NameError: name 'tup4' is not defined
```

### 4. 元组的切片

元组的切片与列表类似，通过索引来进行，切片后得到的变量还是一个元组，其语法格式如下：

```
元组[start:end:step]
```

start 表示起始索引，从 0 开始；end 表示结束索引；step 表示步长，在步长为正时表示从左向右取值，在步长为负时表示反向取值。

【例 4-40】元组的切片。

```
tup=(2008,'China',50,2021)
print(tup[0:])
print(tup[0:3:2])
print(tup[1:2])
print(tup[-2:-1])
```

运行结果为：

```
(2008, 'China', 50, 2021)
(2008, 50)
('China',)
(50,)
```

### 5. 元组的遍历

元组的遍历也与列表类似，可以用 for 循环来遍历并取得元组中的每一个元素。

【例 4-41】元组的遍历。

```
tup=(2008,50,'China')
for x in tup:
    print(x)
for i in range(len(tup)):   # for 和 range 组合遍历元组元素
    print(tup[i])
```

运行结果为：

```
2008
50
China
2008
50
China
```

**边学边练：**

请完成以下操作。

（1）请创建一个元组，元组元素为-1,2,10,-5,-7。

（2）请打印出元组中索引值从 1 到 3 的元素。

（3）请打印出元组中索引值为 0、2 的元素。

### 4.3.2 元组的常用方法（视频）

微课：元组的常用方法

在 Python 中，元组数据类型也内置了很多操作方法，常见的操作方法有元素统计、索引等。

**1．元组元素的统计——count()**

如果需要统计某个元素在元组中出现的次数，用 count()函数可以实现，其语法格式如下：

```
tuple.count(x)：返回 x 在列元组 tuple 中出现的次数
```

**【例 4-42】**元组元素的统计。

```
tup=(2008,'China',50,2008,'China','China')
print('元组中出现 2008 的个数为：', tup.count(2008))
print('元组中出现"China"的个数为：', tup.count('China'))
```

运行结果为：

```
元组中出现 2008 的个数为： 2
元组中出现"China"的个数为： 3
```

**2．元组元素的索引——index()**

利用 index()函数找出某个元素在元组中的索引，其语法格式如下：

```
tuple.index(x)
```

返回 x 在元组 tuple 中第一次出现的索引位置

**【例 4-43】**元组元素的索引。

```
tup=(2008,'China',50,2008,'China','China')
print('元组中第一次出现 2008 的索引值为：',tup.index(2008))
print('元组中第一次出现"China"的索引值为：',tup.index('China'))
```

运行结果为：

```
元组中第一次出现 2008 的索引值为： 0
元组中第一次出现"China"的索引值为： 1
```

**3．元组的长度——len()**

利用 len()函数得到元组中的元素个数，即元组的长度，其语法格式如下：

```
len(x)
```

返回元组 x 的长度

【例 4-44】元组的长度。

```
tup=(2008,'China',50,2008,'China','China')
print('元组长度为：',len(tup))
```

运行结果为：

```
元组长度为： 6
```

**边学边练：**

有一个元组 tup=(-1,2,10,-5,-7,2)，请完成以下操作：

（1）返回元素 2 在元组中出现的次数。

（2）返回元组的长度。

（3）请将元组中的负数、非负数取出，并分别组成两个新的元组输出。

### 4.3.3 任务实现——用扑克牌实现抽奖

根据前面的思路，小 T 用 Python 程序产生一副扑克牌（正牌），在程序中输入本次要抽取的奖项个数 n，用随机数函数随机产生 n 张牌，手上的牌与程序随机产生的牌一致的同学中奖。

【任务分析】

（1）定义两个元组，分别存储花色和牌值。

（2）循环嵌套这两个元组，进行两两组合，每循环一次，产生一张扑克牌。

（3）定义一个列表存储扑克牌，将新的扑克牌添加到列表中，输出此列表。

（4）根据抽奖规则用随机数函数产生随机数，显示中奖的扑克牌。

**注意：** 随机数函数可以用 random.sample(sequence, k)实现，该函数返回从序列 sequence 中随机选择的长度为 k 的列表，这里的 sequence 可以是列表、元组、字符串或集合；k 是一个整数值，用于指定抽取样本的长度。

【源代码】

【例 4-45】产生一副扑克牌。

```
tupPokerType= ("♠", "♥", "◆","♣")       # 定义花色元组
tupPokerNumber = ("3","4", "5", "6","7", "8", "9","10", "J", "Q","K", "A", "2")
# 定义牌值元组
lstPoker = []                          # 定义牌列表
for i in tupPokerNumber:               # 循环牌值元组
    for j in tupPokerType:             # 循环花色元组
        lstPoker.append(j+i)           # 产生一张新牌，添加到 lstPoker 末尾
print(len(lstPoker))                   # 输出牌列表长度，即产生的牌的张数
print(lstPoker)                        # 输出牌列表

# 以下代码实现抽奖
import random
n=int(input('请输入抽取奖项个数：')) # 输入需要抽取的奖项个数
```

```
lstWin=random.sample(lstPoker,n) # 在扑克牌列表中随机选取 n 个元素，即为中奖的扑克牌
print('本轮中奖：',lstWin)
```

运行结果为：

```
52
['♠3', '♥3', '◆3', '♣3', '♠4', '♥4', '◆4', '♣4', '♠5', '♥5', '◆5', '♣5',
'♠6', '♥6', '◆6', '♣6', '♠7', '♥7', '◆7', '♣7', '♠8', '♥8', '◆8', '♣8',
'♠9', '♥9', '◆9', '♣9', '♠10', '♥10', '◆10', '♣10', '♠J', '♥J', '◆J', '♣J',
'♠Q', '♥Q', '◆Q', '♣Q', '♠K', '♥K', '◆K', '♣K', '♠A', '♥A', '◆A', '♣A',
'♠2', '♥2', '◆2', '♣2']
请输入抽取奖项个数：3
本轮中奖： ['◆5', '♥2', '◆7']
```

## 任务 4.4 字典——英文文章词频统计（视频）

微课：字典任务引入

**【任务描述】**

词频统计有助于我们从大量的文本中获得主旨，这是机器学习处理自然语言文本的一种基础手段。小 T 为快速解读出乔布斯在斯坦福大学的英文演讲稿的关键内容，决定通过统计该演讲稿中出现频率较高的词语来确定演讲稿主要内容。

在英文文本中，单词间使用空格或者标点符号进行分隔，其词频的统计较容易实现。由于统计时需要明确词及词频二者的映射关系，因此可以利用 Python 组合数据类型中的字典数据类型来实现。

**【任务分析】**

对需要分析的演讲稿逐个读出其中的单词，并利用 Python 中的字典、列表等数据类型对单词进行标识和统计，整体思路如下：

（1）定义字符串，用于存储英文演讲稿。

（2）对字符串进行分词，遍历所有单词，进行词频统计。

（3）输出文章中出现频率最高的前 50 个单词及词频。

字典（dictionary）是 Python 中重要的数据类型之一，它是包含若干“键:值”元素的无序可变序列，键和值之间存在映射关系。它有如下特点：

（1）字典是“键-值对”的无序可变序列，字典中的每个元素都是一个“键-值对”，

（2）字典包含“键对象”和“值对象”。

（3）可以通过“键”快速获取、删除、更新对应的“值”。

（4）“键”是任意的不可变数据，比如整数、浮点数、字符串、元组。列表、字典、集合这些可变对象不能作为“键”。

（5）“键”不可重复。“值”可以是任意的数据，可重复。

### 4.4.1 字典的基本操作（视频）

微课：字典的基本操作

#### 1. 字典的创建

（1）用大括号“{}”创建字典，大括号中的元素以“键:值”形式成

对出现，元素间使用逗号分隔。如果大括号内没有任何元素，则创建的是空字典，其语法格式如下：

```
dict={key1 : value1, key2 : vaule2, key3 : value3, …, keyn : valuen}
```

键 key 与对应的值 value 是怎样建立映射关系的呢？下面用字典定义一个学生的信息，他的名字（“name”）是什么（“韩梅梅”），家庭地址（“address”）在哪里（“杭州”），年龄（“age”）是几岁（“19”）等，每句话括号中的内容都可以建立对应关系，即定义为字典的键-值对，定义如下：

**【例 4-46】**字典的创建（1）。

```
dictHan={"name":"韩梅梅","address":"杭州","age":19}
print(dictHan)
print(type(dictHan))
```

运行结果如下：

```
{'name': '韩梅梅', 'address': '杭州', 'age': 19}
<class 'dict'>
```

（2）也可以用 dict()函数创建字典，将双值子序列转换成字典，双值子序列中第一个元素作为字典的键，第二个元素作为字典的值。

**【例 4-47】**字典的创建（2）。

```
a=[['apple',5],['pear',2],['orange',7]]
b=(('apple',5),('pear',2),('orange',7))
print(dict(a))
print(dict(b))
```

运行结果如下：

```
{'apple': 5, 'pear': 2, 'orange': 7}
{'apple': 5, 'pear': 2, 'orange': 7}
```

**即学即答：**

下列选项中不是建立字典的方法是（　　）。

A．a={1:[1,1],2:[2,2]}　　B．a={[1,1]:1,[2,2]:2}

C．a={‘1’:[1,1],’2’:[2,2]}　　D．a={(1,1):1,(2,2):2}

**2．字典元素的访问**

对字典元素的访问，可以通过访问字典的键来获取字典的值。如果“键”不存在，则会抛出异常。

**【例 4-48】**字典元素的访问（1）。

```
dictHan={"name":"韩梅梅","address":"杭州","age":19}
print(dictHan["name"])
print(type(dictHan["address"]))
```

运行结果如下：

```
韩梅梅
杭州
```

字典中还提供了 get()函数来返回与指定“键”对应的“值”，并且允许在该“键”不存在的时候，指定默认值。

【例 4-49】字典元素的访问（2）。

```
dictHan={"name":"韩梅梅","address":"杭州","age":19}
print(dictHan.get("name"))
print(dictHan.get('tele','13688888888'))
```

运行结果如下：

```
韩梅梅
13688888888
```

3．字典元素的添加和修改

当以指定的“键”为索引对字典元素赋值时，有两种可能性：一是“键”存在字典中，表示修改相应“键”的值；二是“键”不存在，则表示添加一个新的“键:值”对，即添加一个新元素。

【例 4-50】字典元素的添加和修改。

```
dictHan = {"name":"韩梅梅","address":"杭州","age":19}
dictHan['tele'] = '13688888888'                #添加新元素
dictHan['age'] =20                             #修改元素
print(dictHan)
```

运行结果如下：

```
{'name': '韩梅梅', 'address': '杭州', 'age': 20, 'tele': '13688888888'}
```

4．字典元素的删除

使用 pop()函数可以删除指定的字典元素，并返回删除的元素值。

【例 4-51】字典元素的删除。

```
#接【例 4-50】
dictHan.pop('tele')                            #删除元素
print(dictHan)
```

运行结果如下：

```
'13688888888'
{'name': '韩梅梅', 'address': '杭州', 'age': 20}
```

**边学边练：**

定义一个字典，取班级学号前 10 的同学，把他们的学号和姓名定义成字典的键-值对，并完成以下操作。

（1）添加一个学号为“11”，姓名为“令狐冲”的学生。

（2）删除学号为“1”的学生。

### 4.4.2 字典的遍历（视频）

微课：字典的遍历

可以用 for…in…来遍历字典元素，遍历的对象包括“键”与“值”。

1．通过键遍历字典

先通过 keys()属性获取字典的键，再用 for 语句遍历字典的键，用法如下：

```
for key in 字典.keys():
    访问字典键
```

针对在 4.4.1 节中定义的字典 dictHan，通过键对其进行遍历，代码如【例 4-52】所示。

【例 4-52】通过键遍历字典。

```
dictHan = {"name":"韩梅梅","address":"杭州","age":19}
for key in dictHan.keys():
    print("键%s 的值是：%s"%(key,dictHan[key]))
```

运行结果如下：

```
键 name 的值是： 韩梅梅
键 address 的值是： 杭州
键 age 的值是： 19
```

**2. 通过值遍历字典**

通过 values()属性获取字典的值，再用 for 语句进行字典值的遍历，用法如下：

```
for value in 字典.values():
    访问字典值
```

通过值遍历字典 dicHan，如【例 4-53】所示。

【例 4-53】通过值遍历字典。

```
dictHan = {"name":"韩梅梅","address":"杭州","age":19}
for value in dictHan.values():
    print("字典中有值是：%s"%(value))
```

运行结果如下：

```
字典中有值是：韩梅梅
字典中有值是：杭州
字典中有值是：19
```

通过值遍历字典有一个缺陷，就是无法获取字典的键，所以字典的遍历需要根据实际需要来确定遍历方法。

**3. 通过键-值对遍历字典**

通过 dict.items()属性获取字典的键-值对，并返回可遍历的(键,值)元组。items()函数把字典中每对 key 和 value 组成一个元组，结合 items 的特性，同样可以用 for 语句，并结合 key、value 进行字典键-值对的遍历，用法如下：

```
for item/key, vaule in 字典.items():
    访问字典键-值对
```

通过 items()遍历字典 dicHan 的所有值，如【例 4-54】所示。

【例 4-54】通过 items()遍历字典。

```
dictHan = {"name":"韩梅梅","address":"杭州","age":19}
for item in dictHan.items():
    print(item, end='  ')                    # 返回字典中键-值对元组
print('\n')
for key,value in dictHan.items():
    print("键%s 的值是：%s"%(key,value))       # 返回字典中的键、值
```

运行结果如下：

```
('name', '韩梅梅') ('address', '杭州') ('age', 19)

键 name 的值是：韩梅梅
键 address 的值是：杭州
键 age 的值是：19
```

**边学边练：**

定义一个字典，取班级学号前 5 的学生，把学号和名字定义成字典的键-值对。

（1）遍历字典，打印字典的键和值。

（2）将学号为“5”的学生改名为“张无忌”，添加学号为“6”的学生“令狐冲”，删除学号为“1”的学生。

（3）再次打印字典中所有的键和值。

### 4.4.3 任务实现——英文文章词频统计

小 T 要快速解读出乔布斯的演讲稿“4-55.txt”的关键内容，通过所学的列表、字典等数据类型的相关知识就可以实现。

**【任务分析】**

先读入演讲稿，因为英文句子中的首个单词需要大写，所以为防止相同单词统计到不同单词中，小 T 将演讲稿中所有字符都转换成小写；同时，句子间有很多的标点符号，不利于后续的单词分割，统一替换成空格，这样整篇演讲稿就变成了以空格分隔的字符串。然后将这个字符串切分成列表，对列表中每个单词出现的频次进行统计，单词和词频以字典形式存储。编程思路如下：

（1）定义字符串，读入演讲稿。

（2）将字符串转换成小写、处理标点符号成空格。

（3）定义一个字典，保存词频。该字典以词为键，以频次为值。

（4）将（2）中得到的字符串切分成列表。

（5）遍历列表，记录出现的词。若该词第一次出现，则将其设置为键的值；若非第一次出现，则其值加 1。

（6）将字典按词频从高到低进行排序，并输出频次最高的 50 个词和词频。

**【源代码】**

**【例 4-55】**英文文章词频统计。

```
# 把文本放到字符串中
f=open('4-55.txt')
strWord=f.read()
f.close()
# 把大写字母转换成小写字母，去掉回车键并变成空格，切分成列表
for ts in '",-.:;?!\'':
    strWord = strWord.replace(ts," ")          # 把特殊字符替换成空格
```

```
lstWord=strWord.replace('\n',' ').lower().split()
# 把所有单词转换成小写，并切分成列表
print(lstWord)
dicWordcount={}
# 遍历这个列表，定义一个新的字典，键是单词，值是频次
for word in lstWord:
    if word in dicWordcount.keys():
        dicWordcount[word]=dicWordcount[word]+1
    else:
        dicWordcount[word]=1

lstResult=sorted(dicWordcount.items(),key=lambda x:x[1],reverse=True)
#按字典的值排序
print(lstResult[0:50])
```

注意：使用 sorted 可以对 list 或者 iterator（迭代器）对象进行排序，其语法格式如下：

```
sorted(iterable[, cmp[, key[, reverse]]])
```

（1）iterable 指定要排序的对象，可以是列表、字符串、字典、集合等。

（2）cmp 为函数，指定排序时进行比较的函数，可以指定一个函数或者 lambda()函数。

（3）key()为函数，指定取代排序元素的哪一项进行排序。

（4）reverse 是一个 bool 变量，默认为 False（升序排列），定义为 True 时将按降序排列。

运行结果如下：

```
[('the', 103), ('i', 94), ('to', 71), ('and', 69), ('it', 52), ('was', 49),
('a', 46), ('that', 43), ('of', 41), ('you', 36), ('in', 36), ('my', 30),
('is', 27), ('out', 20), ('with', 19), ('had', 19), ('t', 19), ('for', 18),
('life', 17), ('so', 17), ('me', 17), ('your', 15), ('as', 15), ('all', 15),
('on', 15), ('what', 15), ('have', 15), ('be', 14), ('but', 14), ('from', 13),
('college', 13), ('when', 13), ('s', 11), ('do', 11), ('about', 10), ('at',
10), ('we', 10), ('one', 9), ('this', 9), ('no', 9), ('they', 9), ('would',
9), ('years', 9), ('apple', 9), ('just', 8), ('very', 8), ('if', 8), ('never',
7), ('dropped', 7), ('months', 7)]
```

从词频统计结果来看，除去助词、介词等非关键词，乔布斯的演讲稿中提到“life”17 次、“college”13 次、“years”9 次，“apple”9 次，显然乔布斯在演讲中分享了其对生命的理解、创建苹果公司的历程。细细去品读这篇演讲稿，会发现演讲中分享了他生命中的点滴、爱与失去，以及关于死亡这 3 个问题的思考。

## 任务 4.5 集合——调查问卷中随机调查对象的确定（视频）

**【任务描述】**

微课：集合任务引入

导师想做一项问卷调查，需随机抽取学生完成调查，小 T 辅助导师一起开展这项工作。为了保证实验的客观性，小 T 在 2000 名学生中随机抽取 500 名学生完成这项调查，他想先通过计算机程序生成 n 个（n 为进行

调查问卷的人数，人数少于 2000 人）1 到 2000 之间的随机整数，要求抽取学生的序号不能重复。然后把这些数从大到小排序，按照排好的顺序去找对应学号的学生来填写调查问卷。

**【任务分析】**

数据类型中存储的元素不能相同，可以利用 Python 中的字典来解决，编程思路如下：

（1）输入需进行问卷调查的人数。

（2）循环产生随机数，并加入到随机数集合中。

（3）判断随机数集合中的元素个数是否达到需进行问卷调查的人数。若已达到，则跳出循环。

（4）对随机数集合中的元素进行排序并输出，确认随机数个数是否达到需要进行问卷调查的人数。

集合（set）是一个无序不重复的元素集，它和字典一样都属于无序集合体，所以有很多的操作是一致的，不一样的是集合中的元素是不可修改的。集合有如下特点：

（1）集合是一个无序的元素集，不记录元素的位置，因此不支持索引和切片操作。

（2）集合中可以有不同数据类型的元素，集合中的元素是不可重复的。

（3）集合中的元素是不可修改的，因此集合中的元素不能是列表、字典等可变数据类型。但可以向集合中添加和删除元素。

## 4.5.1 集合的基本操作（视频）

微课：集合的基本操作

### 1. 集合的创建

（1）用大括号“{}”创建集合，数据项间使用逗号分隔。集合的创建和字典类似，但空的大括号“{}”表示的是空字典，而非空集合，这里需要特别注意。集合创建如【例 4-56】所示。

**【例 4-56】** 集合的创建（1）。

```
setName={'李白','杜甫','王维','苏轼',5,'李白'}  # 集合中包含了数字型和字符串型数据
print(setName)   # 集合会自动将重复的元素删除，如 setName 中的'李白'
print(type(setName))
```

运行结果如下：

```
{5, '苏轼', '王维', '李白', '杜甫'}
<class 'set'>
```

（2）也可以使用 set()函数创建集合，该函数实际上是把其他数据类型（如字符串、元组、集合等）转换成集合。空集合可以用 set()来定义。

**【例 4-57】** 集合的创建（2）。

```
lstName=set(['李白','杜甫','王维','苏轼','李清照'])      #列表转换为集合
strHello=set("Hello World!")                              #字符串转换为字典
tupNumber=set((1,2,3,4))                                  #元组转换为字典
print(lstName)
print(strHello)
print(tupNumber)
```

运行结果如下：

```
{'杜甫', '苏轼', '李白', '王维', '李清照'}
{'e', 'H', 'l', 'W', 'r', 'd', 'o', ' ', '!'}
{1, 2, 3, 4}
```

**即学即答：**

对于正确的表达式 a[3]，a 不可能是（　　）。

A．列表　　B．元组

C．字典　　D．集合

**2．集合的运算**

集合的运算有 4 种，分别为并集、交集、差集和异或集。

（1）并集：给定两个集合 A、B，把它们所有的元素合并在一起组成的集合，叫作集合 A 与集合 B 的并集，在 Python 中可以使用“|”运算符来获得两个集合的并集，如图 4-2 所示。

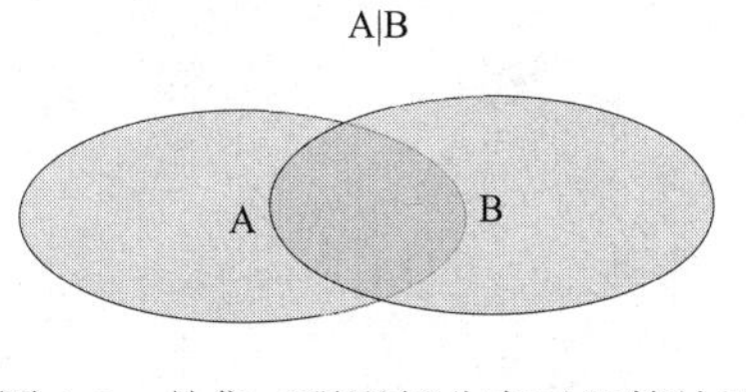


图 4-2　并集（阴影部分表示运算结果）

**【例 4-58】**集合的并集。

```
setName={'李白','杜甫','王维','苏轼','李清照'}
setPainter={'吴道子','顾恺之','苏轼'}
print(setName|setPainter)
```

运行结果如下：

```
{'吴道子', '王维', '李白', '苏轼', '李清照', '顾恺之', '杜甫'}
```

（2）交集：给定两个集合 A、B，由所有属于集合 A 且属于集合 B 的元素所组成的集合，叫做集合 A 与集合 B 的交集，在 Python 中可以使用“&”运算符来获得两个集合的交集，如图 4-3 所示。

**【例 4-59】**集合的交集。

```
setName={'李白','杜甫','王维','苏轼','李清照'}
setPainter={'吴道子','顾恺之','苏轼'}
print(setName&setPainter)
```

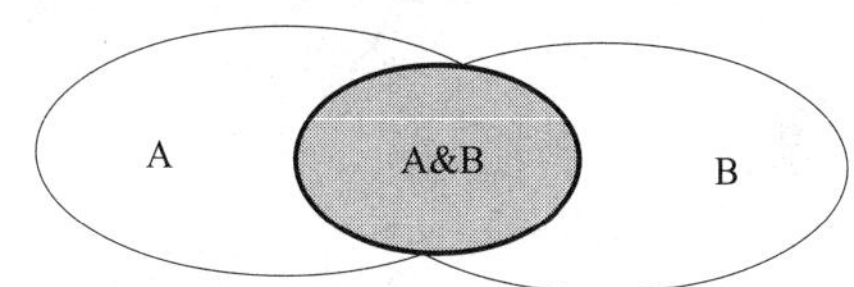


图 4-3　交集（阴影部分表示运算结果）

运行结果如下：

```
{'苏轼'}
```

（3）差集：给定两个集合 A、B，由所有属于 A 且不属于 B 的元素组成的集合，叫做集合 A 减集合 B，在 Python 中可以使用“-”运算符来获得两个集合的差集，如图 4-4 所示。

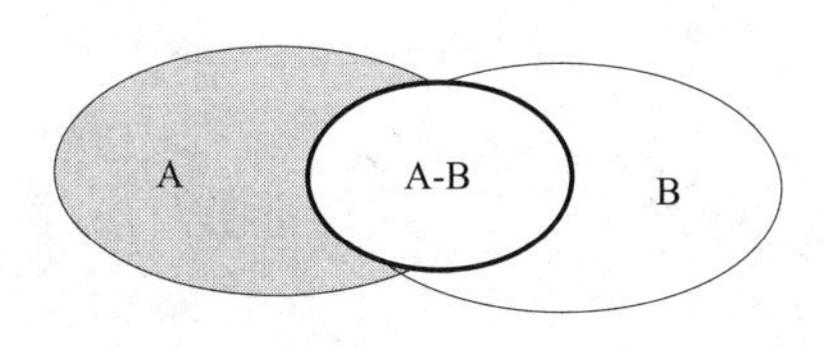


图 4-4　差集（阴影部分表示运算结果）

**【例 4-60】**集合的差集。

```
setName={'李白','杜甫','王维','苏轼','李清照'}
setPainter={'吴道子','顾恺之','苏轼'}
print(setName-setPainter)
```

运行结果如下：

```
{'李清照', '王维', '李白', '杜甫'}
```

（4）异或集：给定两个集合 A、B，属于集合 A 或集合 B，但不同时属于集合 A 和集合 B 的元素的集合称为集合 A 和集合 B 的对称差，即集合 A 和集合 B 的异或集，在 Python 中可以使用“^”运算符进行异或集运算，如图 4-5 所示。

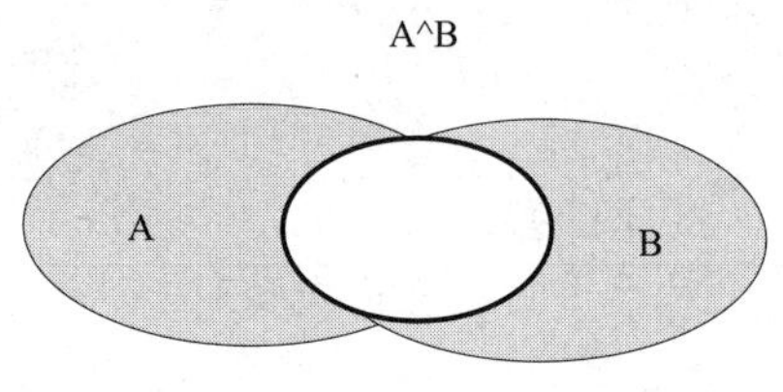


图 4-5 异或集（阴影部分表示运算结果）

【例 4-61】集合的异或集。

```
setName={'李白','杜甫','王维','苏轼','李清照'}
setPainter={'吴道子','顾恺之','苏轼'}
print(setName^setPainter)
```

运行结果如下：

```
{'顾恺之', '吴道子', '王维', '李清照', '杜甫', '李白'}
```

**边学边练：**
创建两个集合，其中一个由“排球”“足球”“乒乓球”“'羽毛球”组成，另一个集合由“游泳”“健身”“跑步”“乒乓球”组成。请求出这两个集合的并集、交集、差集和异或集。

## 4.5.2 集合的常用方法（视频）

微课：集合的常用方法

### 1．集合元素的添加——add()、update()

（1）add()函数用于向集合中添加单个元素，如果添加的元素在集合中已存在，则不执行添加操作，原集合会进行相应的变化。

【例 4-62】使用 add()添加集合元素。

```
setName={'李白','杜甫','王维','苏轼'}
setName.add('李清照')
print(setName)
```

运行结果如下：

```
{'李清照', '王维', '苏轼', '杜甫', '李白'}
```

（2）update()函数用于批量增加集合中的元素，如果添加的新元素在集合中已存在，则该元素只出现一次。

【例 4-63】使用 update()添加集合元素。

```
setName={'李白','杜甫','王维','苏轼'}
setName.update({'李清照', '李白', '陆游'})
print(setName)
```

运行结果如下：

```
{'杜甫', '王维', '苏轼', '李白', '李清照', '陆游'}
```

### 2．集合元素的删除——remove()、discard()、pop()、clear()

（1）删除集合中指定的元素，可以用 remove()、dicard()函数来实现。这两种函数的区别如下：

- s.remove(x)表示从集合 s 中删除 x，若 x 不存在，则会引发 KeyError 错误。
- s.discard(x)表示从集合 s 中删除 x，若 x 不存在，则不会出现错误。

【例 4-64】集合元素的删除（1）。

```
setName={'李白','杜甫','王维','苏轼'}
setName.remove('苏轼')
print(setName)
setName.discard('李白')
print(setName)
setName.discard('苏轼')
print(setName)
setName.remove('李白')
print(setName)
```

运行结果如下：

```
{'杜甫', '李白', '王维'}
{'杜甫', '王维'}
{'杜甫', '王维'}
Traceback (most recent call last):
  File "D:\源代码\3.5.2 集合的常用方法.py", line 19, in <module>
    setName.remove('李白')
KeyError: '李白'
```

（2）使用 pop()和 clear()函数可以清除集合中的元素，其中，s.pop()删除集合中的任意一个元素，s.clear()删除集合中的所有元素。

【例 4-65】集合元素的删除（2）。

```
setName={'李白','杜甫','王维','苏轼'}
setName.pop()          #删除集合中任意随机元素
print(setName)
setName.clear()        #空集合
print(setName)
```

运行结果如下：

```
{'王维', '李白', '苏轼'}
set()
```

**边学边练：**

有两个集合，set1={'排球','足球','乒乓球','羽毛球'}，set2={'游泳','健身','跑步','乒乓球','羽毛球',}，请进行以下操作。

（1）在 set1 中加入“篮球”“网球”“冰球”3 个元素；在 set2 中加入“健美操”元素。

（2）删除 set2 中的“乒乓球”“羽毛球”元素。

（3）清除 set1 中的所有元素。

### 4.5.3　任务实现——调查问卷中随机调查对象的确定

**【任务分析】**

小 T 欲协助导师完成问卷调查工作，他首先需要随机抽取调查对象。在 2000 人中随机抽取不重复的 n 人（因篇幅限制，现抽取 60 人），编程思路如下：

（1）输入需进行问卷调查的人数。

（2）循环产生一个随机数，并加入到随机数集合中。

（3）判断随机数集合中的元素个数是否达到需进行问卷调查的人数。若已达到，则跳出循环。

（4）对随机数集合中的元素进行排序并输出，确认随机数个数是否达到需进行问卷调查的人数。

**注意**：随机产生一个正整数可以用 random.randint(low,high)实现，该函数返回[low,high)的一个正整数。

**【源代码】**

**【例 4-66】**调查问卷中随机调查对象的确定。

```
import random
n = eval(input('请输入您要进行调查问卷的人数：'))      # 输出需进行问卷调查的人数
s=set([])                                # 定义空集合 s，存储随机产生的数值
for i in range(2000):
    num=random.randint(1,2001)           # 产生 1 个 1~2000 的随机数
    s.add(num)                           # 将产生的随机数加入到集合中
    if(len(s))>=n:                       # 判断集合中元素个数，如果超出人数，则跳出 for 循环
        break
print('产生随机数次数为%d 次'%i)          # 输出集合
print('去重后随机数集合：',s)             # 输出集合
print('去重后随机数排序后的列表：',sorted(s))
# 将集合中的元素从小到大排序，集合将转换成列表
print('去重后的元素个数为%d' %len(s)) # 输出排序后产生随机数的列表元素个数
```

结果根据产生的随机数会有所不同，本次运行结果如下：

```
请输入您要进行调查问卷的人数：60
产生随机数次数为 61 次
去重后随机数集合：{1539, 7, 1803, 1164, 1806, 1807, 16, 1168, 1682, 1811, 1938, 1173, 1942, 666, 1434, 1059, 1955, 934, 1063, 810, 555, 1196, 943, 179, 52, 56, 569, 570, 1852, 62, 1983, 705, 1986, 194, 1094, 1992, 841, 1354, 1993, 333, 1102, 979, 852, 1494, 858, 1755, 1114, 1120, 993, 354, 1124, 741, 356, 488, 1771, 1392, 1009, 1776, 241, 1277}
去重后随机数排序后的列表：[7, 16, 52, 56, 62, 179, 194, 241, 333, 354, 356, 488, 555, 569, 570, 666, 705, 741, 810, 841, 852, 858, 934, 943, 979, 993, 1009, 1059, 1063, 1094, 1102, 1114, 1120, 1124, 1164, 1168, 1173, 1196, 1277, 1354, 1392, 1434, 1494, 1539, 1682, 1755, 1771, 1776, 1803, 1806, 1807, 1811, 1852, 1938, 1942, 1955, 1983, 1986, 1992, 1993]
去重后的元素个数为 60
```

# 任务 4.6 组合数据类型实训

## 4.6.1 字符串实训

**一、实训目的**

1．掌握字符串的定义。

2．能进行字符串的连接、切片、转换、格式化等操作。

3．掌握字符串与列表等其他数据类型间的转换。

**二、实训内容**

**实训任务 1：理论题**

1．在 Python 中，不属于组合数据类型的是（　　）。

A．列表数据类型　　B．字典数据类型

C．字符串数据类型　　D．复数数据类型

2．以下关于 Python 字符串的描述中，错误的是（　　）。

A．字符串是字符的序列，可以按照单个字符或者字符片段进行索引

B．字符串包括两种序号体系：正向递增和反向递减

C．Python 字符串提供区间访问方式，采用 [N:M] 格式，表示字符串中从 N 到 M 的索引子字符串（包含 N 和 M）

D．字符串是用一对双引号或者单引号引起来的零个或多个字符

3．语句 print("一二三四五六七"[::-1])的运行结果是（　　）。

A．一二三四五六七　　B．一二三四五六

C．六五四三二一　　D．七六五四三二一

4．关于 Python 字符串，以下选项中描述错误的是（　　）。

A．可以使用 datatype()函数测试字符串的类型

B．输出带有引号的字符串，可以使用转义字符“\”

C．字符串是一个字符序列，字符串中的编号叫做“索引”

D．字符串可以保存在变量中，也可以单独存在

5．下面代码的输出结果是（　　）。

```
for s in "HelloWorld":
   if s=="W":
      break
   print(s, end="")
```

A．Hello　　B．World

C．HelloWorld　　D．Helloorld

6．对于字符串 s='hadoop'，以下可得字符串'oo'的表达式是（　　）。

A．s[3:4]　　B．s[3:5]　　C．s[2:3]　　D．s[2:4]

7．以下程序段的运行结果是（　　）。

```
for i in "hadoop":
     print(i,end='')
     if i=="o":break
```

A．hadoop　　B．had　　C．hadoo　　D.hado

8．若有 s='hadoop'，则以下语句不合法的是（　　）。

A．s[0]='P'　　B．s='java'　　C．s=s+'P'　　D．s=2020

9．若 s1='899'，s2=s1*2，则 max(s2)的值是（　　）。

A．'899899'　　B．'189'　　C．'899'　　D．'9'

10．若有字符串 s='20'，则 s*3 的值是（　　）。

A．'60'　　B．'202020'　　C．60　　D．202020

**实训任务 2：字符串的基本操作**

现有两个字符串，其中，s1="how are you?"，s2="fine,thank you!"，请完成以下操作：

1．将字符串 s1、s2 中的首字母大写，形成新的 s1、s2，并进行输出。

| 程序代码： |
| --- |

2．判断字符串 s1 是否全为字母，输出判断结果。

| 程序代码： |
| --- |

3．将 s1 和 s2 连接起来，用空格分隔，形成新字符串 s 并输出。

| 程序代码： |
| --- |

4．将字符串 s 中的逗号、问号和感叹号用空格替代，赋值给 s，并输出 s。

| 程序代码： |
| --- |

5．输出字符串 s 的长度。

| 程序代码： |
| --- |

6．统计字符串 s 中"you"出现的次数。

| 程序代码： |
| --- |

7．输出字符串 s 中"you"首次出现的位置。

| 程序代码： |
| --- |

8．把字符串 s 用空格进行分隔，形成列表 lstS 并输出。

| 程序代码： |
| --- |

**实训任务 3：字符串的综合应用**

1．凯撒密码是一种很古老的加密算法，其方法是将英文字母循环替换为字母表序列中该字母后面的第三个字符，对应关系如下（小写字母规则相同）：

明文：A B C D E ... V W X Y Z

密文：D E F G H ... Y Z A B C

（1）请输入一段仅由大小写字母组成的字符串，输出经凯撒密码加密后的密文。

程序代码：

（2）写出（1）对应的解密程序，对其中的密文进行解密输出。

程序代码：

2．输入字符串 s，要求其输出格式为：宽度 20 个字符，以#填充，居中对齐，若字符串超过 20 个字符，则全部输出。

例如，输入“CHINA”，屏幕输出为“#######CHINA########”。

程序代码：

3．“回文数”是指从左向右读和从右向左读都一样的正整数，如 101、32123、6666 等。数学上有个“回文数猜想”：无论开始是什么正整数（两位以上），在经过有限次正序数和倒序数相加的步骤后，都会得到一个回文数。例如，69 先变成 165（69+96），再变成 726（165+561），然后变成 1353（726+627），最后变成 4884（1353+3531），将 69 经过 4 步演算得到回文数 4884。

请编写程序，输入一个两位以上的正整数，输出得到的回文数和演算步骤。如果超出 30 步，则演算终止，并输出“>30”。

| 程序代码： |
| --- |
| |

### 4.6.2 元组、列表和字典实训

**一、实训目的**

1．掌握列表、元组和字典的定义。

2．能进行列表、元组和字典的基本操作。

3．掌握列表、元组和字典等数据类型的应用。

**二、实训内容**

**实训任务 1：理论题**

1．阅读下面一段示例程序：

```
lstDemo = []
lstDemo.append('A','B')
print(lstDemo)
```

运行程序，其最终的运行结果为（　　）。

A．['A']　　B．['A', 'B']

C．['B', 'A']　　D．程序出现 ValueError 异常

2．在下列语句中，变量类型属于列表的是（　　）。

A．a = [1,'a', [2, 'b']]　　B．a = {1,'a', [2, 'b']}

C．a=(1,'a', [2, 'b'])　　D．a="1,'a', [2, 'b']"

3．在下列选项中，只能删除列表最后一个元素的是（　　）。

A．del　　B．pop　　C．remove　　D．delete

4．请看下面一段程序：

```
info = {1:'小明', 2:'小黄',3:'小兰'}
name = info.get(4,'小红')
name2 = info.get(1)
print(name)
print(name2)
```

运行上述程序，最终的运行结果为（　　）。

A．小红,小黄　　B．小红,小明

C．小黄,小明　　D．小黄,小兰

5．给出如下代码：

```
DictColor = {"yellow":"黄色","gold":"金色","pink":"粉红色","brown":"棕色",
"purple":"紫色","tomato":"西红柿色"}
```

以下选项中能输出“黄色”的是（　　）。

A．print(DictColor.keys())　　B.print(DictColor["黄色"])

C．print(DictColor.values())　　D．print(DictColor[“yellow”])

6．关于 Python 的元组数据类型，以下选项中描述错误的是（　　）。

A．元组不可以被修改

B．Python 中的元组使用圆括号和逗号表示

C．元组中的元素要求是相同类型

D．一个元组可以作为另一个元组的元素，可以采用多级索引获取信息

7．对于“for i in s: ...”语句，以下说法不正确的是（　　）。

A．如果 s 为字典，则在执行该循环时，i 取值会对字典中的每个键-值对进行遍历

B．如果 s 为列表，则在执行该循环时，i 取值会对列表中的每个元素进行遍历

C．如果 s 为字符串，则在执行该循环时，i 取值会对字符串中的每个字符进行遍历

D．如果 s 为集合，则在执行该循环时，i 取值会对集合中的每个元素进行遍历

8．以下程序段的运行结果是（　　）。

```
a=b=[1,2,3]
a[1]="hello"
b[2]="ok"
print(a[1],a[2],b[1],b[2])
```

A．hello 2 1 ok　　B．hello 3 2 ok

C．hello hello ok ok　　D．hello ok hello ok

9．运行以下程序，运行结果是（　　）。

```
a=[10,1,100,1000]
b=sorted(a,reverse=True)
print(b)
```

A．[10,1,100,1000]　　B．[1000, 100, 10, 1]

C．[1,10,100,1000]　　D．[1000, 100, 1, 10]

10．运行以下程序，运行结果是（　　）。

```
a={1,2,3,2,1}
print(sum(a))
```

A．9　　B．6　　C．3　　D．0

**实训任务 2：元组、列表、字典的基本操作**

现有一个元组 tuple1 = (8, 1, -2, 3, 7, 11, 3, 8, 0, 8)，请完成以下操作：

1．请打印出元组的长度。

| 程序代码： |
| --- |

2．请打印出元素 8 在元组中出现的次数。

| 程序代码： |
| --- |

3．请打印出元素 11 在元组中的索引位置。

| 程序代码： |
| --- |

4．将元组转化成列表 list1。

程序代码：

5．遍历列表并打印出所有的列表元素。

程序代码：

6．将列表中的元素按降序排列输出。

程序代码：

7．将元素['语文',98]，['数学',95]，['英语',99]逐个添加到列表的末尾。

程序代码：

8．对列表进行切片，将最后 3 个元素切分出来形成新列表 list2；将 list1 中的前 10 个元素切分出来，形成 list3。

程序代码：

9．将 list2 转换成字典 dict1，并打印出来。

程序代码：

10．遍历字典 dict1 中的所有元素，输出键和值。

程序代码：

11．将 list3 转换为集合 set1，并打印出来。

程序代码：

12．请打印出集合 set1 的长度。

程序代码：

**实训任务 3：元组、列表和字典的综合应用**

1．输入一个数字序列，以空格做分隔，计算输出序列中所有元素的平均值。

程序代码：

2．设计一个猜字母的程序，随机给出 26 个大写字母中的一个，判断是否为大写字母，若不是则让用户重新输入。答题者输入猜测的字母，若答错 5 次，则提示答题失败并退出游戏；若答题正确，则输出回答次数并退出游戏。（注意：部分提示代码如下，请在横线处填入一行或者多行代码，完成程序功能）

程序代码：

```
import ________
lstLetter=['A','B','C','D','E','F','G','H','I','J','K','L','M','N','O','P','Q','R','S','T','U','V','W','X','Y','Z']
letter=lstLetter[random. ______(0,25)]
count=0
while______ :
...
```

3．材料“4.6.2The Champa Flower-Tagore.txt”来自泰戈尔《新月集》的诗歌《金色花》，通过一个孩子的想象，对 3 个不同生活场景进行描绘，以独特的方式与母亲嬉戏，勾勒出一幅幅温馨感人的画面。请输出该诗歌中出现频次最多的 20 个单词及其频次。

程序代码：

# 项目五

# 函数与模块

## 知识目标

- 理解函数的作用及其定义方法。
- 理解函数的参数及其返回值。
- 理解函数的嵌套。
- 了解 Python 的常见内置函数。
- 理解模块间的关系。

## 能力目标

- 掌握函数的定义。
- 掌握函数的调用。
- 掌握各类常用函数的使用。
- 掌握模块的使用、制作。

## 项目导学（视频）

微课：函数与模块项目导学

通过前面的基础学习，小 T 越来越能体会到 Python 语言的优点与乐趣，他要开发一个名片管理器来保存朋友的信息。他设计了一个总界面来显示名片管理器的各个功能，并把各个功能做成相对独立的代码块。导师告诉他，通过函数可以实现系统的模块化与标准化，编写独立的代码块需要用函数来实现。下面讲解函数的相关内容。

## 任务 5.1　函数的定义与调用——名片管理器

**【任务描述】**

名片管理器是一种实用的生活工具，用来帮助管理手机中的各类名片。它需要实现以下功能：名片的添加、名片的删除、名片的修改、名片的查询，以及获取所有名片的信息、系统退出等，其管理界面如图 5-1 所示。

```
================================
  名牌管理系统 V1.0
1.添加名片
2.删除名片
3.修改名片信息
4.显示所有名片
5.退出系统
================================
```

图 5-1 名片管理器的管理界面

【任务分析】

名片管理器的实现需要用到函数的定义和调用。每个功能的实现都需要定义一个函数，可以先设计 4 个子函数来实现添加名片、删除名片、修改名片和显示所有名片信息的功能；然后定义一个主函数来调用这些子函数，主函数同时要实现系统的退出功能。

## 5.1.1 函数的定义与调用（视频）

微课：函数的定义与调用

函数是有组织的、可重复使用的、用来实现单一功能的代码段，它能够增强程序的模块化并提高代码的复用率。事实上 Python 提供了许多内置函数，如前面已经讲解过的 print()函数、组合数据类型中的各种常用方法等。除此之外，开发人员可以自己创建函数，即自定义函数，用来实现特定功能。

**1. 函数定义**

在 Python 中，除了内置函数，开发人员还可以根据需求自定义函数。在 Python 中定义函数需要使用保留字 def，其语法格式为：

```
def 函数名(参数列表):
    函数体
    return 表达式
```

在 Python 中使用自定义函数时，需要遵循以下规则：

（1）函数代码块以 def 关键字开头，后接函数名称和圆括号()。

（2）任何传入参数和自变量都必须放在圆括号中间，函数可以没有参数，但圆括号不可以省略。

（3）函数名的命名规则和变量的命名规则一样，只能是字母、数字和下画线的任意组合，但是不能以数字开头，并且不能跟关键字重名。

（4）函数的第一行语句可以选择性地使用文档字符串来存放函数说明。

（5）函数内容以冒号开始，并且缩进。

（6）在以 return 表达式结束函数时，需要返回对应的结果给调用方，不带 return 表达式的函数则相当于返回 None。在函数没有返回值时可以省略 return 语句。

**【例 5-1】**函数定义。

```
def add(x,y):               # 函数定义
    c=x+y
    print(c)
    return c                # 有 return 值的函数
```

```
add(8,10)                    # 函数调用
```

运行结果为：

```
18
```

**即学即答：**

关于 Python 函数，以下选项中描述错误的是（　　）。

A．函数是一段可重用的代码块

B．函数通过函数名进行调用

C．每次使用函数都需要提供相同的参数作为输入

D．函数是一段具有特定功能的代码块

### 2．函数调用

在定义函数之后，就相当于有了一段具有特定功能的代码，但是并没有运行，要想让这些代码能够执行，则需要调用函数。调用函数的方式很简单，通过“函数名([参数列表])”即可完成调用，如【例 5-1】中的语句“add(8,10)”就调用了函数 add(x,y)。

在图 5-2 中，通过 def 关键字定义了函数 add(x,y)，但此时并没有调用，需要通过 add(8,10)来调用它。

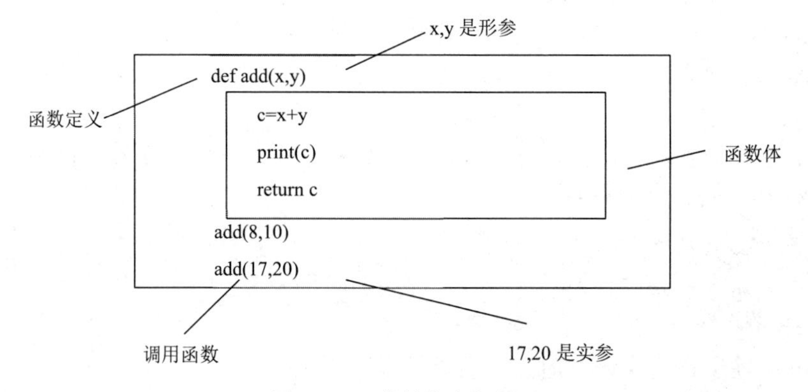


图 5-2　函数的定义与调用

add(8,10)函数的调用，经过了以下步骤：

（1）将参数 8、10 传递给 add(x,y)。

（2）执行函数体中的语句。

（3）返回 add(8,10)，继续执行程序。

### 3．函数嵌套调用

嵌套调用是指一个函数调用另一个函数，被调用的函数又调用另一个函数，形成多层的嵌套关系。一个复杂的程序存在多层的函数调用。

求两数的平均数，如【例 5-2】所示。

**【例 5-2】**函数嵌套调用。

```
# 两数之和
def add(x,y):                                    # 函数定义
    c=x+y
    print(c)
    return c                                     # 有 return 值
```

```
# 两数的平均数
def average():
    sum=add(8,10)                              # 嵌套调用
    ave=sum/2
    return ave
result=average()                               # 函数调用
print(result)
```

运行结果为：

```
18
9.0
```

这个例子中的循环嵌套实现了求两数的平均数。先定义 add(x,y)函数并求出两数之和，再定义 average()函数求两数的平均数，这里运用了函数的嵌套调用。在 average()函数中调用 add(x,y)函数，执行过程如图 5-3 所示：

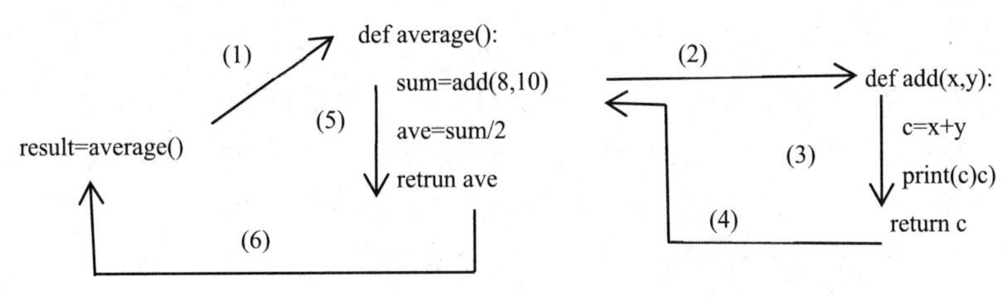


图 5-3　嵌套函数的执行过程

## 5.1.2　函数参数

在定义函数时设置的参数称为形式参数（形参），调用函数时传入的参数称为实际参数（实参）。函数的参数传递是指将实际参数传递给形式参数。

为了增加函数调用的灵活性和便利性，Python 设置了多重函数的参数，主要有以下 4 种传递方式：位置参数、关键字参数、默认参数、不定长参数，下面详细介绍各类函数参数及其用法。

### 1. 位置参数的传递

位置参数（Positional Arguments），有时也称为必备参数，是指必须按照正确的顺序将实际参数传递到函数中，换句话说，在调用函数时传入的实际参数，其数量和位置都必须和定义函数时的参数保持一致。

**【例 5-3】**位置参数的传递。

```
def foo (x,y):
    print('x:',x)
    print('y:',y)
foo(1,2)
```

运行结果为：

```
x: 1
y: 2
```

在【例 5-3】中，实参必须按照函数定义的形参位置顺序传值，且必须被传值，多一个少

一个都不行。

**2．关键字参数的传递**

在调用函数传入实参时带参数名，用这样的方式传入的实参叫作关键字参数，其语法格式为：

```
形参名 = 实参值
```

**【例 5-4】**关键字参数的传递。

```
def func(a, b=5, c=10):
    print('a is', a, 'and b is', b, 'and c is', c)
func(3, 7)
func(25, c=24)
func(c=50, a=100,b=10)
```

运行结果为：

```
a is 3 and b is 7 and c is 10
a is 25 and b is 5 and c is 24
a is 100 and b is 10 and c is 50
```

在【例 5-4】中，名为 func 的函数有一个没有默认参数值的参数，后跟两个各自带有默认参数值的参数。在第一次调用 func()函数时，“func(3, 7)”表示参数 a 获得了值 3，参数 b 获得了值 7，而参数 c 获得了默认参数值 10。在第二次调用函数时，由于“func(25, c=24)”所处的位置，参数 a 首先获得了值 25；然后，由于关键字参数指定，参数 c 获得了值 24。参数 b 获得了默认参数值 5。在第三次调用函数时，“func(c=50, a=100,b=10)”表示全部使用关键字参数来指定值。

**3．默认参数的传递**

默认参数是指在定义函数时，如果不提供参数的值，则取默认值。在调用函数时，默认参数的值可传入也可不传入，所有的位置参数都必须出现在默认参数前面，包括函数定义和调用。默认值参数的形式为：形参名＝默认值。

在【例 5-4】中，调用 func(25, c=24)，结果为“a is 25 and b is 5 and c is 24”，其中的参数 b 就取了自身的默认值 5。

**4．不定长参数的传递**

在程序的某些场景中，如果需要一个函数来处理比在函数定义时更多的参数，而这些参数在函数定义时尚不确定，这种参数叫作不定长参数。和上述默认参数不同，不定长参数不会在函数定义时进行命名，其基本语法格式如下：

```
def 函数([formal_args,] *args,**kwargs):
    "函数__文档字符串"
    函数体
    return 表达式
```

在函数定义时有一个带星号的参数，如*args，从此处开始直到结束的所有位置参数都将被收集并汇总成一个名为“args”的元组。

同样地，当声明一个带双星号的参数时，如**param，从此处开始直至结束的所有关键字参数都将被收集并汇总成一个名为“kwargs”的字典。

**【例 5-5】**定义一个不定长参数函数。

```
def total(a=5, *numbers, **phonebook):
    print('a', a)
    #遍历元组中的所有项目
    for single_item in numbers:
        print('single_item', single_item)
    #遍历字典中的所有项目
    for first_part, second_part in phonebook.items():
        print(first_part,second_part)
print(total(10,1,2,3,Jack=1123,John=2231,Inge=1560))
```

运行结果为：

```
a 10
single_item 1
single_item 2
single_item 3
Jack 1123
John 2231
Inge 1560
None
```

**边学边练：**

编写一个 abc()函数，它有一个名为 number 的参数。如果参数是偶数，那么 abc()打印出 number//2；如果 number 是奇数，那么 abc()打印出 3*number+1。

### 5.1.3 函数返回值

所谓“返回值”，就是在调用函数之后被返回给调用者的结果。

在【例 5-6】中定义一个函数，并把值返回给调用者。

**【例 5-6】**函数返回值。

```
def add(a,b):
    c=a+b
    return c
m=add(2,3)
print(m)
```

运行结果为：

```
5
```

在定义函数 add()时，通过 retrun 语句返回 c，在调用 add(2,3)之后，将返回值 5 传递给 m，并打印 m 的值。

函数返回值有 4 种类型。

1）无参数、无返回值

无参数、无返回值的函数既不能接收参数，又没有返回值。在一般情况下，打印提示信息等类似的功能可以使用这类函数来实现。

**【例 5-7】**定义一个无参数、无返回值函数。

```
def printMenu():
```

```
    print('---------------------')
    print('program  start')
    print('program  end' )
    print('---------------------')
printMenu()
```

运行结果为：

```
---------------------
program  start
program  end
---------------------
```

2）无参数、有返回值

无参数、有返回值的函数不能接收参数，但是可以返回某个数据。在一般情况下，采集数据等功能可以用此类函数实现。

**【例 5-8】**定义一个无参数、有返回值的函数。

```
def  getTemperature():
    #获取温度的一些处理过程
    return 24
temperature = getTemperature()
print('当前的温度为:%d'%temperature)
```

运行结果为:

```
当前的温度为:24
```

3）有参数、无返回值

有参数、无返回值的函数能接收参数，但不可以返回数据。在一般情况下，对某些变量设置数据而不需要结果时，可以用此类函数实现。

**【例 5-9】**定义一个有参数、无返回值的函数。

```
def  test(num1,num2):
    result=num1+num2
    print('两者之和为:%d'%result)
test(4,5)
```

运行结果为：

```
两者之和为:9
```

在此例中有参数 num1、num2，但是没有任何返回值。

4）有参数、有返回值

有参数、有返回值的函数不仅能接收参数，还能返回数据。在一般情况下，数据处理并需要结果的应用可以用此类函数实现。

**【例 5-10】**定义一个有参数、有返回值的函数。

```
def calculateNum(num):                              # 计算 1~num 的累积和
    result = 0
    i = 1
    while i <= num:
```

```
        result = result + i
        i += 1
    return result
result = calculateNum(100)
print('1~100 的累积和为:%d' % result)
```

运行结果为：

```
1~100 的累积和为:5050
```

在【例 5-10】中，在定义函数时有参数 num，在调用函数之后有返回值 result，在调用时传入实参 100，返回 5050 并赋值给 result。

### 5.1.4 变量作用域

变量作用域在 Python 学习中是一个必须理解并掌握的知识点。接下来从局部变量和全局变量开始讲解 Python 的变量作用域。

**1. 局部变量和全局变量**

局部变量是在函数内部定义的变量。在定义函数时，往往需要在函数内部对变量进行定义和赋值。局部变量只能在函数内部使用，如果超出使用范围（函数外部），则会报错。

**【例 5-11】**局部变量的使用。

```
A = 100                          # 全局变量一般用大写字母表示
def func():
    a = 50                       # 局部变量一般用小写字母表示
    print(a+A)
func()
```

运行结果为：

```
150
```

若运行 Print(A)，则结果为 100；若运行 Print(a)，则结果报错“NameError: name 'a' is not defined”，由此可知在外部使用局部变量 a 时，系统会报错。

全局变量指的是能作用于函数内部和外部的变量，即全局变量既可以在各个函数的外部使用，又可以在各个函数的内部使用，如【例 5-12】所示。

**【例 5-12】**局部变量的使用。

```
a =3
def f3(v2):
    return a+1    #外部的全局变量在函数内部使用
print(f3(1))
```

运行结果为：

```
4
```

【例 5-12】在函数内部使用了全局变量 a。如果全局变量的名字和局部变量的名字相同，那么使用的是局部变量。【例 5-13】为在局部变量和全局变量名字相同的情况下变量的使用。

**【例 5-13】**在局部变量与全局变量名字相同时变量的使用。

```
sum =5
def f2(v2):
```

```
    sum =0
    while v2 < 10:
        sum += v2    #这里 sum 使用的是局部变量的初始值 0，而不是全局 sum=5
        v2 += 1
    return sum
print(sum)
print(f2(0))
```

运行结果为：

```
5
45
```

从【例 5-13】可知，在全局变量和局部变量名字相同的情况下，函数访问的是局部变量。

**注意：**

1．全局变量可以在整个程序范围内访问。

2．如果出现全局变量和局部变量名字相同的情况，则访问的是局部变量。

3．全局变量不能在函数体内直接被赋值，否则就会报错。

### 2．global 和 nonlocal 关键字

使用 global 关键字可以将局部范围内（如函数）的局部变量转换为全局变量，如【例 5-14】所示。

**【例 5-14】**global 关键字的使用。

```
b2 = 22                        #全局变量
def fun():
    global b2
    print(b2)
    b2 = 99                    #将全局变量重新赋值
    print(b2)
fun()
print(b2)
```

运行结果为：

```
22
99
99
```

在【例 5-14】中，全局变量 b2 的值在运行 fun()函数之后变为 99。

使用 nonlocal 关键字可以修改嵌套的上级函数作用域中的变量，如【例 5-15】所示。

**【例 5-15】**nonlocal 关键字的使用。

```
def outer():
  num = 10
  def inner():
      nonlocal num
      num = 100
      print(num)
  inner()
```

```
    print(num)
  outer()
```

运行结果为：

```
100
100
```

在【例 5-15】中，上级函数有一个变量 num，其初始值为 10。函数 inner()嵌套在 outer()函数中，通过 nonlocal 关键字定义 num，设置其初始值为 100 并打印。通过调用 outer()函数，上级函数中的变量 num 由 10 变为 100。

**即学即答：**

执行以下代码后，结果是（　　）。

A．5　　B．3　　C．2　　D．1

```
def fun():
    global a
    a += 2
a = 1
fun()
print(a)
```

### 5.1.5　任务实现——名片管理器（视频）

微课：名片管理器任务引入

名片管理器是一种实用的生活工具，用来管理手机中的各类名片。它需要实现以下功能：名片的添加、名片的删除、名片的修改、名片的查询，以及获取所有名片的信息、系统退出等。

**【任务分析】**

以上功能的实现，需要先为每个功能定义一个函数，共 5 个子函数，分别是添加名片、删除名片、修改名片信息、获取名片信息、退出管理器；然后定义一个主函数来调用这些子函数，主函数同时要实现系统的退出功能。

**【源代码】**

**【例 5-16】**任务实现：名片管理器。

```
# 用来保存名片的所有信息
carInfos=[]
# 打印功能提示
def printMenu():
    print("="*30)
    print(" 名牌管理系统 V1.0 ")
    print("1.添加名片")
    print("2.删除名片")
    print("3.修改名片信息")
    print("4.显示所有名片")
    print("5.退出系统")
    print("="*30)
```

```
# 添加一张名片信息
def addCarInfo():
    # 提示并获取姓名
    newName = input("请输入名片姓名：")
    # 提示并获取性别
    newSex = input("请输入人员性别：(男/女)")
    # 提示并获取手机号码
    newPhone = input("请输入手机号码：")
    newInfo = {}
    newInfo['name'] = newName
    newInfo['sex'] = newSex
    newInfo['phone'] = newPhone
    carInfos.append(newInfo)

# 修改名片的信息
def modifyCarInfo():
     carId=int(input("请输入要修改的名片序号："))
     newName = input("请输入新的名字：")
     newSex = input("请输入新的性别：(男/女)")
     newPhone = input("请输入新的手机号码：")
     carInfos[carId - 1]['name'] = newName
     carInfos[carId - 1]['sex'] = newSex
     carInfos[carId - 1]['phone'] = newPhone
# 定义一个显示所有名片信息的函数
def showCarInfo():
    print("=" * 30)
    print("名片信息如下:")
    print("=" * 30)
    print("序号    姓名    性别    手机号码")
    i = 1
    for tempInfo in carInfos:
        print("%d  %s  %s  %s" % (i, tempInfo['name'],tempInfo['sex'], tempInfo
['phone']))
        i += 1

def main():
    while True:
        printMenu()
        key = input("请输入功能对应的数字：")
        if key == '1':
            addCarInfo()
        elif key == '3':
            modifyCarInfo()
        elif key == '4':
```

```
            showCarInfo()
        elif key=='5':
            break
        else:
            print('输入有误')
main()
```

运行结果为：

```
================================
 名牌管理系统 V1.0
1.添加名片
2.删除名片
3.修改名片信息
4.显示所有名片
5.退出系统
================================
请输入功能对应的数字:
```

在以上界面中选择 1～5 这几个数字，实现对应的功能。

## 任务 5.2 特殊函数——打印斐波那契数列（视频）

**【任务描述】**

递归是编程语言中较难学习的知识点，但小 T 不畏困难，想要通过斐波那契数列学习递归。斐波那契数列（Fibonacci Sequence）又称黄金分割数列，由数学家列昂纳多·斐波那契（Leonardoda Fibonacci）以兔子繁殖为例引入，故又称“兔子数列”，指的是这样一个数列：0、1、1、2、3、5、8、13、21、34。

微课：特殊函数任务引入

**【任务分析】**

在数学上，斐波那契数列以递归的方法定义：F(1)=1，F(2)=1，F(n)=F(n-1)+F(n-2)（n>=2，n∈N*），从定义可知，函数的每次调用都是对自身的调用。fib(n-1)+fib(n-2)就是调用了函数本身实现递归。递归的计算过程简述如下（假设 n=3）：

（1）n=3，fib(3)，判断为计算 fib(3-1)+fib(3-2)。

（2）计算 fib(3-1)，即 fib(2)，返回结果为 1。

（3）计算 fib(3-2)，即 fib(1)，返回结果也为 1。

（4）计算第（1）步，结果为 fib(n-1)+fib(n-2)=1+1=2，将结果返回。

### 5.2.1 递归函数

在上一节中我们知道，函数可以调用其他函数的函数。例如，函数 $A$ 可以调用函数 $B$，而函数 $B$ 又可以调用函数 $C$。实际上，函数也可以自身调用，这种函数被称为递归函数。在图 5-4 中，计算 factorial(5)，需要调用 factorial(4)，而 factorial(4)又需要调用 factorial(3)，直到 factorial(1)＝1 时，返回函数值，不再执行递归调用。

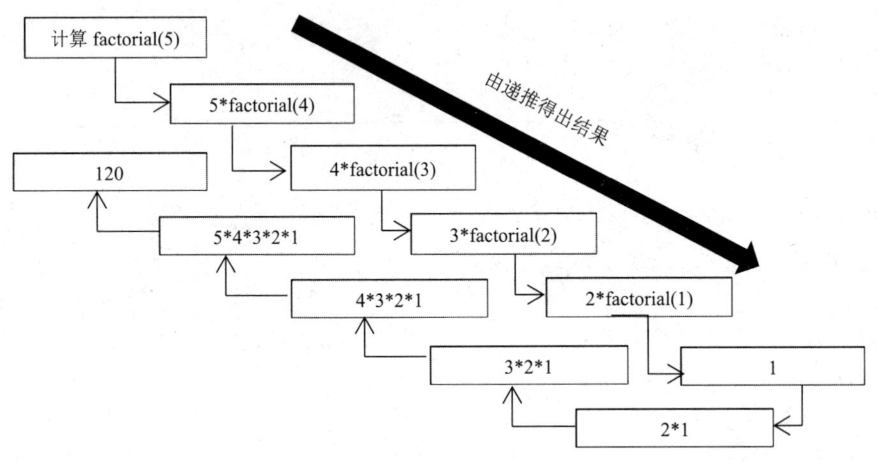


图 5-4　递归函数原理

每个递归函数必须包括两个主要部分。

（1）结束条件。表示递归的结束条件，用于返回函数值，不再递归调用。在 fact()函数中，递归的结束条件为“n=1”。

（2）递归步骤。递归步骤把第 n 步的函数与第 n-1 步的函数关联。对于 fact()函数，其递归步骤为“n*fact(n-1)”，即把求 n 的阶乘转化为求 n-1 的阶乘。

### 5.2.2　匿名函数

匿名函数，即函数没有具体的名称。Python 允许使用 lambda 语句创建匿名函数，从而省去定义函数的过程，其语法格式为：

```
lambda [arg1 [,arg2,…,argn]]:expression
```

（1）[arg1 [,arg2,…,argn]]：参数。

（2）expression：返回值。

冒号左边是函数参数，若有多个函数参数则必须使用逗号分隔，冒号右边是返回值。

lambda 语句接收的参数数量不是固定的，可运用多个参数。

**【例 5-17】**匿名函数的定义及使用。

```
sum=lambda arg1,arg2:arg1+arg2
print("运行结果：",sum(10,20))
print("运行结果：",sum(20,20))
```

运行结果为：

```
运行结果为：30
运行结果为：40
```

匿名函数的种类如下：

1）无参匿名函数

```
t=lambda:True
print(t())
```

2）带参数匿名函数

```
lambda x: x**3                                #一个参数
lambda x,y,z:x+y+z                            #多个参数
lambda x,y=3: x*y                             #允许参数存在默认值
```

在使用 lambda 语句定义匿名函数时应注意以下几点：

（1）lambda 语句定义的是单行函数，如果需要复杂的函数，则应使用 def 关键字。

（2）lambda 语句有且只有一个返回值。

（3）lambda 语句可以包含多个参数。

（4）lambda 语句中的表达式不能含有命令，且仅有一个表达式。这是为了避免匿名函数的滥用，过于复杂的匿名函数不易于解读。

**边学边练：**

快速编写一个匿名函数，实现输入两个整数，输出它们的和。

### 5.2.3 map()函数

map()函数是 Python 的内置高阶函数，会根据提供的函数对指定序列做映射，其语法格式如下：

```
map(function, iterable, …)
```

（1）function：函数。

（2）iterable：一个或多个序列。

map()函数是指将 function 应用于 iterable 中的每一个元素，并将结果以列表的形式返回，使用方法如【例 5-18】所示。

**【例 5-18】** map()函数的使用。

```
func=lambda x:x+2
result=map(func,[1,2,3,4,5])
print(list(result))
```

运行结果为：

```
[3, 4, 5, 6, 7]
```

【例 5-18】中的 map()函数将 func 依次作用于列表[1,2,3,4,5]的各个元素，最后返回[3,4,5,6,7]。map()函数的执行过程如图 5-5 所示。

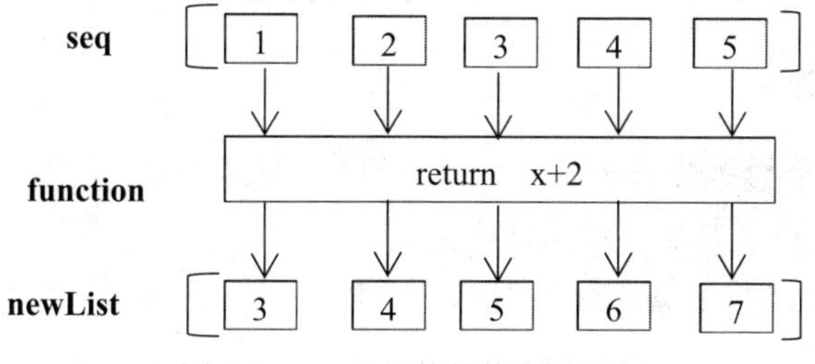


图 5-5 map()函数的执行过程

**边学边练：**

利用 map()函数，把用户输入的不规范的英文名字变为首字母大写、其他字母小写的规范名字。

### 5.2.4　filter()函数

filter()函数用于过滤序列，可以过滤不符合条件的元素，并返回由符合条件的元素组成的新列表。filter()函数的语法格式如下：

```
filter(function, iterable)
```

（1）function：判断函数。

（2）iterable：可迭代对象。

filter()函数的作用是接收一个函数 func()和一个 list，函数 func()的作用是对每个元素进行判断，通过返回 True 或 False 来过滤不符合条件的元素，并将符合条件的元素组成新 list。

【例 5-19】filter()函数的使用。

```
func=lambda x:x%2
result=filter(func,[1,2,3,4,5])
print(list(result))
```

运行结果为：

```
[1,3,5]
```

相比 map()函数的全部保留，filter()函数只会留下符合要求的部分。filter()函数接收两个参数，第一个为函数，第二个为序列。序列的每个元素作为参数传递给函数进行判断，然后返回 True 或 False，最后将返回 True 的元素存放到新列表中，执行过程如下图 5-6 所示。

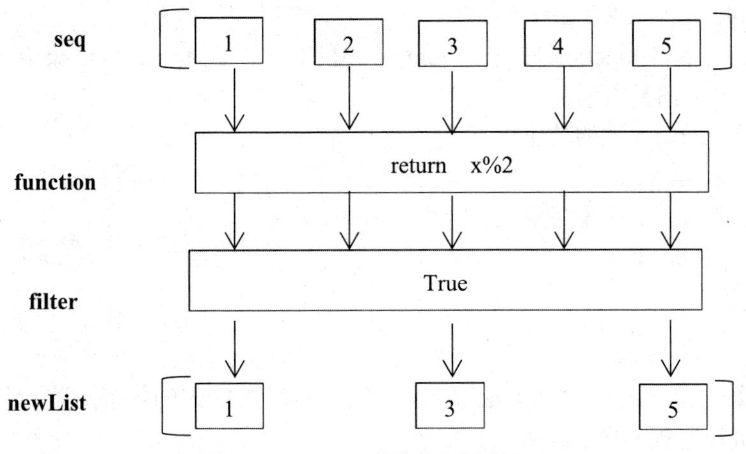


图 5-6　filter()函数的执行过程

### 5.2.5　reduce()函数

reduce()函数对一个数据集合（链表、元组等）中的所有数据进行下列操作：先用 reduce()函数中的 function（有两个参数）对集合中的第一、二个元素进行操作，然后将得到的结果与第三个元素用 function 函数运算，最后得到一个结果。reduce()函数的语法格式如下：

```
reduce(function, iterable[, initializer])
```

（1）function：函数，有两个参数。

（2）iterable：可迭代对象。

（3）initializer：可选，初始参数。

reduce()函数与 map()函数和 filter()函数稍微有点区别，它接收两个或者 3 个参数，第一个参数为一个函数，接受另外两个参数的调用；第二个参数为一个可迭代对象；第三个参数为初始值。如果把传入的函数写作 f，迭代对象的元素记为 x1、x2、x3、x4，初值为 x0，那么 reduce()的作用实际上就相当于 f(f(f(f(x0,x1),x2),x3),x4)。

**【例 5-20】** reduce()函数的使用。

```
from functools import reduce
def add(x, y) :                                          # 两数相加
    return x + y
sum1 = reduce(add, [1,2,3,4,5])                          # 计算列表和：1+2+3+4+5
sum2 = reduce(lambda x, y: x+y, [1,2,3,4,5]) # 使用 lambda 语句创建匿名函数
print(sum1)
print(sum2)
```

运行结果为：

```
15
15
```

### 5.2.6 任务实现——打印斐波那契数列

斐波那契数列（Fibonacci Sequence）又称黄金分割数列，由数学家列昂纳多·斐波那契（Leonardoda Fibonacci）以兔子繁殖为例引入，故又称“兔子数列”，指的是这样一个数列：0、1、1、2、3、5、8、13、21、34。请用递归函数实现以上数列的打印。

**【任务分析】**

斐波纳契数列中第 n 个数用函数 F(n)实现，可以被以递归的方法定义：F(0)=1，F(1)=1，F(n)=F(n-1)+F(n-2)（n>=2，n∈N*）。

（1）定义函数 F(n)，求数列中的第 n 个数。

（2）函数 F(n)返回的是 F(n-1)+F(n-2)，n=0 时返回 0，n=1 时返回 1。

（3）输入 n，循环输出 F(0)、F(1)、...、F(n)。

**【源代码】**

**【例 5-21】** 任务实现——打印斐波那契数列。

```
def fib_recur(n):
    assert n >= 0
    if n in (0, 1):
        return n
    return fib_recur(n - 1) + fib_recur(n - 2)
for i in range(20):
  print(fib_recur(i), end=" ")
```

运行结果为：

```
0 1 1 2 3 5 8 13 21 34 55 89 144 233 377 610 987 1597 2584 4181
```

# 任务 5.3　模块——按指定长度生成字母、数字随机序列码

【任务描述】

根据用户指定的长度，生成随机的字母和数字序列，并把两者混合生成序列码。其中，数字个数是随机数，字母个数为指定长度减去数字个数。

【任务分析】

任务实现的关键是随机数字和随机字母的生成，以及两者组合后的顺序打乱，这里需要用到相应的模块。下面讲解通过调用相应模块中的函数来实现随机数的生成、打乱等功能。

## 5.3.1　模块及其使用

Python 模块（Module）是一个 Python 文件，以.py 结尾，包含 Python 对象定义和 Python 语句，它让用户能够有逻辑地组织 Python 代码段。把相关的代码分配到一个模块中能让代码更易用、易懂。模块既能定义函数、类和变量，又能包含可执行的代码。

在 Python 中可以使用 import 关键字来引入某个模块。例如，要引入 math 模块，可以使用 import math。

使用 import 关键字引入模块的基本语法格式如下：

```
import module1, mudule2...
```

当解释器遇到 import 语句时，如果模块位于当前的搜索路径中，那么该模块就会被自动导入；如果要调用某个模块中的函数，则必须这样引用:

```
模块名.函数名
```

在调用模块中的函数时，之所以要加上模块名，是因为在多个模块中可能存在名称相同的函数，此时如果只通过函数名来调用，那么解释器无法确认调用哪个函数。所以，在使用上述语句引入模块时，调用函数必须加上模块名。

【例 5-22】调用模块中的函数。

```
import math
# print (sqrt(2)) 这样会报错
# 下面的调用才能正确输出结果
print (math.sqrt(2))
```

运行结果为：

```
1.4142135623730951
```

有时候只需要用到模块中的某个函数，此时可以只引入模块中的这个函数，语法格式如下：

```
from 模块名 import 函数名 1,函数名 2...
```

例如，要导入模块 fib 中的 fibonacci 函数，可以使用如下语句：

```
from fib import fibonacci
```

在通过这种方式引入函数时，调用函数只能给出函数名，而不能给出模块名；但是当两个模块中含有相同名称的函数时，后一次引入会覆盖前一次引入，即假如模块 *A* 中有函数

function，在模块 *B* 中也有函数 function，如果引入 *A* 中的 function 在先，*B* 中的 function 在后，那么当调用 function 函数时，要执行模块 *B* 中的 function 函数。如果想把一个模块中的所有内容全部导入到当前的命名空间中也是可行的，只需使用如下声明:

```
from 模块名 import *
```

例如，将 math 模块中的所有内容导入，可以使用如下语句:

```
from math import *
```

需要注意的是，虽然 Python 提供了简单的方法导入一个模块中的所有项目，但是，这种方法不该被过多地使用。

### 5.3.2 模块的制作

在 Python 中，每个 Python 文件都可以作为一个模块，模块的名字就是文件的名字。假设现在有一个文件 test.py，它定义了函数 add()，如【例 5-23】所示。

**【例 5-23】**模块 test 的代码。

```
def add(a,b):
    return a+b
```

如果想在 main.py 文件中使用 test.py 文件中的 add()函数，则可以使用“from test import add”来引入。

**【例 5-24】**引入模块。

```
from test import add
result=add (11,22)
print(result)
```

运行结果为:

```
33
```

在实际开发中，开发人员编写完一个模块后，为了让模块能够在项目中达到想要的效果，开发人员会在 py 文件中添加测试信息。例如，在 test.py 文件中添加测试代码，具体内容如下:

```
def add(a, b)
    return a+b
# 用来进行测试
result =add (12,22)
print('int test.py file,12+22=%d' %result)
```

此时，如果在其他 py 文件中引入此文件，那么测试的那段代码是否也会被执行呢？在 main.py 文件中引入 test.py 文件，代码如下:

```
import test
result= test.add(11,22)
print(result)
```

运行结果为:

```
int test.py file,12+22=34
33
```

从运行结果中可以看出，test.py 中的测试代码也被执行了。这并不合理，测试代码只应该在单独执行 test.py 文件时执行，而不应该在被其他文件引用时执行。

为了解决这个问题，Python 提供了“__name__”属性。__name__是一个 Python 预定义全局变量，在模块内部是用来标识模块名称的。如果模块是被其他模块导入的，则__name__的值是模块的名称。每个模块都有一个__name__属性，当其值为“__main__”时，表明该模块自身在运行，否则是被引用。因此，如果想在模块被引入时，不执行模块中的某一个程序块，则可以通过判断__name__属性的值来实现。

对 test.py 文件进行修改，测试上述说法是否正确，如【例 5-25】所示。

**【例 5-25】**在模块中应用__name__属性。

```
def add(a,b):
    return a+b
# 用来进行测试
if  __name__="__main__"
    result=add (12,22)
    print('int test.py file,__name__ is %s' %_name__)
```

再次执行 main.py  文件，运行结果为：

```
33
```

### 5.3.3　常用模块

本节介绍常用模块的使用，主要是随机模块、时间模块、日历模块。

**1．随机模块（random）**

random 模块包含生成伪随机数的函数，有助于编写模拟程序或生成随机输出的程序。这些函数生成的数字好像是完全随机的，但它们背后的系统是可预测的。如果要求真正的随机（如用于加密或实现与安全相关的功能），则应考虑使用 os 模块中的函数 urandom。random 模块中的 systemRandom 类功能与 urandom 类似，可提供接近于真正随机的数据。

（1）random.random()：生成一个[0.0,1.0)之间的小数。

**【例 5-26】**生成[0.0,1.0]之间的小数。

```
import random
print(random.random())
```

运行结果为：

```
0.6603635943224221
```

（2）random.uniform(a,b)：生成一个[a,b]之间的随机小数。如果 a 的值小于 b 的值，则生成的随机浮点数 N 的取值范围为 a<=N<=b；如果 a 的值大于 b 的值，则生成的随机浮点数 N 的取值范围为 b<=N<=a。

**【例 5-27】**生成随机小数。

```
import random
print("random1:",random.uniform(100,200))
print("random2:",random.uniform(200,100))
```

运行结果为：

```
random1: 189.16312111850635
random2: 117.90054800091299
```

（3）random.randint(a,b)：从 a 和 b（包括 a 和 b）之间随机生成一个整数，需要注意的是，a 和 b 的取值必须为整数，并且 a 的值一定要小于 b 的值。

**【例 5-28】**生成随机整数。

```
import random
print("random:",random.randint(100,200))
```

运行结果为：

```
random: 125
```

（4）random. choice(seq)：从一个非空列表中随机选择一个元素，其中，seq 参数可以是列表、元组或字符串。示例代码如下：

**【例 5-29】**从序列中获取一个随机元素。

```
import random
print(random.choice("hello"))
list=[1,2,3,4,5,6]
a=random.choice(list)
print(a)
```

运行结果为：

```
l
4
```

（5）random. shuffle(seq)：将序列类型 seq 中的元素随机排列，返回打乱后的序列，在内存中地址不变。示例代码如下：

**【例 5-30】**随机排列序列中的元素。

```
import random
num = [1, 2, 3, 4, 5]
random.shuffle(num)
print("shuffle: ",num)
```

运行结果为：

```
shuffle:  [2, 5, 1, 3, 4]
```

（6）random. sample (seq,k)：从 seq 类型中随机选取 k 个元素，以列表类型返回。示例代码如下：

**【例 5-31】**从序列中随机选取若干元素。

```
import random
num = [1, 2, 3, 4, 5]
print("sample: ",random.sample(num, 3))
```

运行结果为：

```
sample:  [1, 4, 5]
```

（7）random.seed()：通过随机数种子 seed()函数，可以每次都生成相同的随机数。示例代码如下：

【例 5-32】生成随机数种子。

```
import random
print(random.random())
print(random.random())
random.seed(10)
print(random.random())
random.seed(10)
print(random.random())
```

运行结果为：

```
0.6493129556509691
0.16883921993754958
0.5714025946899135
0.5714025946899135
```

可以看到，通过随机数种子 seed()函数的约束，在相同种子约束下生成的随机数都是相同的。

**边学边练：**
设计一个程序，随机抽取 5 个 1～100 的整数。

**2．时间模块**

（1）时间戳：是指某个时间与 1970 年 1 月 1 日 00:00:00 的差值，单位为秒，是一个浮点型数值。

【例 5-33】生成时间戳。

```
import time
print(time.time())
```

运行结果为：

```
1614690518.827801
```

（2）格式化时间：是由字母和数字表示的时间，如“Mon Oct 29 15:12:27 2019”。

格式化时间字符串可以通过类似于“time.strftime("%Y-%m-%d %H:%M:%S")”的表达式获得。

【例 5-34】格式化时间。

```
import time
time.strftime("%Y-%m-%d %H:%M:%S")
```

运行结果为：

```
2021-03-02 21:12:45
```

表 5-1 所示为 Python 中的时间日期格式化符号。

表 5-1　Python 中的时间日期格式化符号

| 格　式 | 含　义 |
|---|---|
| %a | 本地星期名称的简写（如星期四为 Thu） |
| %A | 本地星期名称的全称（如星期四为 Thursday） |
| %b | 本地月份名称的简写（如八月份为 Agu） |

续表

| 格　式 | 含　义 |
|---|---|
| %B | 本地月份名称的全称（如八月份为 August） |
| %c | 本地相应的日期和时间表示 |
| %d | 一个月中的第几天（01～31） |
| %f | 微秒（范围 0.999999） |
| %H | 一天中的第几个小时（24 小时制，00～23） |
| %I | 第几个小时（12 小时制，0～11） |
| %j | 一年中的第几天（001～366） |
| %m | 月份（01～12） |
| %M | 分钟数（00～59） |
| %p | 本地 am 或者 pm 的标识符 |
| %S | 秒数（00～59） |
| %U | 一年中的星期数（00～53 星期天是一个星期的开始） |
| %w | 一个星期中的第几天（0～6，0 是星期天） |
| %W | 和%U 基本相同，不同的是%W 以星期一为一个星期的开始 |
| %x | 本地相应的日期表示 |
| %X | 本地相应的时间表示 |
| %y | 两位数的年份表示（00～99） |
| %Y | 四位数的年份表示（000～9999） |
| %z | 与 UTC 时间的间隔（如果是本地时间，则返回空字符串） |
| %Z | 时区的名字（如果是本地时间，则返回空字符串） |
| %% | %本身 |

（3）格式化时间戳为本地时间：用 time.localtime([sec])实现格式化时间戳为本地时间，如果未输入 sec 参数，则以当前时间为转换标准，此函数将时间信息放到一个元组对象中。

**【例 5-35】**格式化时间戳为本地时间。

```
import time
obj=time.localtime()
print(obj)
```

运行结果为：

```
time.struct_time(tm_year=2021, tm_mon=3, tm_mday=2, tm_hour=21, tm_min=37,
tm_sec=4, tm_wday=1, tm_yday=61, tm_isdst=0)
```

**边学边练：**

利用时间模块获取当前的时间戳，并对它进行格式化输出。

## 5.3.4 任务实现——按指定长度生成字母、数字随机序列码

根据用户指定的长度，生成随机的字母和数字序列，并把两者进行混合生成随机序列码。其中，数字个数是随机数，字母个数为指定长度减去数字个数。

**【任务分析】**

任务实现的关键是随机数字、随机字母的生成，以及两者组合后的顺序打乱。这里需要用

到 random 模块中的函数来实现相应功能。按以下步骤设计程序：

（1）生成随机长度的随机数字。

（2）生成剩余长度的随机字母。

（3）把随机的数字和字母进行组合。

（4）把组合后的序列进行打乱处理并输出。

**【源代码】**

**【例 5-36】** 任务实现：按指定长度生成字母、数字随机序列码。

```
import random,string
def gen_random_string(length):
    num_of_numeric=random.randint(1,length-1)    # 数字个数随机产生
    num_of_letter=length-num_of_numeric          # 其余都是字母
    numerics=[random.choice(string.digits)for i in range(num_of_numeric)] #
随机生成数字
    letters=[random.choice(string.ascii_letters)for i in
range(num_of_letter)]                            # 随机生成字母
    all_chars=numerics+letters                   # 结合字母和数字
    random.shuffle(all_chars)                    # 洗牌
    result=''.join([i for i in all_chars])       # 生成最终字符串
    return result
if __name__=='__main__':
    print(gen_random_string(10))
```

运行结果为：

```
NbM9Ex0G8G
```

# 任务 5.4　函数与模块实训

## 一、实训目的

1．掌握函数的定义与调用。

2．掌握函数的参数传递方式。

3．掌握局部变量和全局变量的使用。

4．熟悉匿名函数与递归函数的使用。

5．了解与使用常用的内置函数。

## 二、实训内容

**实训任务 1：理论题**

1．在向函数传递（　　）参数时会使用引用传递方式。

A．列表　　B．数字　　C．字符串　　D．元组

2．在定义函数时，必须在（　　）名称前面添加两个星号“**”。

A．默认值参数　　B．元组类型变长参数

C．字典类型变长参数　　D．函数对象参数

3．已知 g = lambda x, y=100, z=10: x//y%z，那么表达式“g(1234)”的值是（　　）。

A．2　　B．3　　C．4　　D．1

4．定义函数时，如果没有在 return 语句中指定返回值，或者未使用 return 语句，则函数返回值为（　　）。

A．空格　　B．-1　　C．None　　D．False

5．运行以下语句，输出结果为（　　）。

```
x = 3
def demo():
    x = 5
demo()
print(x)
```

A．3　　B．5　　C．8　　D．以上都不是

6．阅读下面的程序：

```
def func():
    print(x)
    X=100
func()
```

运行上述语句，输出结果为（　　）。

A．0　　B．100

C．程序出现异常　　D．程序编译失败

7．下列关于函数的说法中，错误的是（　　）。

A．函数可以减少代码的重复，使程序更加模块化

B．在不同的函数中可以使用相同名字的变量

C．在调用函数时，传入参数的顺序和函数定义时的顺序一定相同

D．函数体中如果没有 return 语句，则会返回一个 None 值

8．下列有关函数的说法中，正确的是（　　）。

A．函数的定义必须在程序的开头

B．定义函数后，其中的程序就可以自动执行

C．定义函数后需要调用才会执行

D．函数体与 def 关键字必须左对齐

9．使用（　　）关键字声明匿名函数。

A．function　　B．func　　C．def　　D．lambda

10．以下选项中，作为函数定义开头部分有错误的是（　　）。

A．def vfunc(a,b = 2 ):　　B．def vfunc (a, b):

C．def vfunc(c,*a, b):　　D．def vfunc(a, *b):

11．下面代码实现的功能描述是（　　）。

```
def fun(n):
    if n==0:
        return 1
    else:
```

```
        return n*fun(n-1)
num =eval(input("请输入一个整数："))
print(fun(abs(int(num))))
```

A．接收用户输入的整数 n，输出 n 的绝对值的阶乘值

B．接收用户输入的整数 n，判断 n 的绝对值是否是素数并输出结果

C．接收用户输入的整数 n，判断 n 的绝对值是否是水仙花数并输出结果

D．接收用户输入的整数 n，判断 n 的绝对值是否是完数并输出结果

12．运行以下语句，输出结果是（　　）。

```
def demo (a,b,c=7,d=10):
    return a+b+c+d
print(demo(1,2,3,4),end=',')
print(demo(1,2,d=3))
```

A．20,13　　B．20,16　　C．10,16　　D．10,13

**实训任务 2：操作题**

1．输入两个数字，选择一种四则运算，并输出运算结果。要求用不同的函数来实现四则运算，并定义一个接收两个操作数和一个函数名称的函数，函数名称指定要做哪种运算。

| 程序代码： |
|---|

2．从前 200 个自然数中筛选出所有奇数和平方根是整数的数字。要求通过 Python 内置函数 filter( )来实现筛选功能。

| 程序代码： |
|---|

3．输入一个正整数，计算并输出其阶乘。要求通过递归函数来实现这个功能。

| 程序代码： |
|---|

4．输入矩形的长和宽，计算并输出矩形的面积。要求使用两个模块，在一个模块中定义计算矩形面积的函数，在另一个模块中调用这个函数。

| 程序代码： |
|---|

5．编写函数，求出“1/(1×2)-1/2×3)+1/(3×4)-1/(4×5)+…”前 n 项的和，函数以 n 为参数，由用户输入。

| 程序代码： |
|---|

# 项目六

# Python 文件操作

### 知识目标

- 了解 Python 文件操作流程。
- 掌握文件的打开、关闭及读写操作。
- 掌握 csv 文件的读写操作。
- 掌握文件及文件夹的基本管理操作。

### 能力目标

- 掌握打开和关闭操作。
- 掌握文件的读写操作。
- 掌握文件指针的操作。
- 掌握文件及目录的常用操作。

### 项目导学（视频）

小 T 为避免乱花钱，想用 Python 编写一个记账程序，详细记录每天的支出，了解自己的花费情况，控制支出，做到“账本在手，财务清楚！”。要实现账本的记账功能，需要将程序运行的结果保存并能够读取，这涉及到 Python 文件操作的相关知识。下面讲解如何使用 Python 文件操作。

微课：Python 文件操作项目导学

## 任务 6.1 文件操作——记账本（视频）

【任务描述】

小 T 想编写一个电子记账本，功能类似银行账单，用户可以录入收入、支出及对应备注，并查询账单，了解详情。程序根据用户录入的数据，生成包含日期、收入、支出、余额、备注等信息的记录并写入文件进行保存，能够读取文件内容以便用户查询。

【任务分析】

根据任务需求，完成对文件的读写操作，以实现对数据的记录。

（1）写入数据：将收支数据以适当的数据格式写入文件。

（2）读取数据：读取文件内容，获取收支数据并参与计算。

（3）模块化设计：根据不同的功能，细分多个模块并实现相应功能。

在前面的内容中，程序使用变量来保存数据，在程序运行结束之后，所有的数据都会消失。程序只有具备处理文件和保存数据的功能才能更强大、更有价值。实现文件的读写操作一般要经过 3 个步骤：打开文件，读取（或写入）数据，关闭文件。下面来介绍文件的打开与关闭。

### 6.1.1 文件的打开（视频）

微课：文件的打开和关闭

#### 1. 文件类型

根据数据的逻辑存储结构，文件可分为文本文件和二进制文件。

文本文件是基于字符编码的文件，以单一特定字符编码形式存储数据，如按照 UTF-8 编码格式组织的文件。常见的.txt 文档，Python 源代码的 Py 文件都是文本文件。

二进制文件是基于值编码的文件，没有统一的字符编码，按照预定义的格式组织数据，如可执行程序、图片、音频、视频等文件都是二进制文件。

#### 2. 文件的打开

Python 文件操作可分为 3 个步骤：打开、操作、关闭。

文件保存在硬盘上时为存储状态，程序在打开文件之后，将文件转换为占用状态，就可以对文件进行排他性操作，在操作完毕时关闭文件，将文件转换为存储状态。因此，在文件操作之前要先打开文件，在操作之后要关闭文件。

Python 通过内置函数 open()打开文件，并返回一个文件对象，语法格式如下：

```
open(file[,mode])
```

其中，在 open()函数调用成功之后会返回一个文件对象，mode 为文件的打开模式。打开一个名为“test.txt”的文件，代码如下：

```
f = open('test.txt','r')
```

其中，f 为引用文件的对象的变量，对文件的读写操作需要通过这个变量来实现。

mode 参数用来设置文件打开模式，用字符串表示，字符串中的每一个字符都表示不同的含义，具体如表 6-1 所示。

表 6-1 文件访问模式

| 访问模式 | 含义 |
|---|---|
| r/rb | 以只读模式打开文本文件/二进制文件，为系统默认模式，若文件不存在则返回 FileNotFoundError |
| w/wb | 以写入模式打开文本文件/二进制文件，如果文件不存在则创建新文件，如果文件存在则将其清空重写 |
| a/ab | 以追加模式打开文本文件/二进制文件，如果文件不存在则创建新文件，如果文件存在则在文件末尾追加写入 |
| r+/rb+ | 以读/写方式打开文本文件/二进制文件，如果文件不存在则打开失败 |
| w+/wb+ | 以读/写方式打开文本文件/二进制文件，如果文件存在则清空重写 |
| a+/ab+ | 以读/写方式打开文本文件/二进制文件，如果文件不存在则创建新文件，如果文件存在则在文件末尾追加写入 |
| r/rb | 以只读模式打开文本文件/二进制文件，为系统默认模式，若文件不存在则返回 FileNotFoundError |

### 3．编码格式

当使用 open()函数打开文件时，如果文件中有中文字符，则有时会出现解码错误的问题，这是因为文件编码和解码方式不一致。在这种情况下，需要根据文件的编码方式，通过指定 encoding 类别的方式读取文件，代码如下：

```
file = open('test.txt','r',encoding='utf-8')
```

在上述代码中，通过 encoding 指定解码方式为 UTF-8，如果 test.txt 采用的是 UTF-8 编码方式，则能顺利打开文件。

### 4．文件路径

当使用 open('test.txt')打开 test.txt 文件时，Python 将在程序文件所在的目录中查找 test.txt 文件。如果打开的文件与程序文件不在同一目录中，则需要在打开文件时提供文件路径。

使用绝对路径能够打开系统任何地方的文件。需要注意的是，在 Windows 操作系统中，文件路径使用反斜杠“\”。反斜杠在 Python 中是转义字符，不能直接使用，需要进行转义。为了确保万无一失，更安全的方法是以原始字符串方式指定路径，代码如下：

```
file = open(r'd:\works\test.txt','r')
```

**即学即答：**

若要以追加模式打开一个二进制文件，则应将 open()函数中打开模式的参数设置为（ ）。

A．r　　B．w

C．wb　　D．ab

## 6.1.2 文件的关闭（视频）

### 1．文件的关闭

在使用内置函数 open()成功打开文件并完成操作之后，如果不再使用该文件，则需要及时地关闭文件，并释放文件对象，否则一旦程序崩溃，很可能导致文件数据丢失。在 Python 中，可以通过调用文件对象的 close()函数来关闭文件，其语法格式如下：

```
文件对象.close()
```

close()函数用于关闭用 open()函数打开的文件，并将缓冲区中的数据写入文件，最后释放对象。

**【例 6-1】**文件的打开与关闭。

```
# 打开 test.txt 文件
file = open('test.txt','w')
# 关闭这个文件
file.close()
```

由于在文件读写时有可能产生 IOError，一旦出错，后面的 file.close()就不会被调用；因此，为了保证无论是否出错都能正确地关闭文件，可以使用 try ... finally 语句来实现文件的打开与关闭。

```
try:
    f = open('d:/a.txt', 'r')
```

```
    # 文件操作
finally:
    if f:
        f.close()
```

通过 try 语句监控文件的相关操作，无论操作是否成功，程序最终都会执行 finally 部分的语句，将文件关闭。

**2．上下文管理语句 with…as**

除了使用 close()函数关闭文件，Python 还提供了一种叫作上下文管理器的 with …as 语句，可以自动释放资源，包括关闭文件，其语法格式如下：

```
with open( file[,mode]) as f:
    代码块
```

其中，f 为文件对象。使用 with…as 操作打开的文件，无论程序是否抛出异常，都能保证在 with…as 语句执行完毕时自动关闭已经打开的文件。

### 6.1.3 文件的读写操作（视频）

微课：文件的读写操作

文件可以提供并存储数据，在通过 open()函数打开文件之后，调用文件对象的相关方法很容易实现文件的读写操作。

**1．读文件**

当需要从文件中读取数据时，可以通过调用文件对象的 read()方法、readline()方法或 readlines()方法，以及使用 in 关键字实现。

1）使用 read()方法

使用 read()方法从文件当前位置读取指定数量的字符，并以字符串形式返回，语法格式如下：

```
文件对象.read([size])
```

size：可选参数，用于指定读取的字节数。如果不指定或为负数，则从当前位置读取至文件结尾。

在【例 6-2】中使用 read()方法读取文件内容，在程序的当前目录下创建文本文件 data6-1.txt，并输入“人生苦短，我用 Python。”。

**【例 6-2】**使用 read()方法读取文件内容。

```
with open('data6-1.txt') as f:
    data = f.read()                    #读取的内容返回到字符串变量 data 中
print(data)
```

输出结果为：

```
人生苦短，我用 python。
```

使用 read()方法还可以读取部分字符，如每次读取 5 个字符。读取【例 6-2】中创建的 data6-1.txt 文件。

**【例 6-3】**使用 read()方法读取部分文件内容。

```
with open('data6-1.txt') as f:         # 打开文件，返回文件对象 f
    while True:                        # 循环读取文件内容
        chunk = f.read(5)              # 每次读取 5 个字符
```

```
        if not chunk:                           # 如果没有读取到内容，则退出循环
            break
        print(chunk)
```

输出结果：

```
人生苦短，
我用 pyt
hon。
```

2）使用 readline()方法

使用 readline()方法可以从指定文件中读取一行数据，并以字符串形式返回，其语法格式如下：

```
文件对象.readline()
```

**【例 6-4】** 使用 readline()方法读取文件全部内容。

创建文本文件 data6-2.txt，并输入以下内容：

```
人生苦短，我用 python。
Life is short, you need Python.
Hello,Python!
```

代码如下：

```
with open('data6-2.txt') as f:                  #打开文件，返回文件对象 f
    while True:                                 #循环读取文件内容
        line = f.readline()                     #每次读取一行
        if not line:                            #如果没有读取到内容，则退出循环
            break
        print(line)
```

输出结果为：

```
人生苦短，我用 python。

Life is short, you need Python.

Hello,Python!
```

3）使用 readlines()方法

使用 readlines()方法可以把文件内容以行为单位一次性读取。readlines()方法会返回一个列表，列表中的元素为字符串形式，内容为文件中的每一行数据，其语法格式如下：

```
文件对象.readlines()
```

使用 readlines()方法读取【例 6-4】中创建的 data6-2.txt 文件的全部内容。

**【例 6-5】** 使用 readlines()方法读取文件全部内容。

```
with open('data6-2.txt') as f:
    lines = f.readlines()
    print(lines)
```

输出结果为：

```
['人生苦短，我用python。\n', 'Life is short, you need Python.\n', 'Hello,Python!\n']
```

如果希望以字符串的形式输出，则可将程序修改为：

```
with open('data6-2.txt') as f:
    content = f.readlines()
    for line in content:
        print(line)
```

输出结果为：

```
人生苦短，我用python。

Life is short, you need Python.

Hello,Python!
```

4）使用 in 关键字

在 Python 中还可以使用 in 关键字遍历文件中的所有行，其语法格式如下：

```
for line in 文件对象:
    处理行数据 line
```

其中，line 是字符串，表示文件中的一行数据。

在【例 6-6】中使用 in 关键字，读取 data6-2.txt 文件的全部内容。

**【例 6-6】**使用 in 关键字读取文件。

```
with open('data6-2.txt') as f:
    for line in f:
        print(line)
```

输出结果为：

```
人生苦短，我用python。

Life is short, you need Python.

Hello,Python!
```

**即学即答：**

如果从文本文件中读取所有内容并以字符串形式返回，则应调用文件对象的（ ）方法。

A．read()　　B．readline()

C．readlines()　　D．readall()

**2．数据写入**

Python 提供了 write()方法和 writelines()方法来实现文件写入功能。

1）write()方法

调用文件对象的 write()方法，可以在文件当前位置写入字符串，并返回写入的字符串个数，其语法格式如下：

```
文件对象.write(str)
```

其中，str 为写入文件的字符串。

在操作文件时，每调用一次 write()方法，写入的数据就会追加到文件末尾。

**【例 6-7】** 使用 write()方法写入数据。

```
with open('data6-3.txt','w') as f:
    f.write('Hello,Python!')
    f.write('Life is short, you need Python.')
    f.write('人生苦短，我用python。')
```

程序运行完毕，打开文件，内容如图 6-1 所示。

图 6-1　向文件 data6-3.txt 中写入数据

2）writelines()方法

使用 writelines()方法可以向文件中写入字符串序列，其语法格式如下：

```
文件对象.writelines(seq)
```

其中，seq 为写入文件的字符串序列。

在【例 6-8】中使用 writelines()方法向文件 data6-4.txt 中写入数据。

**【例 6-8】** 使用 writelines()方法写入数据。

```
lines = ['人生苦短，我用python。\n', 'Life is short, you need Python.\n', 'Hello,
Python!\n']
with open('data6-4.txt','w') as f:
    f.writelines(lines)
```

程序运行完毕，打开文件，内容如图 6-2 所示。

图 6-2　向文件 data6-4.txt 中写入数据

在【例 6-9】中编写程序，输入学生的姓名、性别、电话号码等信息，并将信息写入文件保存。

**【例 6-9】** 向文件中写入数据。

```
stuName = input("请输入新学生姓名：").strip()
stuSex = input("请输入新学生性别（男/女）：")
stuPhone = input("请输入新学生手机号码：")
stu_infos = {}
stu_infos['name'] = stuName
stu_infos['sex'] = stuSex
stu_infos['phone'] = stuPhone
```

```
with open('studb.txt','w') as f:
    f.writelines(str(stu_infos))
```

程序运行完毕，打开文件，内容如图 6-3 所示。

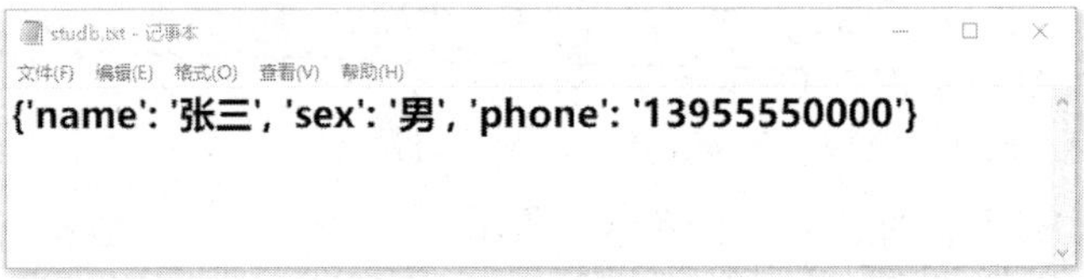

studb.txt - 记事本
文件(F) 编辑(E) 格式(O) 查看(V) 帮助(H)
{'name': '张三', 'sex': '男', 'phone': '13955550000'}

图 6-3　写入学生信息

**边学边练：**

编写通讯录程序，循环接收用户输入的联系人姓名、电话号码、邮箱等信息，直到用户输入“quit”时停止，并将接收的信息写入“通讯录.txt”文件中。

### 6.1.4　文件的定位读写

在对文件进行读写操作时，程序会从上次读写的位置继续执行，这是因为 Python 在文件读写过程中使用了文件指针概念。文件指针所指位置即文件当前位置，在打开文件时，文件指针指向初始位置，随着文件的读写操作，指针不断移动。Python 提供了获取和修改文件指针当前位置的方法。

1．tell()方法

在对文件进行读写操作时，可以通过 tell()方法来获取文件指针的当前位置，其语法格式如下：

```
f.tell()
```

其中，f 为文件对象。tell()方法返回一个数字，表示文件指针的当前位置，即相对于文件开头移动的字节数。

下面以 data6-3.txt 文件为例，使用 tell()方法查看文件指针在文件读写时的变化。

**【例 6-10】**使用 tell()方法。

```
with open('data6-3.txt','r') as f:   # 以只读模式打开文件，文件指针指向文件开头
    print(f.tell())                  # 查看文件指针当前位置
    print(f.read(5))                 # 读取 5 个字节
    print(f.tell())
with open('data6-3.txt','a') as f:   # 以追加模式打开文件，文件指针指向文件末尾
    print(f.tell())
```

输出结果为：

```
0
Hello
5
66
```

2．seek()方法

使用 seek()方法可以改变文件指针的位置，从而实现读写文件的指定位置，其语法格式如下：

```
f.seek(offset, whence)
```

f：文件对象。

offset：偏移量。表示指定位置相对于参考点移动的字节数。偏移量为正表示向文件末尾移动，偏移量为负表示向文件开头移动。

whence：参考点。表示文件指针移动的参考位置。0 表示文件开头（默认值）；1 表示当前位置；2 表示文件末尾。

这里要说明的是，若是以文本模式打开文件，seek()方法只允许从文件开头计算相对位置，若 whence 参数为 1 或 2 则会引发异常。

下面以二进制模式打开 data6-3.txt 文件，使用 seek()方法移动文件指针。

**【例 6-11】**使用 seek()方法。

```
with open('data6-3.txt','rb') as f:
    f.seek(5,0)                        # 从文件开头向文件末尾移动 5 个字节
    print(f.tell())
    f.seek(5,1)                        # 从当前位置向文件末尾移动 5 个字节
    print(f.tell())
    f.seek(-5,2)                       # 从文件末尾向文件开头移动 5 个字节
    print(f.tell())
```

输出结果为：

```
5
10
61
```

### 6.1.5 任务实现——电子记账本

编写电子记账本程序，使用户能够录入收入、支出及对应备注。程序根据用户录入的数据，生成包含日期、收入、支出、余额、备注等信息的记录并写入文件进行保存，能够读取文件内容以便用户查询。

**【任务分析】**

程序通过对文件进行读写操作实现数据记录的需求。根据任务需求，可以将程序分为 3 个主要的功能模块：收入记录、支出记录、查询详情。程序采用模块化编程，通过不同的函数实现相应功能。

（1）收入记录模块：接收用户收入数据，读取上次余额，计算新的余额，生成包含日期、收入、支出、余额、备注信息的新记录并将其写入文件中。

（2）支出记录模块：接收用户支出数据，读取上次余额，计算新的余额，生成包含日期、收入、支出、余额、备注信息的新记录并将其写入文件中。

（3）账单查询模块：读取账本文件信息，格式化后输出。

（4）功能菜单模块：打印功能菜单，根据用户的选择调用不同的模块。

**【源代码】**

结合程序需求，设计程序函数及功能如下：

（1）menu_ show()：菜单函数，用于显示功能菜单。

（2）save()：收入记录函数，用于记录收入信息。

（3）cost()：支出记录函数，用于记录支出信息。

（4）bill_show()：显示账单函数，用于显示全部账单信息。

（5）main()：主函数，程序入口，用于初始化账单文件以及功能菜单选择。

程序使用的账单文件为：bill_record.db。

**【例 6-11】**任务实现：电子记账本。

（1）menu_show()菜单函数。

```
def menu_show():
    print("="*50)
    print("电子记账本 V1.0")
    print("1.支出登记")
    print("2.收入登记")
    print("3.查看账单")
    print("0.退出系统")
    print("="*50)
```

（2）save()收入记录函数。

```
def save():
    with open(fname, 'r') as f:
        content = f.read()
        account = eval(content)
    old_balance = account[-1]['balance']
    new_bill = {}
    new_bill['date'] = time.strftime("%Y-%m-%d")
    new_bill['outgoings'] = 0
    new_bill['incomings'] = int(input("请输入收入金额（元）: "))
    new_bill['comment'] = input("收入说明: ")
    new_bill['balance'] = old_balance + new_bill['incomings']
    account.append(new_bill)
    with open(fname, 'w') as f:
        f.write(str(account))
```

（3）cost()支出记录函数。

```
def cost():
    with open(fname, 'r') as f:
        content = f.read()
        account = eval(content)
    old_balance = account[-1]['balance']
    new_bill={}
    new_bill['date'] = time.strftime("%Y-%m-%d")
    new_bill['outgoings'] = int(input("请输入支出金额（元）: "))
    new_bill['comment'] = input("支出说明: ")
    new_bill['incomings'] = 0
    new_bill['balance'] = old_balance-new_bill['outgoings']
```

```
    account.append(new_bill)
    with open(fname,'w') as f:
        f.write(str(account))
```

（4）bill_show()显示账单函数。

```
def bills_show():
    with open(fname, 'r') as f:
        content = f.read()
        account = eval(content)
    print("="*50)
    print("账单信息如下（单位：元）：")
    print("%-14s%-7s%-7s%-7s%s"%('日期','收入','支出','余额','备注'))
    for t in account:
       print("%-15s%-8d%-8d%-8d%-s"%(t['date'],t['incomings'],\
t['outgoings'],t['balance'],t['comment']))
    print("="*50)
```

（5）main()主函数。

```
def main():
    bill = [{'date':'--------', 'incomings':0, 'outgoings':0, 'balance':0,
'comment':'initial'}]                                  #账单数据采用字典列表存储
    if not os.path.isfile(fname):                      #判断账单文件是否存在
        with open(fname, 'w') as f:
            f.write(str(bill))
    while True:
        menu_show()
        key = input("请输入数字选择功能(0/1/2/3)：")       #功能选择
        if key == '1':
            cost()
        elif key == '2':
            save()
        elif key == '3':
            bills_show()
        elif key == '0':
            quit_confirm = input("是否退出？（Y/N）")
            if quit_confirm.upper() == 'Y':
                print("开源节流，早日实现小目标！")
                break
        else:
            print("输入错误，请重试！")
```

至此，程序所需的各功能模块均已完成。由于在程序中调用了 os 模块和 time 模块的相关函数，因此需要在程序中进行模块导入。最后调用主函数，代码如下：

```
import time
import os
fname = "e:/bill_record.db"     #指定保存数据的文件
```

```
if __name__ == "__main__":
    main()
```

**边学边练：**

用 Python 编写程序，完成以下功能。

（1）读取一个存储若干数字（数字间用空格隔开）的文件 nums.txt。

（2）对数字进行排序后输出。

## 任务 6.2　文件批量操作——批量修改文件名

**【任务描述】**

老师在上课过程中，经常通过电子教室管理软件发送和收取学生作业，收上来的学生作业文件，其文件名会自动添加标识信息，如“01 陈悦.docx”提交后变为“S21_01 陈悦.docx”，这给排序、整理工作带来不便。老师请小 T 帮忙编写 Python 程序，自动去掉文件名上添加的标识信息。

**【任务分析】**

要解决老师遇到的问题，需要对文件名进行重命名操作。Python 提供了 os 模块和 shutil 模块实现对文件和目录的删除、重命名等各种操作。在掌握这些操作之后，就能很容易地帮助老师实现文件批量重命名了。

### 6.2.1　文件管理（视频）

微课：文件管理

#### 1．检查文件是否存在

在对文件进行操作之前，要先检查文件是否存在。使用 os 模块中的 os.path.exists(path)可以检测文件或文件夹是否存在，path 为要检查的文件路径，既可以是绝对路径又可以是相对路径。返回结果为 True/False。

判断 d:/works/test.txt 是否存在。

**【例 6-12】**检查文件是否存在。

```
import os   # 导入 os 模块
print(os.path.exists('d:/works/test.txt'))
```

输出结果为：

```
True
```

这种做法既能检测文件又能检测文件夹，如果需要进行区分，则可以使用 os.path.isdir()检测目录，使用 os.path.isfile()检测文件。

#### 2．文件重命名

使用 os 模块中的 rename()函数可以完成文件的重命名，其语法格式如下：

```
os.rename(原文件, 目标文件)
```

原文件和目标文件可以使用绝对路径和相对路径，但必须位于相同的目录中。

在【例 6-13】中使用 rename()函数将文件 d:/works/test.txt 重命名为 hello.txt。

【例 6-13】文件重命名。

```
import os
if os.path.isfile('d:/works/test.txt'):      #判断文件是否存在
    os.rename('d:/works/test.txt','d:/works/hello.txt')
    print('文件已更名! ')
```

3．删除文件

使用 os 模块中的 remove()函数可以删除文件，其语法格式如下：

```
os.remove(文件路径)
```

文件路径为字符串格式，指定要删除文件的路径。如果指定的文件不存在，则报错。

在【例 6-14】中使用 remove()函数删除 d:/works/test.txt 文件。

【例 6-14】删除文件。

```
import os
if os.path.isfile('d:/works/test.txt'):
    os.remove('d:/works/test.txt')
    print('文件已删除! ')
```

4．复制文件

复制文件可以通过调用 shutil 模块下的 copy()和 copyfile()两个函数实现。

使用 shutil.copy()函数将源文件复制到目标文件或目录中，其语法格式如下：

```
shutil.copy(源文件,目标文件)
```

shutil.copyfile()函数的功能是将源文件内容复制到目标文件中，语法格式如下：

```
shutil.copyfile(源文件,目标文件)
```

在【6-15】中使用 copy()函数将 d:/works/t1.txt 复制到 e:/works/t2.txt 中。

【例 6-15】复制文件。

```
import shutil
shutil.copy('d:/works/t1.txt','e:/works/t2.txt')
```

返回结果为目标文件路径：

```
'e:/works/t2.txt'
```

5．移动文件

使用 shutil 模块中的 move()函数可以实现对文件或文件夹的移动操作，其语法格式如下：

```
shutil.move(源文件,目标文件)
```

如果目标文件已经存在，则将其覆盖。

在【例 6-16】中使用 move()函数将 d:/works/t1.txt 移动到 c:/works/t1.txt 中。

【例 6-16】移动文件。

```
import shutil
shutil.move('d:/works/t1.txt','c:/works/t1.txt')
```

6．获取文件大小

使用 os 模块中的 os.path.getsize()可以获取文件大小，单位为字节，其语法格式如下：

```
os.path.getsize(path)
```

其中 path 为文件路径及文件名。

### 6.2.2 目录管理

**1. 创建目录**

在 os 模块中有两个函数可以实现目录的创建，分别是 mkdir()函数和 makedirs()函数。os.mkdir()函数用于创建单个目录，其语法格式如下：

```
os.mkdir(path)
```

其中，参数 path 为字符串，表示要创建的目录的路径，如果指定的目录已经存在，则报错。

在【例 6-17】中使用 mkdir()函数创建目录 d:/python。

**【例 6-17】**创建目录。

```
import os
os.mkdir('d:/python')
```

makedirs()函数用于创建多级目录，其语法格式如下：

```
os.makedirsr(path)
```

其中，参数 path 为字符串，表示要创建的多级目录的路径，如果指定的目录已经存在，则报错。

使用 makedirs()创建多级目录 d:/python/chapter6。

```
import os
os.makedirs('d:/python/chapter6')
```

**2. 重命名目录**

与重命名文件一样，重命名目录也是通过调用 os 模块中的 rename()函数实现的，其语法格式如下：

```
os.rename(原目录, 目标目录)
```

在【例 6-18】中使用 rename()函数将 d 盘下的 python 目录更名为 java。

**【例 6-18】**文件夹重命名。

```
import os
os.rename('d:/python','d:/java')
```

**3. 获取和更改当前目录**

使用 os.getcwd()函数可以获取当前工作目录，其语法格式如下：

```
os.getcwd()
```

getcwd()函数不带参数，返回表示当前工作目录的字符串。

如果需要更改当前工作目录，则可以使用 os.chdir()函数，其语法格式如下：

```
os.chdir(path)
```

其中，path 参数表示要切换的目标工作目录，如果目标工作目录不存在，则报错。

在【例 6-19】中使用 chdir()函数将当前目录更改为 d:/python。

**【例 6-19】**更改当前目录。

```
import os
os.chdir('d:/python')                    #更改当前工作目录为“d:/python”
os.getcwd()                              #获取当前工作目录
```

#### 4．获取目录内容

使用 os 模块中的 listdir()函数获得指定目录中的文件和目录内容，其语法格式如下：

```
os.listdir(path)
```

其中，参数 path 指定要获得目录内容的路径，函数返回结果为内容列表。

在【例 6-20】中使用 listdir()函数获取目录 d:/python 下的内容列表。

**【例 6-20】**获取目录内容。

```
import os
os.listdir('d:/python')
```

输出结果为：

```
['chapter4', 'chapter5', 'chapter6', 'chapter7', 'chapter8', 'test.txt']
```

#### 5．复制目录

使用 shutil 模块中的 copytree()函数可以实现目录的复制，其语法格式如下：

```
shutil.copytree(源目录, 目标目录)
```

在【例 6-21】中使用 copytree()函数将目录 d:\python 复制到 e:\python 下。

**【例 6-21】**复制目录。

```
import shutil
shutil.copytree('d:\python','e:\python')
```

函数返回目标目录的字符串：

```
'e:\\python'
```

如果指定的目标目录已经存在，则报错。

#### 6．删除目录

删除空目录，可以使用 os 模块中的 rmdir()函数，其语法格式如下：

```
os.rmdir(目录路径)
```

指定删除的目录必须是空目录，即目录中不包含文件或子目录，否则报错。

在【例 6-22】中使用 rmdir()函数删除空目录 d:/python/chapter8。

**【例 6-22】**删除空目录。

```
import os
os.rmdir('d:/python/chapter8')
```

如果要删除一个非空目录及其所包含的文件和子目录，则需要用到 shutil 模块中的 rmtree()函数，其语法格式如下：

```
shutil.rmtree(目录路径)
```

在【例 6-23】中使用 rmtree()函数删除非空目录 d:/python/。

**【例 6-23】**删除非空目录。

```
import shutil
shutil.rmtree('d:/python/')
```

**即学即答：**

可以改变当前目录的函数是（　　）。

A．chdir()　　　　B．mkdir()

C．remove()　　　　D．listdir()

### 6.2.3　任务实现——批量修改文件名

老师在通过电子教室管理软件收取学生作业文件时，文件名自动添加了主机名，如“01 陈悦.docx”提交后变为“S21_01 陈悦.docx”，如图 6-4 所示。这给老师整理文件带来不便，编写程序来自动去除文件名中的主机名部分，修改后的文件名如图 6-5 所示。

S13_07陈雪萍.docx
S15_09陈闻丽.docx
S21_01陈悦.docx
S25_10葛杭凯.docx
S26_05陈宇涵.docx
S28_04吴雪梅.docx
S30_08赵锶柠.docx
S38_06王佩.docx
S53_03沈雯钰.docx
S63_02赵璐思.docx

图 6-4　修改前的文件名

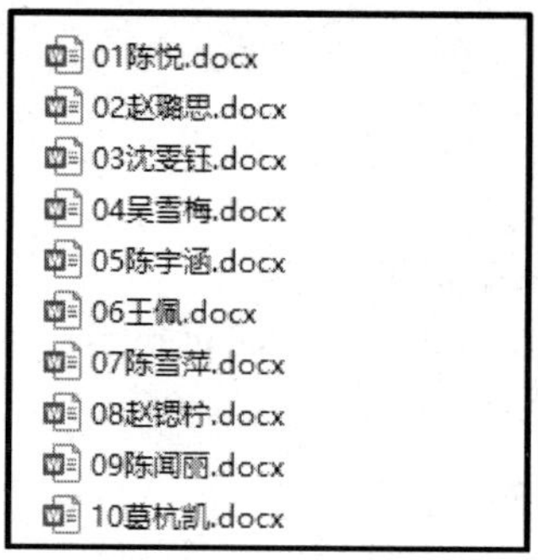

01陈悦.docx
02赵璐思.docx
03沈雯钰.docx
04吴雪梅.docx
05陈宇涵.docx
06王佩.docx
07陈雪萍.docx
08赵锶柠.docx
09陈闻丽.docx
10葛杭凯.docx

图 6-5　修改后的文件名

**【任务分析】**

通过文件重命名的方法实现文件名的修改。观察要修改的文件名，只要截取“_”后的内容作为新的文件名，就能实现批量修改文件名的目标，步骤如下：

（1）读取作业文件夹下所有文件的文件名。

（2）截取文件名内容，生成新文件名。

（3）重命名文件。

**【参考代码】**

**【例 6-24】** 任务实现：批量修改文件名。

```
import os
floder = input('请输入文件目录：')
if os.path.isdir(floder):
    os.chdir(floder)                        # 将文件目录设为当前目标
namelist = os.listdir()                     # 获取所有文件名
count = 0
for name in namelist:
    i = name.find("_")
    if i != -1:
        newname = name[i+1::]               # 截取文件名
        os.rename(name,newname)             # 重命名文件
        count += 1
print("修改%d 个文件。"%(count))
```

# 任务 6.3 读写 CSV 文件——成绩统计排序

**【任务描述】**

期末考试后，学生各门课程的成绩被存放到成绩的文件 score.csv 中，小 T 想用 Python 编程帮助老师统计每个学生的总分，根据总分从高到低排序，最后将结果输出到屏幕上，并写入新文件 scoreSort.csv 中。

**【任务分析】**

根据任务需求，首先要从成绩文件 score.csv 中读取成绩数据。由于 CSV 文件有一定的格式规范，因此需要对读取的内容进行相应的转换处理；然后对获取的数据进行计算；完成计算后，对数据进行排序输出，最后将数据写入 scoreSort.csv 文件中。

从上面的分析中可以看出，解决问题的关键是 CSV 文件数据的读取及转换处理，下面讲解 CSV 文件的格式及其读写操作。

## 6.3.1 CSV 格式文件

CSV（Comma-Separated Values，逗号分隔值）是一种通用的、相对简单的文件格式，被广泛应用于不同体系结构下的网络应用程序之间，以实现表格信息的交换。由于多数数据库系统及 Excel 等电子表格软件都支持 CSV 格式，因此 CSV 格式文件常被当作数据文件的输入、输出格式。

CSV 格式文件以纯文本形式存储表格数据，文件的每一行都对应表格中的一条记录，每条记录由一个或多个字段组成，字段之间使用某个字符或字符串分隔。最常用的分隔符是逗号（英文，半角）和制表符。score.csv 文件内容如下：

```
姓名,语文,数学,英语,理综
李莎,116,138,134,256
陈锋,122,134,127,271
叶佳佳,118,140,128,262
张兰,125,145,133,238
邓阳,123,128,127,265
李立文,132,110,132,247
```

CSV 格式文件是文本文档，因此对文本文件进行读、写的方法都适用于 CSV 格式文件。而 CSV 格式文件中的数据基本上是由行和列构成的二维数据，可以使用列表嵌套的方法来进行转换处理。

## 6.3.2 CSV 格式文件读写（视频）

微课：CSV 格式文件读写

### 1. 数据读取

Python 在读取 CSV 文件中的内容时，默认为字符串类型，对数字数据的访问和计算非常不方便，需要进行转换和整理。Python 3 操作 CSV 文件可使用自带的 csv 包。通过 csv 包中的函数可以方便地对 CSV 文件进行读写操作。这里以 score.csv 文件为例，读取文件内容并计算每名学生的总分，最后将其输出到屏幕上。

Python 通过 csv 包中的 reader()函数来读取文件中的数据，并返回生成器 reader，以行为单位，每次读取一行，其语法格式如下：

```
csv.reader(f, delimiter=',')
```

其中，f 为读取的文件，delimiter 参数指定分隔符为逗号（默认值），函数结果返回生成器 reader，每次读取一行数据（列表格式）。

使用 csv 包中的 reader()函数读取学生成绩文件 score.csv 中的内容并显示。

**【例 6-25】**读取 CSV 文件。

```
import csv
with open("score.csv",encoding="utf-8") as f:
    data = csv.reader(f,delimiter=',')
    header = next(data)    #获取标题行数据
    print(header)
    for line in data:
        print(line)
```

输出结果如下：

```
['姓名', '语文', '数学', '英语', '理综']
['李莎', '116', '138', '134', '256']
['陈锋', '122', '134', '127', '271']
['叶佳佳', '118', '140', '128', '262']
['张兰', '125', '145', '133', '238']
['邓阳', '123', '128', '127', '265']
['李立文', '132', '110', '132', '247']
```

**2. 数据写入**

使用 csv 包中的 writer()函数将数据写入 CSV 文件中，其语法格式如下：

```
writer = csv.writer(csvfile)
```

csv.writer()返回一个 csv.writer 对象，使用 csv.writer 对象可将用户的数据写入该对象对应的文件中。csvfile 为文件对象。csv.writer()生成的 csv.writer 对象支持以下写入 CSV 文件的方法：

（1）writerow(列表)：写入一行数据。

（2）writerows(嵌套列表)：写入多行数据。

在【例 6-26】中使用 csv 包中的 writer()函数将数据写入 CSV 文件中。

**【例 6-26】**将数据写入 CSV 文件中。

```
import csv
header = ['姓名', '语文', '数学', '英语', '理综']
data = [['李莎', '116', '138', '134', '256'],
['陈锋', '122', '134', '127', '271'],
['叶佳佳', '118', '140', '128', '262'],
['张兰', '125', '145', '133', '238’]]
with open("score2.csv",'w',encoding="utf-8",newline='') as f:
    writer = csv.writer(f)
    writer.writerow(header)                        # 写入一行数据
    writer.writerows(data)                         # 写入多行数据
```

需要注意的是，在打开文件时，需要指定不自动添加新行 newline='',否则每写入一行就会出现一个空行。

### 6.3.3 任务实现——成绩统计排序

期末考试后，将学生的成绩从系统中导出并保存在文件 score.csv 中，编程统计每个学生的总分，并根据总分从高到低排序，最后将结果输出到屏幕上，写入新文件 scoreSort.csv 中。

**【任务分析】**

以 CSV 文件格式保存的成绩表是由行和列构成的二维数据，将其转换为二维列表能够方便访问和计算。在转换为二维列表之后，通过列表排序的方法解决排序的问题。由于数据包含标题行，因此在处理的过程中，可以将标题行单独处理。

**【源代码】**

**【例 6-27】**任务实现——成绩统计排序。

```
import csv
with open("score.csv",encoding="utf-8") as f:
    data = csv.reader(f,delimiter=',')
    header = next(data)   # 获取标题行数据
    body = []
    for line in data:
        body.append(line)
header.append('总分')
#计算总分
for line in body:
    sum = 0
    for i in range(1,len(line)):
        sum += int(line[i])
    line.append(str(sum))
# 排序
body.sort(key = lambda x:int(x[5]),reverse=True)
#写入数据
with open("scoreSort.csv",'w',newline='') as f:
    writer = csv.writer(f)
    writer.writerow(header)
    writer.writerows(body)
```

输出结果为：

```
姓名,语文,数学,英语,理综,总分
陈锋,122,134,127,271,654
叶佳佳,118,140,128,262,648
李莎,116,138,134,256,644
邓阳,123,128,127,265,643
张兰,125,145,133,238,641
李立文,132,110,132,247,621
```

# 任务 6.4　Python 文件操作实训

## 一、实训目的

1．掌握文件的基本操作。

2．熟练管理文件与目录。

## 二、实训内容

### 实训任务 1：理论题

1．下列哪个选项可以以追加模式打开文件？（　　）

A．a　　B．ab

C．a+　　D．以上全部

2．关于语句 file = open(‘test.txt’)，下列说法中不正确的是（　　）。

A．文件 test.txt 必须存在

B．只能从文件 test.txt 中读数据，而不能向该文件中写入数据

C．只能向文件 test.txt 中写数据，而不能从该文件中读取数据

D．文件的默认打开方式是“r”

3. 如果要从文本文件中读取所有内容，并以字符串形式返回，则应调用文件对象的（　　）方法。

A．read()　　B．readline()

C．readlines()　　D．以上全部

4．在以追加模式打开文件时，文件指针位于（　　）。

A．文件开头　　B．文件结尾

C．文件中间　　D．不确定

5．下列说法中，错误的是（　　）。

A．read()方法可以一次读取文件中所有内容

B．readline()方法一次只能读取一行内容

C．readlines()方法可以一次读取文件中所有内容

D．readline()方法读取的内容以列表形式返回

6．以下选项中，可用于以写入模式打开文件的程序行是（　　）。

A．file1=open('aaa.txt','r')　　B．file1=open('aaa.txt',r)

C．file1=open('aaa.txt','w')　　D．file1=open('aaa.txt',w)

7．以下文件读写方法中，用于读取单行字符的是（　　）。

A．read()　　B．readline()

C．readlines()　　D．open()

8．以下选项中，可用于以只读模式打开文件的程序行是（　　）。

A．file1=open('aaa.txt','r')　　B．file1=open('aaa.txt',r)

C．file1=open('aaa.txt','w')　　D．file1=open('aaa.txt',w)

9．以下选项中，不属于对文件操作的命令是（　　）。

A．open　　B．close　　C．readed　　D．write

10．在使用 seek()方法移动文件指针，参考点参数为（　　）时，以文件末尾作为参考点。

A．0　　B．1

C．2　　D．-1

**实训任务 2：操作题**

1．编写程序，实现学生信息管理功能，要求如下：

（1）学生信息包括：姓名、性别、手机号码。

（2）功能要求：能够添加、修改、删除、显示学生信息。

（3）将学生信息保存到文件中。

程序代码：

2．编写程序，读取 userlist.txt 的内容，在 d:\share 目录下为每位用户创建文件夹，文件夹名为“userid+username”。

userlist.txt 内容如下：

| userid | username |
| --- | --- |
| 200424301 | 范佳慧 |
| 200424302 | 周安奈尔 |
| 200424303 | 章楠 |
| 200424304 | 盛哲 |
| 200424305 | 高楹 |

程序代码：

3．编写程序，遍历 d 盘下所有的目录和文件，输出相应的目录、文件名及其大小。

程序代码：

# 项目七

# 面向对象

## 知识目标

- 理解面向对象程序设计的思想。
- 掌握类、对象等面向对象程序设计的概念。
- 理解类的继承及其概念和方法。

## 能力目标

- 能进行类的创建和使用。
- 能正确使用对象的属性和方法。
- 能正确使用类及其继承。
- 能利用面向对象的编程思想解决问题。

## 项目导学

Python 是面向对象的程序设计语言，可以用面向对象的方法来解决相关的项目问题。面向对象的思想，基于现实中不同形态的事物及事物间联系的抽象而产生。在面向对象的程序设计语言中，用对象来映射现实中的事物，用对象间的关系来描述事物之间的联系。

## 任务 7.1 对象与类——电影对象的定义和使用（视频）

**【任务描述】**

小 T 酷爱看电影，他从某影评网站收集了几部评价较高、较感兴趣的国产电影信息（包括电影名、导演、主演等字段）。他打算看完之后对每部影片进行评分。要求输出已看电影的评分、已看电影部数、已看电影的平均分，并释放已看过的电影资源。

微课：对象与类任务引入

**【任务分析】**

我们可以构建电影类来完成本任务，思路如下：

（1）定义电影类，在类中定义相应的变量、方法，实现存储电影信息、计算电影平均分等功能。

（2）把每部电影作为对象进行创建，创建的电影就是本周需要看的电影。

（3）每看完一部，就对电影进行评分、计算平均分、输出信息并释放资源。

### 7.1.1 类的定义和使用（视频）

微课：类的定义和使用

在现实世界中，可将事物抽象成类进行识别，比如汽车、动物、房子等，这些是面向对象程序设计中类（class）的来源。我们可以把程序处理对象抽象成类，类有属性、事件和方法。类可以派生一个或多个子类，这些子类可以通过类的继承来获得父类的属性、方法。

类中具体的个体就是对象（object），也称为实例（instance），可以通过类的实例化来创建对象。

#### 1. 类的定义

Python 用 class 关键字来定义类，定义类的基本语法格式如下：

```
class 类名:
    类变量
    def __init__(self, 参数):  #初始化方法，也叫构造方法
        成员变量初始化
    def 成员方法():
        …
```

类名：类名的首字母必须大写，其他与一般标识符的命名规则一致。

类变量：类变量在整个实例化对象中是公用的。类变量定义在类中且在函数体之外，通常不作为实例变量使用。

初始化（构造）方法：初始化方法也叫构造方法，命名为__init__，用于初始化对象。

成员变量：成员变量是类的属性在程序中的体现，属性用于描述类的特征。比如人有姓名、性别、出生日期等特征。

成员方法：用于描述类的行为。比如人具有说话、阅读、运动等行为。

下面来定义一个学生类，其基本信息有学号、姓名、年龄等，具有打印学生的基本信息等行为。

【例 7-1】学生类的定义。

```
class Student():
    stdCount=0                                  # 类变量，学生对象的个数

    def __init__(self,no,name,age):             # 构造方法
        self.no=no                              # 成员变量
        self.name=name                          # 成员变量
        self.age=age                            # 成员变量
        self.score=0                            # 设置默认值的成员变量

    def setScore(self,score):                   # 成员方法，设置本门课成绩
        self.score=score
```

```
    def getInfo(self):                                  # 成员方法，打印学生信息
        print("%s 同学的学号是%s，年龄是%d。"%(self.name,self.no,self.age))

    def __del__(self):
        print("%s 对象的资源已释放。"%self.name)
```

（1）Student 类：在【例 7-1】中用 class 定义了一个 Student 类，根据规则，类名 Student 首字母大写，符合一般标识符的命名规则。Student 类括号中的内容是空的，可以省略。

（2）构造方法：__init__()是一个特殊的构造方法。每当 Student 类在创建新对象时，Python 都会自动运行该方法。__init__()中定义了 4 个形参：self、no、name 和 age。类的所有方法中都必须至少有一个名为 self 的参数，并且必须是该方法的第一个形参（方法可以有多个形参）。

（3）成员方法：成员方法 setScore(self,score)、getInfo(self)中仅有 self 这个形参，因此该方法不需要传递任何数据即可实现打印学生信息的功能。

（4）析构方法：当通过删除对象来释放对象占用的资源时，Python 会自动调用析构方法__del__()。如果在对象被销毁前需要程序完成某些事情，则可以通过显式写出析构方法来完成这些事情。释放对象资源需要显式调用析构方法。

**2．对象的创建**

程序要实现具体功能，仅有类是不够的，还需要根据类创建对象，通过实例化对象完成具体功能。实例化对象，即为类创建一个具体的对象，以此来使用类的相关属性和方法。创建实例化对象的基本语法格式如下：

```
对象名 = 类名(参数)
```

在【例 7-2】中通过 Student 类实例化一个学生对象 student1。

【例 7-2】学生对象的创建。

```
# 类定义见【例 7-1】
student1=Student('190404101','韩梅梅',18)
print("%s 同学的学号是%s，年龄是%d。"%(student1.name,student1._Student__no,
student1.age))
```

运行结果如下：

```
韩梅梅同学的学号是 190404101，年龄是 18。
韩梅梅对象的资源已释放。
```

在上述代码中，student1 是创建的对象，Python 在执行这行代码时，通过实参“190404101”、“韩梅梅”和 18 来调用 Student 类中的构造方法__init__()。__init__()方法创建一个 student1 对象，并使用传递的实参值设置成员变量 no、name、age。虽然在__init__()方法中并未设置 return 语句来返回相关参数值，但 Python 会自动返回 student1 对象。在 print 语句中，通过 student1 对象和成员变量来访问类的数据成员。

**3．构造方法**

构造方法__init__()是一种特殊的方法，主要用来进行初始化操作，故也称为初始化方法。如果用户没有定义构造函数，则系统执行默认的构造方法；如果定义了构造函数，则在用户创建对象时调用该方法。

构造方法__init__()是 Python 的内置方法，init 前后用双下画线开头和结尾，避免与其他成员方法名称冲突。构造方法用于在创建对象时进行对象的初始化工作。每当 Student 类创建新

对象时，Python 都会自动执行该方法。

【例 7-3】不带参数的构造方法。

```
class Student():

    def __init__(self):                              # 构造方法
        self.no = '190404101'                        # 成员变量，学生学号
        self.name = '韩梅梅'                          # 成员变量，学生姓名
        self.age = 18                                # 成员变量，学生年龄

    def getInfo(self):                               # 成员方法，打印学生信息
        print("%s 同学的学号是%s，年龄是%d。"%(self.name,self.no,self.age))

student1=Student()
student1.getInfo()
```

运行结果如下：

```
韩梅梅同学的学号是 190404101，年龄是 18。
```

在【例 7-3】中，构造方法和自定义的成员方法都有参数 self，self 代表类的对象本身。在方法定义中，第一个参数都是 self。

在执行对象的创建语句 student1=Student()时，自动调用__init__()方法，为学生的学号、姓名和年龄赋值，并在执行 student1.getInfo()语句时打印出学生的相关信息。

【例 7-4】带参数的构造方法。

```
class Student():
    stdCount=0                                       # 类变量，学生对象的个数

    def __init__(self,no,name,age):                  # 构造方法
        self.no = no                                 # 成员变量，学生学号
        self.name = name                             # 成员变量，学生姓名
        self.age = age                               # 成员变量，学生年龄
        Student.stdCount += 1

    def getCount(self):                              # 成员方法，设置本门课成绩
        print("共创建了%d 个学生对象。"%(Student.stdCount))

    def getInfo(self):                               # 成员方法，打印学生信息
        print("%s 同学的学号是%s，年龄是%d。"%(self.name,self.no,self.age))

student1=Student('190404101','韩梅梅',18)
student1.getCount()
student1.getInfo()
```

在【例 7-4】中，构造方法直接给出了学生的学号、姓名和年龄，self 后没有其他参数。但实际上，对象的属性一般都需要动态添加，在创建对象时确定对象的属性值，可以在同一个

类下创建出不同的对象，且这些对象可以拥有不同的属性值。在这种情况下，需要使用带参数的构造方法。

运行结果如下：

```
共创建了 1 个学生对象。
韩梅梅同学的学号是 190404101，年龄是 18。
```

构造方法__init__()在执行创建对象语句 student1=Student('190404101','韩梅梅',18)时默认被调用，不需要手动调用。__init__()方法除了self参数，还定义了3个形参，所以需要将__init__()定义成__init__(self,no,name,age)的形式。在创建对象时，提供 no、name、age 3 个参数即可，self 参数无须传递，Pyhton 解释器会自动引用当前的对象并将其传递进去。

**即学即答：**

构造方法的作用是（　　）。

A．进行对象的初始化　　B．就是一般成员方法，没什么作用

C．进行类的初始化　　D．创建对象

**4．析构方法**

在创建对象时，Python 解释器会调用构造方法__init__()初始化对象；在删除对象时，Python 解释器会调用另一个方法来释放资源，即析构方法__del__()。

析构方法__del__()，del 前后用双下画线开头和结尾。该方法同样不需要显式调用，在释放对象时会自动调用，释放对象所占用的资源。

**【例 7-5】**析构方法。

```
class Student():
    def __init__(self,no,name,age):          # 构造方法
        self.no=no                           # 成员变量
        self.name=name                       # 成员变量
        self.age=age                         # 成员变量

    def __del__(self):                       # 析构方法
        print("%s 对象的资源已释放。"%self.name)

student1=Student('190404101','韩梅梅',19)
del student1     # 删除对象，触发析构方法
```

运行结果如下：

```
韩梅梅同学的学号是 190404101，年龄是 19。
韩梅梅对象的资源已释放。
```

在【例 7-5】中，当执行语句 del student1，删除 student1 对象时会触发析构方法，显示“韩梅梅对象的资源已释放。”。析构方法只有在对象被删除时才能触发。

**边学边练：**

定义一个 Cat 类，类属性包括猫的名称（name）、颜色（color），并完成以下操作。

（1）创建 cat1 对象，用构造函数完成类的初始化，并添加成员方法，打印出该猫的名称和颜色，例如“叫喵喵的猫的颜色是白色的。”

（2）用析构方法释放（1）中创建的对象。

### 7.1.2 数据成员的访问（视频）

微课：数据成员的访问

#### 1. 数据成员的类别

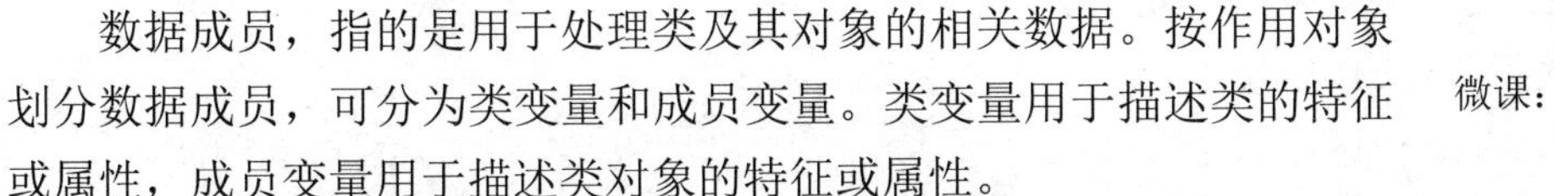

数据成员，指的是用于处理类及其对象的相关数据。按作用对象划分数据成员，可分为类变量和成员变量。类变量用于描述类的特征或属性，成员变量用于描述类对象的特征或属性。

从形式上看，数据成员还有私有数据成员和公有数据成员之分。如果成员名称以两个下画线“__”开头，但是不以两个下画线结束，则表示私有数据成员，私有数据成员一般在类的内部进行访问和操作，或者通过调用类对象来访问。严格说来，Python 对私有数据成员并没有提供访问保护机制，而公有数据成员既可以在类的内部访问，又可以在外部程序中访问。

**【例 7-6】**有不同类别数据成员的类定义。

```
class Student():
    stdCount=0                          # 类变量，创建学生对象个数
    def __init__(self,no,name,age):     # 构造方法
        self.__no=no                    # 私有成员变量，学生学号
        self.__name=name                # 私有成员变量，学生姓名
        self.__age=age                  # 私有成员变量，学生年龄
        self.score=0                    # 设置了默认值的公有成员变量，本门课成绩
        if Student.stdCount>50:
        # 控制创建的学生人数不超过 50 人，用 Student 类名访问类变量
            print("已超过学生人数。")
        else:
            Student.stdCount+=1

    def setScore(self,score):           # 成员方法，设置本门课成绩
        self.score=score

    def getInfo(self):                  # 成员方法，打印学生信息
        print("%s 同学的学号是%s，年龄是%d。"%(self.__name,self.__no,self.__age))

    def __del__(self):
        print("%s 对象的资源已释放。"%self.name)
```

#### 2. 数据成员的访问

数据成员中的成员变量主要在__init__()方法中定义，在类中定义和使用时都以 self 为前缀，同一个类中不同对象的成员变量互相不受影响。

公有数据成员通过对象名访问，对象名与成员变量名用“.”连接，如 student1.name，其基本语法格式如下：

```
对象名.成员变量名
```

要想实现私有数据成员在类外部的访问，需要通过对象名、类名的共同作用，其基本语法格式如下：

```
对象名._类名__变量名
```

类变量的定义在成员方法之外，是该类下所有对象共享的，【例 7-4】中的 num 就是类变量。类变量可以通过类名、对象名访问。

【例 7-7】数据成员的访问。

```
# 类定义见【例 7-6】
student1=Student('190404101','韩梅梅',18)
student2=Student('190404102','李雷',19)
print("已创建了%s 个 Student 对象。"%(student2.num)) #用 student2 对象名访问类变量
print("他们分别是%s/%s。"%(student1._Student__name,student2._Student__name))
#用对象名、类名访问私有成员变量
print("他们目前的成绩是%d/%d。"%(student1.score,student2.score))
#用对象名访问公有成员变量
```

运行结果如下：

```
已创建了 2 个 Student 对象。
他们分别是韩梅梅/李雷。
他们目前的成绩是 0/0。
```

### 3. 数据成员值的设置和修改

除了通过创建对象、传递参数进行数据成员的初始化，还可以通过其他方法设置或修改数据成员值。

（1）设置数据成员默认值：数据成员的初始值可以不通过实参传递，而在类的定义中直接设定默认值，如【例 7-6】中的 stdCount 类变量、score 成员变量，其初始值都被设置为 0。

（2）修改数据成员值：一是通过访问数据成员，修改其数据值；二是通过调用相关的方法修改数据成员值。

【例 7-8】修改数据成员值。

```
    # 类定义见【例 7-6】
    student3=Student('190404104','吴磊',18)
    student3.score=95                          #访问数据成员 score，修改其数据值
    print("%s 同学的学号是%s，年龄是%d 岁，本门课成绩是%d 分。
"%(student1._Student__name,student1._Student__no,
student1._Student__age,student3.score))
    student3.setScore(92)                      #通过调用 setScore()方法修改 score 数据值
    print("修改后本门课成绩是%d 分。"%(student3.score))
```

运行结果如下：

```
韩梅梅同学的学号是 190404101，年龄是 18 岁，本门课成绩是 95 分。
修改后本门课成绩是 92 分。
```

**即学即答：**

Python 中定义私有成员变量的方法是（ ）。

A．使用 private 关键字　　B．使用 public 关键字

C．使用__XX__定义　　D．使用__XX 定义

### 7.1.3 成员方法的调用（视频）

微课：成员方法的调用

**1．成员方法的类别**

类的成员方法按形式分为公有成员方法、私有成员方法。私有成员方法以两个下画线“__”开头，类内容通过类名或者 self 参数调用，调用格式为“类名.__私有成员方法名()”或者“self.__私有成员方法名()”。公有成员方法可以通过对象名直接调用。

按作用对象划分，类的成员方法可分为普通成员方法、类方法和静态方法。

（1）普通成员方法是对象所使用的方法，每个普通成员方法都必须至少有一个名为 self 的参数，并且必须是该方法的第一个形参成员。

（2）类方法是类所使用的方法，需要用“@classmethod”标识，并且设置类方法的第一个参数为 cls，代表传入的是本类。它无法访问成员变量，但在类内可以通过 cls 访问类变量。类方法在对象未创建时通过类名调用，在对象创建之后可以通过类名或对象名调用。

（3）静态方法需要用“@staticmethod”标识，由于方法中没有 self 或者 cls 参数，因此静态方法可节省资源。静态方法本身无法访问类变量、成员变量，但可以通过类名访问类变量。在成员方法中，静态方法是一个相对独立的方法。它在对象建立之前通过类名调用，在对象建立之后可以通过类名或对象来调用。

**【例 7-9】**不同类别成员方法的类定义。

```
class Student():
    stdCount=0                              # 类变量，创建学生对象个数
    def __init__(self,no,name,age):         # 构造方法
        self.__no=no                        # 私有成员变量，学生学号
        self.__name=name                    # 私有成员变量，学生姓名
        self.__age=age                      # 私有成员变量，学生年龄
        self.score=0                        # 设置默认值的公有成员变量和本门课成绩
        if Student.stdCount>50:             # 用 Student 类名访问类变量
            print("已超过学生人数。")
        Student.stdCount+=1

    def setScore(self,score):               # 普通成员方法，设置本门课成绩
        self.score=score

    def getInfo(self):                      # 普通成员方法，打印学生信息
        print("%s 同学的学号是%s，年龄是%d。"%(self.__name,self.__no,self.__age))

    @classmethod
    def classGetInfo(cls):                  # 类方法
        print("类方法：创建了%d 个对象。"%(cls.stdCount))
        #类内可通过 cls 访问类变量，无法访问成员变量

    @staticmethod
    def staticGetInfo():                    # 静态方法
        print("静态方法：创建了%d 个对象。"%(Student.stdCount))
```

```
        #类内可通过类名访问类变量，无法访问成员变量

    def __del__(self):
        print("%s 对象的资源已释放。"%self.__name)
```

**即学即答：**

类方法的第一个参数为（　　）。

A．self　　B．cls

C．static　　D．class

### 2．成员方法的调用

在类对象建立之后，调用成员方法可以通过类名或对象名与成员方法名来实现。普通成员方法可通过对象名调用，类方法和静态方法在对象未创建时可以通过类名调用，在对象创建之后可以通过类名或对象名调用，其语法格式如下：

```
类名.类方法()
```

或

```
对象名.类方法()
```

析构方法的调用，可用 del 对象名实现。

【例 7-10】各类别成员方法的调用。

```
Student.classGetInfo()                         # 对象未创建，用类名调用类方法
Student.staticGetInfo()                        # 对象未创建，用类名调用静态方法
student1=Student('190404101','韩梅梅',18)      # 创建对象
student1.getInfo()                             # 创建对象后，用对象名调用普通成员方法
student1.classGetInfo()                        # 创建对象后，用类名或对象名调用类方法
student1.staticGetInfo()                       # 创建对象后，用类名或对象名调用静态方法
del student1
```

运行结果如下：

```
类方法：创建了 0 个对象。
静态方法：创建了 0 个对象。
韩梅梅同学的学号是 190404101，年龄是 18。
类方法：创建了 1 个对象。
静态方法：创建了 1 个对象。
韩梅梅对象的资源已释放。
```

**边学边练：**

在 7.1.1 节边学边练创建的类的基础上，实现以下操作。

（1）创建一个类变量 catCount，用来记录创建的对象数目，在构造函数中实现 catCount 值的计算，并打印出现有的对象个数。

（2）定义析构方法，每释放一个对象资源，类变量 catCount 减 1，并打印出现有的对象个数。

（3）创建 3 个以上的对象，并逐个删除。

### 7.1.4 任务实现——电影对象的定义和使用

**【任务描述】**

优秀的影片可以激励、鼓舞人，小 T 打算对某影评网站上的高分电影一一进行赏析，他通过 Python 面向对象的方法来制定观影计划，构建电影对象，并对每部影片进行评分，输出近期已看电影部数、已看电影的平均分，并释放已看过的电影资源。

**【任务分析】**

可以通过构建电影类来解决本任务，编程思路如下：

（1）定义电影类，在类中定义相应的变量、方法，其中电影名、导演、主演等基本信息在构造函数中进行初始化，将计算电影部数、已看电影部数、评分等功能定义为类变量。

（2）创建__init__()方法，完成电影名、导演、主演等基本信息的初始化工作，同时完成电影部数自增功能。

（3）使用__del__()方法完成释放资源工作。

（4）定义评分方法，完成对电影的评分、计算评分平均分和已看电影部数等功能。

（5）定义输出方法，打印已看电影的评分、已看电影部数、已看电影的平均分等信息。

（6）创建多个电影对象。

（7）每看完一部，调用（4）、（5）中定义的方法，并释放电影资源。

**【源代码】**

**【例 7-11】**电影对象的定义和使用任务实现。

```
#定义类
class Movie():
    count=0                                   # 本周计划看的电影部数
    averageMark=0                             # 已看电影的平均分
    countSeen=0                               # 本周要看的电影部数
    def __init__(self,name,director,actors):
        self.name=name                        # 电影名
        self.director=director                # 电影导演
        self.actors=actors                    # 电影主演
        self.mark=0                           # 电影评分
        Movie.count=Movie.count+1             # 计划本周要看的电影部数

    def __del__(self):                        # 释放已看电影资源
        print("电影《%s》资源释放。"%(self.name))

    def setMark(self,mark):                   # 看完电影并进行评分
        self.mark=mark#评分分数
        Movie.countSeen+=1                    # 已看电影累计部数
 Movie.averageMark=(Movie.averageMark*(Movie.countSeen-
1)+mark)/Movie.countSeen                      # 已看电影评分均值
        print("电影《%s》已看，小 T 给予的评分是%.1f。"%(self.name,self.mark))
```

```
    @classmethod
    def displayMovie(cls):                          # 输出综合信息
        print("这周计划看%d 部电影，已看%d 部电影，小 T 给予的评分均值是%.1f 分。
"%(cls.count,cls.countSeen,cls.averageMark))

movie1= Movie('霸王别姬','陈凯歌','张国荣/张丰毅')
movie2=Movie('我不是药神','文牧野','徐峥/王传君')
movie3=Movie('无间道','刘伟强','刘德华/梁朝伟')
movie4=Movie('活着','张艺谋','葛优/巩俐')
movie5=Movie('大闹天宫',' 万籁鸣','岳峰/富润生')

# 在看完每部电影之后写下这 3 句代码
# 看完第一部
movie1.setMark(9.4)
movie1.displayMovie()
del movie1

# 看完第二部
movie2.setMark(9.0)
movie2.displayMovie()
del movie2
```

运行结果如下：

```
电影《霸王别姬》已看，小 T 给予的评分是 9.4 分。
这周计划看 5 部电影，已看 1 部电影，小 T 给予的评分均值是 9.4 分。
电影《霸王别姬》资源释放。
电影《我不是药神》已看，小 T 给予的评分是 9.0 分。
这周计划看 5 部电影，已看 2 部电影，小 T 给予的评分均值是 9.2 分。
电影《我不是药神》资源释放。
```

## 任务 7.2　继承和多态

### 7.2.1　继承

面向对象编程（OOP）语言的一个重要功能是“继承”。新类可通过继承使用现有类的数据成员和方法。继承是实现代码重用的重要途径。

**1．子类的定义**

通过继承创建的新类称为“派生类”或“子类”，被继承的类称为“基类”或“父类”。通过继承创建的子类可继承父类的属性和方法，也可以重写父类的属性和方法，并且可定义自身的属性和方法。需要注意的是，子类不能直接访问父类的私有属性和方法，但可以通过父类的公有成员方法访问其私有属性和方法。

现有父类 Person，以及根据 Person 类派生出的子类 Student。子类既有与父类相同的属性和方法，又有自身特有的属性和方法。如果没有继承关系，则两个类的定义内容如图 7-1 所示，子类需重新定义所有的属性和方法。但如果 Student 类能继承 Person 类的属性和方法，那么

Student 类的定义就可简化，只需定义自身特有的属性和方法，继承与父类相同的属性和方法即可，如图 7-2 所示。

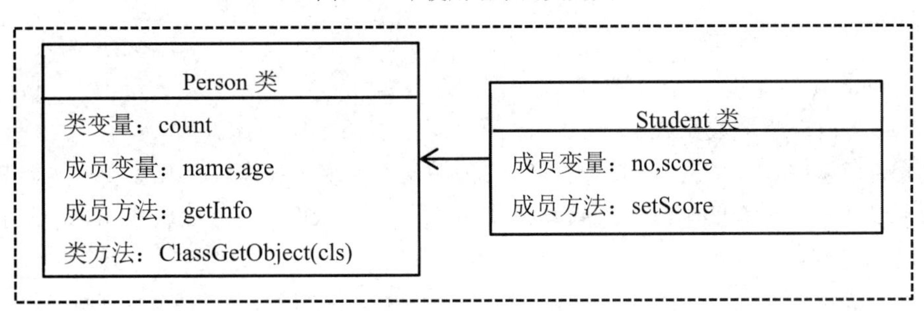


图 7-1　不使用继承的类定义

Person 类
类变量：count
成员变量：name,age
成员方法：getInfo
类方法：ClassGetObject(cls)

Student 类
成员变量：no,score
成员方法：setScore

图 7-2　使用继承的类定义

上述 Person 类及其子类 Student 的定义如【例 7-12】所示。

**【例 7-12】**父类及其子类的定义。

```
class Person():
    count=0                                   # 父类类变量，对象总数

    def __init__(self,name,age):              # 父类构造方法
        self.name=name                        # 父类成员变量，姓名
        self.age=age                          # 父类成员变量，年龄
        Person.count+=1

    def getInfo(self):                        # 父类普通成员方法，打印人员信息
        print("%s 年龄是%d。"%(self.name,self.age))

    @classmethod
    def classGetObject(cls):                  # 父类类方法
        print("父类类方法 classGetObject：已创建%d 个对象。"%(cls.count))
        #类内可通过 cls 访问类变量

class Student(Person):
    def __init__(self,name,age,no):           # 子类构造方法
        super().__init__(name,age)        # 调用父类构造方法初始化成员变量姓名和年龄
        self.no=no
        self.score=0
```

```
    def showInfo(self,score):                    # 子类普通成员方法，设置本门课成绩
        self.score=score
        Person.getInfo(self)                     # 子类调用父类成员方法
        print("%s 同学的学号是%s，本门课成绩是%d。"%(self.name,self.no,self.score))
```

（1）在定义子类时，需要明确指出其父类类名，其基本语法格式如下。

在【例 7-12】中，class Student(Person)表示 Student 类是 Person 类的子类。

```
class.子类名(父类名)
```

（2）子类的属性（变量），其中的 name、age 属性与父类共用，因此这两个成员变量的初始化需要通过子类的_init__()方法调用父类的__init__()方法来完成。在调用时需指明父类类名及相关的参数，基本格式如下。

```
supper().__init__(参数)
```

其中，supper()函数是一个特殊函数，可以将子类和父类关联起来，super().__init__(name, age)表示调用父类构造函数完成 name、age 两个变量的初始化工作。

（3）子类在调用父类的方法时，同样需要指明父类类名。在【例 7-12】中，父类 Person 有成员方法 getInfo()，子类的 showInfo()方法调用了父类的 getInfo()方法，在调用时需指明父类类名，其语法格式如下：

```
父类名.父类方法(self,参数)
```

在实际应用中，通过子类创建的对象可以继承父类的属性和方法。子类方法的调用见 7.1.3 节，父类方法的调用可以通过父类类名、子类类名、子类对象进行调用。

【例 7-13】父类、子类方法的调用。

```
student1=Student('韩梅梅',18,'190404101')    #创建对象
student1.showInfo(95)                         #调用子类自身成员方法
student1.classGetObject()          #调用父类成员方法，也可以用 Person 或 Student 调用
Person.classGetObject()
Student.classGetObject()
```

运行结果如下：

```
韩梅梅年龄是 18。
韩梅梅同学的学号是 190404101，本门课成绩是 95。
父类类方法 classGetObject：已创建 1 个对象。
父类类方法 classGetObject：已创建 1 个对象。
父类类方法 classGetObject：已创建 1 个对象。
```

### 7.2.2 多态

多态（Polymorphism）来自希腊语，意思是“多种状态”，是指一类事物有多种形态。在面向对象的编程中，基类下不同类的属性或方法都使用了相同的名称，程序也调用了这些属性或方法。在执行程序时确定调用哪个类下的属性和方法，这就是 Python 中类的多态。

在【例 7-14】中，父类 Person 下有成员方法 getInfo()，子类 Student 下也有 getInfo()方法，但因为身份不同，所以这两个方法执行的功能（输出的内容）并不相同。现有类外方法 showInfo()调用 getInfo()方法。

【例 7-14】多态类定义。

```
class Person():
    def __init__(self,name,age):                    # 父类构造方法
        self.name=name                              # 父类成员变量，姓名
        self.age=age                                # 父类成员变量，年龄

    def getInfo(self):          # 父类普通成员方法，与子类方法同名，打印人员信息
        print("%s 先生/女士年龄是%d。"%(self.name,self.age))

class Student(Person):
    def __init__(self,name,age,no,score):
        super().__init__(name,age)
        self.no=no
        self.score=score

    def getInfo(self):            # 子类普通成员方法，与父类方法同名，打印信息多于父类
        print("%s 同学的学号是%s，年龄是%d，本门课成绩是%d。
"%(self.name,self.no,self.age,self.score))

def showInfo(temp):
    temp.getInfo()                      # 调用 getInfo()方法，该方法在父类、子类中都存在
```

现创建两个对象，person1 是子类 Student 的对象，person2 是父类 Person 的对象，使用 showInfo()函数获取这两个对象的信息。在程序中，我们并未指明 showInfo()方法需调用哪个类下的 getInfo()方法，程序会自动根据对象调用相应类下的 getInfo()方法，如【例 7-15】所示。

【例 7-15】多态类的应用。

```
person1=Student('韩梅梅',18,'190404101',95)         # 创建子类对象
person2=Person('韩商',45)                             # 创建父类对象
showInfo(person1)  # 函数 showInfo 自动调用子类 Student 下的 getInfo()方法
showInfo(person2)  # 函数 showInfo 自动调用父类 Person 下的 getInfo()方法
```

运行结果如下：

```
韩梅梅同学的学号是 190404101，年龄是 18，本门课成绩是 95。
韩商先生/女士年龄是 45。
```

**边学边练：**

请完成以下功能。

（1）创建一个动物类 Animal，该类包括动物名称 name、颜色 color、年龄 age 3 个属性，属性值在构造方法中完成初始化。还有一个打印该类信息的 getInfo()方法，可以将属性信息全部打印输出。

（2）创建一个子类 Dog，该类继承自 Animal 类，添加一个属性品种 category，其他属性继承自父类，属性值在构造方法中完成初始化。Dog 类有一个 getInfo()方法，可以将 Dog 类的属性信息全部打印输出。

（3）创建一个父类对象和一个子类对象，分别调用 getInfo()方法进行对象信息的打印输出。

# 任务 7.3 面向对象实训

## 一、实训目的

1. 掌握类的定义和对象的创建。
2. 能进行类的数据成员、成员方法的访问。
3. 掌握类的继承。

## 二、实训内容

**实训任务 1：理论题**

1. Python 中私有成员变量定义正确的是（　　）。

   A．使用 private 关键字　　B．使用 classmate 关键字

   C．__变量名　　D．__变量名__

2. 下列选项中符合类名定义的是（　　）。

   A．GoodDay　　B．Good day　　C．goodday　　D．goodDay

3. Python 中用于释放对象占用资源的方法是（　　）。

   A．__init__　　B．__del__　　C．del　　D．delete

4. 下列关于类的继承的描述中，错误的是（　　）。

   A．子类继承父类时，可以访问父类的所有数据成员，调用所有成员方法

   B．一个父类可以有多个子类

   C．子类不能直接访问父类的私有数据成员

   D．子类可以通过父类的公有成员方法访问其私有数据成员

5. 下面代码的输出结果是（　　）。

```
class A:
    x=10
a1=A()
a2=A()
a1.x=20
A.x=30
print(a2.x)
```

   A．30　　B．20　　C．10　　D．0

**实训任务 2：类与对象的基本操作**

1．创建一个名为 User 的类，包含属性姓名 name、性别 sex、电话 tel 等，在构造函数中完成初始化。

| 程序代码： |
| --- |
| |

2．在 User 类中定义一个 userInfo()方法，打印用户基本信息。

| 程序代码： |
| --- |
| |

3．在第 2 题的基础上定义一个 userGreet()方法，根据用户性别发出个性化的问候“***先生，您好！”或者“***女士，您好！”。

| 程序代码： |
| --- |
| |

4．定义析构函数，在析构函数中打印“***女士，再见！”或者“***先生，再见！”。

| 程序代码： |
| --- |
| |

5．创建多个表示不同用户的对象，并对每个对象调用第 2、3 题中定义的两个方法。

| 程序代码： |
| --- |
| |

6．删除第 5 题中创建的对象。

| 程序代码： |
| --- |
| |

**实训任务 3：类与对象的综合应用**

1．按要求用类与对象的知识，完成以下功能：

（1）创建 Person 类，属性有姓名、年龄、性别，在构造方法中完成初始化，并创建 personInfo()方法，打印这个人的信息。

（2）创建 Student 类，继承自 Person 类，属性有学院 college、班级 classes，重写父类的 personInfo()方法，调用父类方法打印学生信息，以及学院、班级信息。

（3）创建 Teacher 类，继承自 Person 类，属性有学院 college、专业 professional，重写父类的 personInfo()方法，调用父类方法打印老师信息，以及学院、专业信息。

（4）创建 3 个学生对象，分别打印其详细信息。

（5）创建一个老师对象，打印其详细信息。

| 程序代码： |
| --- |
| |

2．请按照以下要求设计一个汽车类 Automobile：

（1）Automobile 类有两个成员变量：车的类型 type、最高速度 speed。

（2）创建小汽车子类 car 继承，type、speed 属性继承自 Automobile 类。定义成员方法

increaseEnerty()，打印 type 和 speed 的信息。

（3）创建电动汽车子类 EV，type、speed 属性继承自 Automobile 类，并有自身变量电池容量 battery，默认值为 300（km）。定义成员方法 increaseEnerty()，打印 type、battery 和 speed 的信息。

（4）创建 car 类的对象 car1，调用 increaseEnerty()方法。

（5）创建 EV 类的对象 EV1，调用 increaseEnerty()方法。

| 程序代码： |
| --- |
| |

# 项目八

# Python 数据库编程

## 知识目标

- 了解数据库的概念和分类。
- 熟悉 MySQL 数据库的下载和安装。
- 了解数据库的基本操作。
- 了解编程语言访问数据库的原理。

## 能力目标

- 掌握 Python 访问 MySQL 数据库的操作。
- 掌握 Python 访问 SQLite 数据库的操作。

## 项目导学（视频）

微课：Python 数据库编程项目导学

学校为了方便管理学生信息，一般都有自己的学生信息管理系统。小 T 也想自己动手开发一个学生管理系统帮助老师管理学生信息。在前面的章节中讲解了 Python 读写文件的操作，可以把数据写入文件操作中。但是，对文件存储的信息不能做快速查询，需要先将数据全部读取到内存中，再进行遍历查找，而且有的时候数据太大，无法全部读入。为了方便数据的读取、保存，以及快速查找，就需要应用数据库系统来管理数据。

Python 提供了所有主流关系型数据库的编程接口，要访问某种数据库，只需导入相应的 Python 模块即可。下面讲解 Python 访问 SQLite 数据库和 MySQL 数据库的操作。

## 任务 8.1　SQLite 数据库操作——学生信息管理系统设计

**【任务描述】**

编写学生信息管理系统，需要通过 Python 连接数据库来实现学生信息的存储、读取、查找、修改等功能。

【任务分析】

根据任务需求，对数据库系统进行读写操作，实现对 SQLite 数据库的访问。

（1）建立数据库连接。

（2）通过执行 SQL 语句，完成对数据的操作。

（3）系统采用模块化设计，根据不同功能细分多个模块。

### 8.1.1 SQLite 数据库的连接（视频）

微课：SQLite 数据库的连接

#### 1. SQLite 数据库

SQLite 是一种嵌入式关系型数据库管理系统，目前主流版本是 SQLite3。SQLite 具有体积小、高效、可靠、可移植性强等特点，常用于嵌入式设备中。不同于其他数据库管理系统，SQLite 数据库仅为一个扩展名为.db 的文件，访问 SQLite 数据库不需要网络配置和管理，也不需要用户账户和密码，数据访问权限取决于数据库文件权限。

Python 内置了 SQLite3 模块，用户在使用时不需要安装其他软件，可以直接导入使用。

#### 2. SQLite 数据类型

SQLite 采用动态数据类型，会根据存入的值自动判断所属数据类型。SQLite 具有以下 5 种基本数据类型：

（1）integer：带符号的整数类型。

（2）real：浮点类型。

（3）text：字符串类型，支持多种编码方式（如 UTF-8、UTF-16），大小无限制。

（4）blob：任意类型的数据，大小无限制。

（5）null：空值。

为了实现和其他数据库引擎之间的数据类型兼容性，SQLite 提出了“类型亲和性（Type Affinity）”的概念。当插入数据时，该字段的数据会优先采用亲和类型作为该数据的存储方式。例如，如果列的声明类型包含字符串“CHAR”、“CLOB”或“TEXT”，则该列采用 TEXT 类型存储数据。因此，在 SQLite 中，数据类型的使用具有很大的灵活性。

#### 3. SQLite 数据库的创建与连接

用户在访问数据时，要先导入 Python 内置的 SQLite3 模块，代码如下：

```
import sqlite3
```

要操作数据库，首先要连接到数据库，这里使用 connect()方法来创建连接对象，其语法格式如下：

```
conn = connect(database)
```

其中，conn 为引用连接对象的变量，database 为指定连接的数据库文件。如果数据库文件存在，则连接数据库并返回连接对象；如果数据库文件不存在，则先创建该数据库文件，再连接数据库并返回连接对象。

数据库连接对象的常用方法如下：

（1）close()：关闭数据库连接。

（2）commit()：提交数据库事务。

（3）cursor()：获得游标对象。

（4）rollback()：回滚当前数据库事务。

这里需要注意的是，数据库事务是指对数据库进行的一系列操作。在程序运行过程中，这些操作要么全部执行，要么全部不执行。如果操作全部执行成功，则可提交事务；如果在执行过程中有操作执行失败，则需要放弃之前的修改，并执行事务回滚操作，将数据库恢复到语句执行前的状态。

在连接数据成功，并完成数据库的操作之后，务必关闭数据库连接，代码如下：

```
conn.close()
```

**【例 8-1】** 创建并连接 SQLite 数据库。

```
import  os
import  sqlite3
conn = sqlite3.connect('test.db')
if os.path.isfile('test.db'):
    print("数据库创建成功!")
conn.close()
```

运行结果如下：

```
数据库创建成功!
```

**即学即答：**

下列方法中，用于关闭数据库连接的方法是（　　）。

A．connect()　　B．commit()

C．close()　　D．cursor()

## 8.1.2 SQLite 数据库的操作（视频）

微课：SQLite 数据库的操作

### 1．游标对象

cursor 对象即游标对象，它主要负责暂时保存被 SQL 操作影响的数据。游标对象通过数据库连接对象的 cursor()方法创建，其语法格式如下：

```
cur = conn.cursor()
```

其中，cur 为游标对象变量，conn 为数据库连接对象变量。

cursor 对象有很多的属性和方法，常用的属性和方法如表 8-1 所示。

表 8-1　cursor 对象常用的属性和方法

| 属性/方法 | 说　明 |
| --- | --- |
| connection() | 获取当前连接对象 |
| close() | 关闭游标 |
| execute(sql[,parameters]) | 执行 SQL 语句，返回受影响的行数。sql 是 SQL 语句，parameters 是为 SQL 提供的参数 |
| fetchone() | 在执行 SQL 查询语句时，以元组形式返回一条记录，如果没有结果则返回 None |
| fetchall() | 在执行 SQL 查询语句时，以元组、列表的形式返回查询到的所有记录，如果没有结果则返回() |

### 2．SQLite 数据库的访问流程

Python 访问 SQLite 数据库可以分为以下几个步骤：

（1）创建数据库连接：通过 connect()方法创建数据库的连接对象 connection。

（2）创建游标对象：通过连接对象的 cursor()方法创建游标对象 cursor。

（3）执行 SQL 操作：通过游标对象的 execute()方法执行 SQL 语句。

（4）如果操作成功，则可通过连接对象的 commit()方法提交数据库事务，否则使用 rollback()方法回滚数据库事务。

（5）关闭游标：通过游标对象的 close()方法关闭游标。

（6）关闭数据库连接：通过数据库连接对象的 close()方法关闭数据库连接。

数据库的基本操作可以分为两类：查询和修改（插入、更新、删除）。在通过 execute()方法执行 SQL 查询语句之后，可以通过 fetchone()或 fecthall()方法获取结果返回数据。

**3．SQLite 数据库操作**

创建一个 stu.db 库，并在库中创建 students 表。

**【例 8-2】**创建数据库和数据表。

```
import sqlite3
# 建立数据库连接
conn = sqlite3.connect('stu.db')
print('数据库创建成功！')
# 创建游标对象
cur = conn.cursor()
sql = '''
create table if not exists students(
   stuNo varchar(10) primary key,
   stuName varchar(4),
   gender varchar(1),
   age int(3)
)
'''
# 执行 SQL 语句，创建数据表
cur.execute(sql)
print('数据表创建成功！')
# 提交事务
conn.commit()
# 关闭游标
cur.close()
# 关闭数据库连接
conn.close()
```

运行结果如下：

```
数据库创建成功!
数据表创建成功!
```

向【例 8-2】创建的 students 表中添加 5 条数据记录。

**【例 8-3】**添加数据。

```
import sqlite3
conn = sqlite3.connect('stu.db')
cur = conn.cursor()
```

```
# 在 students 表中插入 5 条记录
sql_insert = '''
    insert into students values\
    ('20201001','钱梅宝','男',20),\
    ('20201002','张平光','男',22),\
    ('20201003','许动明','男',19),\
    ('20201004','张  云','女',19),\
    ('20201005','唐  琳','女',20);
'''
# 执行插入语句
cur.execute(sql_insert)
conn.commit()
cur.close()
conn.close()
```

在执行 SQL 查询语句之后，需要通过游标对象的 fetchone()或 fecthall()方法获取结果。

fetchone()：以元组的形式从结果集中提取一条记录，如果没有结果则返回 None。

fetchall()：以元组、列表的形式返回查询到的所有记录，如果没有结果则返回()。

查询【例 8-2】students 表中的所有数据，使用 fetchone()方法获取数据。

**【例 8-4】**查询数据。

```
import sqlite3
conn = sqlite3.connect('stu.db')
cur = conn.cursor()
sql_select = 'select * from students;'
# 执行查询语句
cur.execute(sql_select)
# 使用 fectchone()方法获取数据查询结果，返回记录构成的列表
row = cur.fetchone()
while row:
    print(row)
    row = cur.fetchone()
cur.close()
conn.close()
```

运行结果如下：

```
('20201001', '钱梅宝', '男', 20)
('20201002', '张平光', '男', 22)
('20201003', '许动明', '男', 19)
('20201004', '张  云', '女', 19)
('20201005', '唐  琳', '女', 20)
```

查询 students 表中的性别为“女”的学生记录，使用 fetchall()方法获取数据。

```
import sqlite3
conn = sqlite3.connect('stu.db')
cur = conn.cursor()
```

```
sql_select = 'select * from students where gender = "女";'
# 执行查询语句
cur.execute(sql_select)
# 使用 fectchall()方法获取数据查询结果，返回记录构成的列表
rows = cur.fetchall()
for row in rows:
    print(row)
cur.close()
conn.close()
```

运行结果如下：

```
('20201004', '张  云', '女', 19)
('20201005', '唐  琳', '女', 20)
```

对 students 表中的数据进行更新。

【例 8-5】更新数据。

```
import sqlite3
conn = sqlite3.connect('stu.db')
cur = conn.cursor()
# 将姓名为张平光的学生的年龄修改为 21
sql_update = 'update students set age=21 where stuName="张平光";'
# 执行更新语句
cur.execute(sql_update)
conn.commit()
cur.execute('select * from students where stuName="张平光";')
row = cur.fetchone()
print('修改后的数据为：')
print(row)
cur.close()
conn.close()
```

运行结果如下：

```
修改后的数据为：
[('20201002', '张平光', '男', 21)]
```

删除 students 表中的一条记录。

【例 8-6】删除数据。

```
import sqlite3
conn = sqlite3.connect('stu.db')
cur = conn.cursor()
# 删除学号为 20201004 的学生记录
sql_del = 'delete from students where stuNo="20201004";'
# 执行更新语句
cur.execute(sql_del)
conn.commit()
cur.execute('select * from students;')
```

```
rows = cur.fetchall()
print('删除后表中数据为：')
for row in rows:
    print(row)
cur.close()
conn.close()
```

运行结果如下：

```
删除后表中数据为：
('20201001', '钱梅宝', '男', 20)
('20201002', '张平光', '男', 21)
('20201003', '许动明', '男', 19)
('20201005', '唐  琳', '女', 20)
```

**4．占位符**

在通过游标对象的 execute()方法执行一条 SQL 语句时，如果 SQL 语句带有参数，则可以使用占位符来传递参数。占位符只能用于设置 value，不能用于设置表名、字段等。SQLite3 支持两种占位符：问号占位符和命名占位符。

（1）问号占位符采用问号作为占位符，参数为元组或列表形式。举例如下：

```
cur.execute('select * from students where gender=?;',('男',))
```

（2）命名占位符采用冒号加 key 的形式作为占位符，参数为字典形式。举例如下：

```
cur.execute('select * from students where age=:age and gender=:sex;',
{'age':21,'sex':'男'})
```

在实际应用中，问号占位符的使用更方便，因此更为常见。

**边学边练：**

编写程序，完成以下功能。

（1）创建 SQLite 数据库，在库中创建学生信息表，并输入部分学生信息。

（2）根据用户输入的学号，查询对应的学生信息。

## 8.1.3 任务实现——学生信息管理系统设计

**【任务分析】**

编程开发学生信息管理系统，系统应具备信息录入、信息修改、信息删除、信息查找、全部显示等功能，根据功能可以分为 5 个模块。

**【源代码】**

**【例 8-7】**学生信息管理系统设计任务实现。

```
# 显示菜单
def menu_show():
    print("*"*30)
    print("学生信息管理系统 V2.0")
    print("1、添加学生信息")
    print("2、删除学生信息")
```

```
    print("3、修改学生信息")
    print("4、查找学生信息")
    print("5、显示所有学生信息")
    print("0、退出系统")
    print("*"*30)

# 添加学生信息
def add_stu():
    stuId = input("请输入学生学号：").strip()
    stuName = input("请输入学生姓名：").strip()
    stuSex = input("学生性别：").strip()
    stuPhone = input("联系电话：").strip()
    sql = "insert into stu_tb values(?,?,?,?)"
    cur.execute(sql,(stuId,stuName,stuSex,stuPhone))
    conn.commit()
    input("添加成功，按任意键返回菜单")

# 删除学生信息
def del_stu():
    stuId = input("请输入要删除学生的学号：").strip()
    cur.execute("select * from stu_tb where id = ?",(stuId,))
    row = cur.fetchone()
    if row:
        print("要删除的学生信息：",row)
        cur.execute("delete from stu_tb where id = ?",(stuId,))
        conn.commit()
        input("删除成功，按任意键返回菜单")
    else:
        input("查无此号！按任意键返回菜单")

# 修改学生信息
def update_stu():
    stuId = input("请输入要修改学生的学号：").strip()
    cur.execute("select * from stu_tb where id = ?",(stuId,))
    row = cur.fetchone()
    if row:
        stuName = input("请输入该生姓名：").strip()
        stuSex = input("该生性别：").strip()
        stuPhone = input("联系电话：").strip()
        cur.execute("update stu_tb set name=?,sex=?,phone=? where
id=?",(stuName,stuSex,stuPhone,stuId))
        conn.commit()
        input("修改成功，按任意键返回菜单")
    else:
```

```
        input("查无此号! 按任意键返回菜单")

# 查找学生信息
def search_stu():
    mode = input("请输入数字选择查找方式: 1.按学号查找; 2.按姓名查找: ")
    if mode == '1':
        stuId = input("请输入要查找的学生学号: ")
        sql_search = 'select * from stu_tb where id=?'
        cur.execute(sql_search,[stuId])
    elif mode =='2':
        stuName =input("请输入要查找的学生姓名: ")
        sql_search = 'select * from stu_tb where name=?'
        cur.execute(sql_search,[stuName])
    else:
        print("输入错误! ")
        search_stu()
    row = cur.fetchone()
    print("查询结果如下: ")
    if row == None:
        print("查无此人! ")
    else:
        print("{:6}{:>6}{:>6}{:>6}".format("学号","姓名","性别","手机号码"))
        print("{:6}{:>6}{:>6}{:>12}".format(row[0],row[1],row[2],row[3]))
    input("按任意键返回菜单")

# 显示所有学生信息
def show_stu():
    cur.execute("select * from stu_tb")
    rows = cur.fetchall()
    print("{:6}{:>6}{:>6}{:>6}".format("学号","姓名","性别","手机号码"))
    for row in rows:
        print("{:6}{:>6}{:>6}{:>12}".format(row[0],row[1],row[2],row[3]))
    input("按任意键返回菜单")

# 功能选择
def select_fun():
    while True:
        menu_show()
        choice = input("请输入数字选择功能: ")
        if choice == '1':
            add_stu()
        elif choice == '2':
            del_stu()
        elif choice == '3':
```

```
            update_stu()
        elif choice == '4':
            search_stu()
        elif choice == '5':
            show_stu()
        elif choice == '0':
            quit_confirm = input("是否退出？（Y/N）")
            if quit_confirm.upper() == 'Y':
                cur.close()
                conn.close()
                break
            else:
                print("返回菜单，请继续！")
        else:
            print("输入有误，请重输！")

# 主函数
def main():
    import sqlite3
    global conn
    conn = sqlite3.connect("stu_db.db")
    global cur
    cur = conn.cursor()
    sql_createtb = "create table if not exists stu_tb(id varchar(10) primary
key ,name varchar(10),sex varchar(2),phone varchar(11))"
    cur.execute(sql_createtb)
    conn.commit()
    select_fun()

if __name__ == "__main__":
    main()
```

## 任务 8.2 MySQL 数据库操作——学生信息管理系统设计

**【任务描述】**

除了 SQLite 数据库，还可以采用 MySQL 数据库作为后台数据库来构建学生信息管理系统，通过 Python 连接 MySQL 数据库，实现学生信息的存储、读取、查找、修改等功能。

**【任务分析】**

要想用 MySQL 数据库进行数据的存储和管理，就要先实现对 MySQL 数据库的访问，基本与上节内容一致，但在 MySQL 数据库的安装、Python 访问方式等细节上有一些不同，需要进行必要的调整。

### 8.2.1 MySQL 数据库的连接（视频）

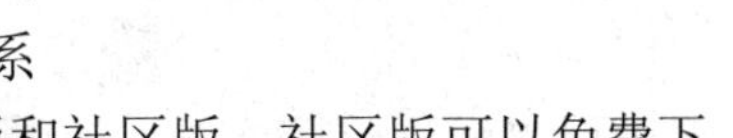

微课：MySQL 数据库的连接

#### 1．MySQL 数据库

MySQL 是一个关系型数据库管理系统，最初由瑞典 MySQL AB 公司开发，现在已经成为 Oracle 公司旗下的产品。MySQL 具有配置简单、开发稳定和性能良好等特点，是目前最流行的关系型数据库管理系统之一。MySQL 采用双授权政策，分为商业版和社区版，社区版可以免费下载使用。

最新版本的 MySQL 社区版安装程序可以从 MySQL 官网下载，且有多个版本可供下载。其中，MySQL Enterprise Edition（企业版）和 MySQL Cluster CGE（高级集群版）均需付费使用，通过官网下载界面下方的【MySQL Community (GPL) Downloads】文字链接访问，MySQL Community Server（社区版）可以免费使用，这是最常用的 MySQL 版本。

在完成 MySQL 的安装之后，还需要启动数据库服务。在【计算机管理】→【服务】选项中找到【MySQL80】选项，MySQL 数据库服务的启动和关闭都可以通过它来控制。

#### 2．连接 MySQL 数据库

在 Python 程序访问 MySQL 数据库之前，必须先安装 pymysql 扩展包，可以在命令提示符下用 pip 工具来安装，命令如下：

```
pip  install  pymysql
```

当看到提示信息“Successfully installed pymysql-1.0.2”时，表示 pymysql 安装成功。

pymysql 模块和 8.1 节中的 SQLite3 模块具有非常相似的功能和作用。在 Python 访问 MySQL 数据库之前，还要导入 pymysql 模块，代码如下：

```
import  pymysql
```

与 SQLite3 一样，用 pymysql 连接数据库需要一个连接对象 connection，可以调用 pymysql 模块的 connect()方法来创建，其语法格式如下：

```
conn=pymysql.connect(host, port,user, password, database,charset)
```

（1）conn：连接对象变量名，保存与数据库的连接。

（2）host：数据库所在主机的 IP 地址，本机可设为 localhost。

（3）port：连接数据库的端口，默认为 3306。

（4）user：连接数据库时的用户名。

（5）password：用户密码。

（6）database：要访问的数据库的名称。

（7）charset：指定数据库的编码方式，为了使汉字能够正常显示，推荐用 UTF-8。

在连接数据库之前，需要在数据库中设置账户、密码及相应权限。

【例 8-8】连接 MySQL 数据库。

```
import pymysql
# 创建数据库连接对象
conn = pymysql.connect(host='localhost',user='user',password='123456',charset=
'utf8')
# 创建游标
cur = conn.cursor()
```

```
# 执行 SQL 语句
cur.execute('show databases;')
rows = cur.fetchall()
for row in rows:
    print(row)
cur.close()
conn.close()
```

运行结果如下：

```
('information_schema',)
('mysql',)
('performance_schema',)
('sys',)
```

**即学即答：**

下列关于 MySQL 的说法中，错误的是（　　）。

A．企业版本拥有丰富功能，但需要付费　　B．社区版本开源免费

C．属于关系型数据库　　D．社区版本提供官方技术支持

### 8.2.2 MySQL 数据库的操作（视频）

微课：MySQL 数据库的操作

#### 1．创建数据库和数据表

为了实现对 MySQL 数据库的操作，与 SQLite3 一样，pymysql 也提供了两个常用对象：数据库连接对象 connection 和游标对象 cursor，其作用和功能与 SQLite3 中的连接对象和游标对象基本相同，这里不再重复。

下面通过【例 8-9】说明 Python 对 MySQL 数据库的操作，创建数据库 dbstu 和数据表 tbstu。

**【例 8-9】**创建数据库和数据表。

```
import pymysql
conn = pymysql.connect(host='localhost',user='user',password='123456',charset=
'utf8')
cur = conn.cursor()
sql_createdb ='create database if not exists dbstu'
cur.execute('use dbstu')
sql_createtb = '''
create table if not exists tbstu(
    stuNo varchar(10) primary key,
    stuName varchar(4),
    gender varchar(1),
    age int(3)
)
'''
cur.execute(sql_createdb)
cur.execute(sql_createtb)
conn.commit()
```

```
cur.close()
conn.close()
```

2．数据库异常处理

在编写 Python 程序对数据库进行操作时，难免会出现错误或异常，导致程序终止。为保持数据的一致性，可以通过 Python 的异常处理语句和数据库回滚（rollback）操作来处理异常，其语法格式如下：

```
try:
    …
except:
conn.rollback()
```

首先执行 try 子句，如果没有异常发生则忽略 except 子句，在执行 try 子句之后结束程序；如果在执行 try 子句的过程中发生了异常，那么 try 子句余下的部分将被忽略。然后执行 except 子句部分的数据回滚操作，还原该语句中被修改的数据。因此，【例 8-8】的程序代码可以做如下修改，在 try...except 语句下创建数据库和数据表。

【例 8-10】数据库异常处理。

```
import pymysql
conn = pymysql.connect(host='localhost',user='user',password='123456',charset=
'utf8')
cur = conn.cursor()
sql_createdb ='create database if not exists dbstu'
# 切换到 dbstu 数据库
cur.execute('use dbstu')
sql_createtb = '''
create table if not exists tbstu(
    stuNo varchar(10) primary key,
    stuName varchar(4),
    gender varchar(1),
    age int(3)
)
'''
try:
    cur.execute(sql_createdb)
    cur.execute(sql_createtb)
    conn.commit()                                  # 事务提交
except:
    conn.rollback()                                # 事务回滚
cur.close()
conn.close()
```

3．数据库的基本操作

在 Python 程序中对 MySQL 数据库中的数据进行增、删、改、查等操作，与 8.1.2 节中 SQLite 数据库的操作基本一致，要注意 MySQL 与 SQLite3 的不同，MySQL 使用的占位符为“%s”，这里通过【例 8-11】和【例 8-12】简单说明其操作过程。

【例 8-11】向表中插入数据。

```
import pymysql
# 在创建数据库连接对象时，通过"db='dbstu'"指定要连接的数据库名
conn = pymysql.connect(host='localhost',user='user',password='123456',\
db='dbstu',charset='utf8')
cur = conn.cursor()
sql_insert = '''
    insert into tbstu values\
    ('20201001','钱梅宝','男',20),\
    ('20201002','张平光','男',22),\
    ('20201003','许动明','男',19),\
    ('20201004','张  云','女',19),\
    ('20201005','唐  琳','女',20);
'''
try:
    cur.execute(sql_insert)
    conn.commit()
except:
    conn.rollback()
cur.close()
conn.close()
```

【例 8-12】应用【例 8-11】中的数据库和数据表，编写程序，根据用户输入的学号或姓名查询数据表记录，实现交互式查询。

```
import pymysql
conn = pymysql.connect(host='localhost',user='user',password='123456',\
db='dbstu',charset='utf8')
cur = conn.cursor()
while True:
    mode = input("请选择查询模式（1、按学号查询，2、按姓名查询）：")
    if mode =="1":
        srhNo = input('请输入要查询的学生学号：')
        sql_search = 'select * from tbstu where stuNo=%s;'   # %s 为占位符
        cur.execute(sql_search,srhNo)
    elif mode =="2":
        srhName = input('请输入要查询的学生姓名：')
        sql_search = 'select * from tbstu where stuName=%s;'
        cur.execute(sql_search,srhName)
    else:
        print("输入错误，请重新输入。")
        continue
    rows = cur.fetchall()
    print("查询信息如下：")
    print("学号\t\t 姓名\t 性别\t 年龄")
```

```
        for row in rows:
            print("%s\t%s\t%s\t%s"%(row[0],row[1],row[2],row[3]))
        key = input('按“Y”键继续，其他键退出。')
        if key.upper() == 'Y':
            continue
        else:
            print('谢谢使用！')
            break
    cur.close()
    conn.close()
```

# 任务 8.3 Python 数据库编程实训

## 一、实训目的

1. 掌握 SQLite3 和 pymysql 模块的常用对象。
2. 熟练掌握 Python 访问数据库的基本操作。

## 二、实训内容

### 实训任务 1：理论题

1. 下列选项中，不属于 MySQL 数据库 connection 对象常用参数的是（　　）。

　　A. host　　B. database　　C. name　　D. user

2. 使用 SQLite3 模块的 execute()方法执行 SQL 语句时，占位符可以用（　　）表示。

　　A. *　　B. @　　C. ?　　D. %

3. 使用 pymysql 模块的 execute()方法执行 SQL 语句时，占位符可以用（　　）表示。

　　A. *　　B. @　　C. ?　　D. %

4. 执行 SQL 查询语句之后，可通过游标对象的（　　）方法获取全部查询结果。

　　A. fetchone()　　B. fetchall()　　C. fetchmany()　　D. fetchlines()

5. Python 使用 pymysql 模块访问 MySQL 数据库，以下方法属于回滚事务的是（　　）。

　　A. commit()　　B. rollback()　　C. nextset()　　D. .scroll()

6. 在使用 SQLite3 模块，通过游标对象的 execute()方法执行一条 SQL 语句时，SQL 语句中的参数可以使用占位符来传递。下列语句中，占位符使用错误的是（　　）。

　　A. cur.execute('select * from students where gender=?;',['男'])

　　B. cur.execute('select * from students where gender=?;',('男',))

　　C. cur.execute('select * from students where gender=?;',{'男'})

　　D. cur.execute('select * from students where gender=:sex;',{'sex':'男'})

7. Python 连接 MySQL 数据库时，使用的默认端口是（　　）。

　　A. 80　　B. 21　　C. 3389　　D. 3306

### 实训任务 2：数据库操作实践

1. 使用 pymysql 模块连接到 MySQL 数据库，完成以下任务：

（1）编写程序，创建 dbstaff 数据库，并在数据库中创建 tbemployee 数据表，包括员工编号、姓名、性别、工资、工作部门。

（2）编写程序，向 tbemployee 表中添加 5 条记录。

（3）编写程序，显示 tbemployee 表中全部员工记录。

（4）编写程序，根据输入的员工编号查找员工信息。

（5）编写程序，根据输入的员工编号删除员工信息。

程序代码：

# 项目九

# Python 趣味项目

## 知识目标

- 了解 Python 的常用标准库、第三方库。
- 了解 turtle 库的基本用法。
- 了解 matplotlib 库的常用图表。
- 了解 jieba、wordcloud 库的基本用法。

## 能力目标

- 能正确使用 turtle 库中的基本方法。
- 能正确使用 matplotlib 库完成图表的绘制。
- 能正确使用 jieba、wordcloud 库完成词云的制作。

## 项目导学（视频）

微课：Python 趣味项目项目导学

小 T 在学习过程中发现，Python 的标准库及第三方库具有强大的功能，他对 Python 的图形化相关库特别有兴趣，因此他收集了图像的绘制 turtle 库、图表的绘制实现数据可视化 matplotlib 库，以及词云库 wordcloud 库的知识，想要学习数据可视化，使程序设计变得更有趣味。接下来讲解利用 Python 的扩展库，进行图形绘制与数据的可视化呈现。

## 任务 9.1 绘图库 turtle 的应用——绘制奥运五环标志（视频）

【任务描述】

微课：绘图库 turtle 的应用任务引入

截至 2022 年，奥林匹克运动会已经举办了 32 届，奥运会以“更快、更高、更强”的格言向人们传递不断进取、不畏艰险、敢攀高峰的拼搏精神。在每届奥林匹克运动会开幕时，运动场中间都要高高地悬挂一面奥林匹克旗帜，这面白色无边旗中间有 5 个圆环组成的图案。

小 T 打算用 Python 绘图工具 turtle 来绘制奥运五环标志，如图 9-1 所示，让我们跟随他一起来学习 Python 的第三方库——turtle 库吧。

图 9-1　奥运五环标志

**素养小课堂：**

奥运五环由皮埃尔·德·顾拜旦先生于 1913 年构思设计，由《奥林匹克宪章》确定，也被称为奥运五环标志，是奥林匹克运动会的标志。它由 5 个奥林匹克环套接组成，有蓝、黄、黑、绿、红 5 种颜色。环从左到右互相套接，上面是蓝、黑、红环，下面是黄、绿环。在 1914 年巴黎召开的庆祝奥运会复兴 20 周年的奥林匹克全会上，顾拜旦先生解释了他对标志的设计思想："五环——蓝、黄、绿、红和黑环，象征世界上承认奥林匹克运动，并准备参加奥林匹克竞赛的五大洲，第六种颜色白色——旗帜的底色，意指所有国家都毫无例外地能在自己的旗帜下参加比赛。"

中国是体育大国，青少年应积极参与体育锻炼，养成勤于锻炼的习惯，塑造健康的体魄，为社会主义建设添砖加瓦。

**【任务分析】**

（1）确定奥运五环各环的位置、厚度、颜色。

（2）将上面的蓝、黑、红环，下面的黄、绿环依次画出来。

（3）完成（2）后，将下面的黄环和绿环完全覆盖在上面的蓝、黑、红环上，之后对环的交叉处进行适当修改，以达到环间互相套接效果。

turtle 库（也叫作海龟绘图库）是 Python 中一个很流行的用于绘制图像的函数库，来源于 1969 年诞生的 Logo 语言，后被 Python 接纳并将其作为标准库提供给用户使用。我们可以将 turtle 库想象成一个小海龟，在一个横轴为 *X*、纵轴为 *Y* 的坐标系原点，从(0,0)位置开始，它根据一组函数指令的控制，在这个平面坐标系上移动，从而在爬行的路径上绘制出图形。下面讲解 turtle 库的常用函数。

turtle 库提供面向对象和面向过程两种接口。在这里主要讲解通过面向过程接口直接调用 turtle 库的函数进行绘图。所有函数的第一个参数默认为 self，也可以省略。（本书在介绍 turtle 各函数时，均省略了该参数）

### 9.1.1　turtle 库的常用函数（视频）

微课：turtle 库的常用函数

#### 1．画布函数

画布是 turtle 为用户展开的绘图区域，绘图窗口的标准坐标系如图 9-2 所示。绘图窗口的中心为坐标原点(0,0)，X 轴正方向为前进方向，负方向为后退方向。X 轴下方为右转方向，上方为左转方向。

1）创建绘图窗口

使用 turtle.setup()方法设置绘图窗口的大小和位置。

```
turtle.setup(width,height,startx,starty)
```

参数 width、height 分别表示绘图窗口的宽和高，当其取值为整数时，表示以像素为单位；当其取值为浮点数时，表示窗口占据屏幕的百分比。

参数 startx、starty 表示窗口位置距离屏幕边缘的像素，当其取值为正整数时，表示窗口位置距离屏幕左边缘、上边缘的像素；当其取值为负数时，表示窗口位置距离屏幕右边缘、下边缘的像素；当其值为空（或 None）时，则表示窗口水平、垂直位于屏幕中心。

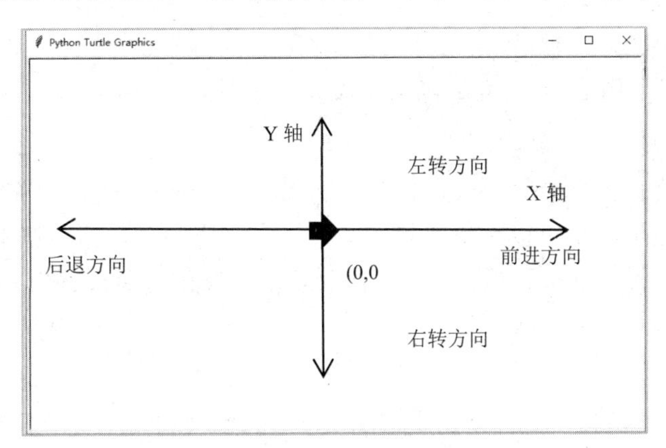


图 9-2　turtle 库绘图窗口的标准坐标系

**【例 9-1】**创建绘图窗口。

```
import turtle
turtle.setup(width=800,height=0.6,startx=100,starty=100)
```

需要注意的是，在使用 turtle 库实现图形化程序时，setup()函数并不是必需的，如果程序未调用 setup()函数，则在执行时会生成一个默认窗口。

2）设置画布的大小和背景色

使用 turtle.screensize()方法设置画布大小，基本语法格式如下：

```
turtle.screensize(canvwidth=None, canvheight=None, bg=None)
```

当参数 canvwidth 取正整数时，以像素表示画布的宽度；当参数 canvheight 取正整数时，以像素表示画布的高度。需要注意的是，画布尺寸要小于窗口的尺寸。参数 bg 是字符串，表示画布的背景颜色，turtle 库中颜色的表示方法有 3 种：

（1）采用颜色的英文单词表示，如“red”表示红色，“green”表示绿色，“yellow”表示黄色等。

（2）采用十六进制颜色值字符串表示，如“#FF0000”“#FFFF00”等。

（3）采用 RGB 颜色元组(r, g, b)表示，每个颜色取值为 0～255 或者 0～1，如（0, 255, 0）或者（1, 0.5, 0）。

**【例 9-2】**设置画布大小和背景颜色。

```
import turtle
turtle.screensize(600,400,"green")
```

**即学即答：**

turtle 绘图中角度坐标系的绝对 0 度方向是（　　）。

A．画布正下方　　B．画布正左方

C．画布正上方　　D．画布正右方

### 2．画笔控制函数

1）设置画笔的粗细

画笔的粗细可以使用 turtle.pensize()或者 turtle.width()函数来设置，其语法格式如下：

```
turtle.pensize(width)或 turtle.width(width)
```

参数 width 为一个正数，决定画笔绘制线条时的粗细，如未指定参数，则返回当前画笔的粗细。

2）设置画笔的颜色

画笔的颜色可以使用 turtle.color()函数来设置，其基本语法格式如下：

```
turtle.color(color1, color2)
```

turtle.color()函数有两个参数，color1 表示画笔颜色，color2 表示填充颜色，颜色的取值与 turtle.screensize()函数类似，可以是颜色英文单词、十六进制颜色值字符串或 RGB 颜色元组。当未指定参数时返回画笔颜色和填充颜色。在开始填充颜色时需要调用 turtle.begin_fill()函数，在结束填充时需要调用 turtle.end_fill()函数。

3）画笔的抬起和落下

想要 turtle 画笔在移动时不画线，需要使用 turtle.penup()或者 turtle.pu()函数将画笔抬起。在需要画线时，用 turtle.pendown()或者 turtle.pd()函数将画笔落下，其语法格式如下：

```
turtle.penup()或者 turtle.pu()                    # 抬起画笔
turtle.pendown()或者 turtle.pd()                  # 落下画笔
```

**【例 9-3】**画笔的控制。

```
import turtle
turtle.screensize(400,100,'black')
turtle.pensize(10)                              # 设置画笔粗细
turtle.color('red')                             # 设置画笔颜色
turtle.forward(50)                              # 画笔不抬起，直接画直线
turtle.pu()
turtle.forward(50)                              # 画笔抬起，移动画笔，不画直线
turtle.pd()
turtle.pensize(5)                               # 设置画笔粗细
turtle.color('green')                           # 设置画笔颜色
turtle.forward(100)                             # 画笔落下后，直接画直线
turtle.done()
```

运行结果如图 9-3 所示。

### 3．画笔运动函数

只有在 turtle 画笔处于落下状态时，才会沿经过的路径绘制线条。当改变画笔位置时，画笔会在前后两个位置之间绘制直线。

1）画笔的前进和后退

画笔的直线前进使用 turtle.forward()或者 turtle.fd()函数来实现，画笔的直线后退使用 turtle.backward() 或者 turtle.bk()函数来实现，其语法格式如下：

```
turtle.forward(distance)
turtle.fd(distance)
```

```
turtle.backward(distance)
turtle.bk(distance)
```

参数 distance 指前进或后退的距离，不改变当前画笔的朝向。

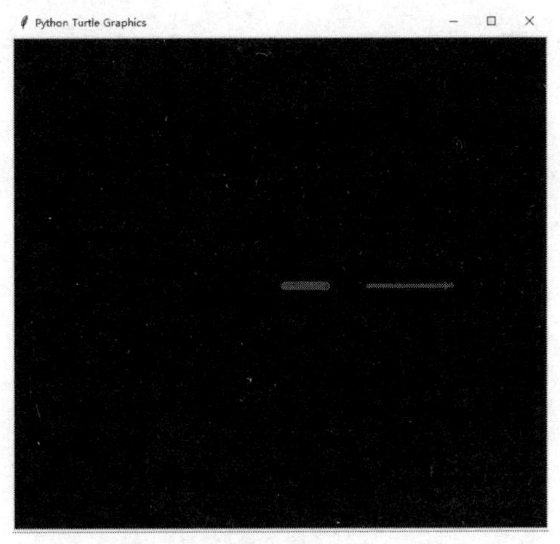


图 9-3 【例 9-3】运行结果

2）画笔的左旋转和右旋转

画笔的左旋转使用 turtle.left()或者 turtle.lt()函数来实现，画笔的右旋转使用 turtle.right()或者 turtle.rt()函数来实现，其语法格式如下：

```
turtle.left(angle)
turtle.lt(angle)
turtle.right(angle)
turtle.rt(angle)
```

参数 angle 表示画笔的旋转角度。

在【例 9-4】中，用画笔实现画等边三角形，先对要画的图形进行分析，从坐标原点(0,0)出发，沿着 X 轴画第一条边；然后向右旋转 120 度画第二条边；最后向右旋转 120 度画第三条边，完成等边三角形绘制，如图 9-4 所示。

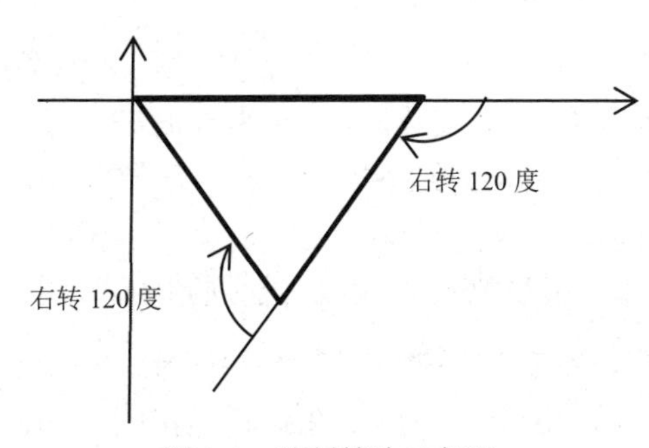


图 9-4 绘制等边三角形

**【例 9-4】**绘制等边三角形。

```
import turtle
turtle.pensize(3)                                    # 设置画笔粗细
turtle.color('black','yellow')
```

```
turtle.begin_fill()
turtle.forward(100)                              # 画第一条边
turtle.right(120)                                # 向右旋转 120 度
turtle.forward(100)                              # 画第二条边
turtle.right(120)                                # 向右旋转 120 度
turtle.forward(100)                              # 画第三条边
turtle.end_fill()
turtle.done()
```

运行结果如图 9-5 所示。

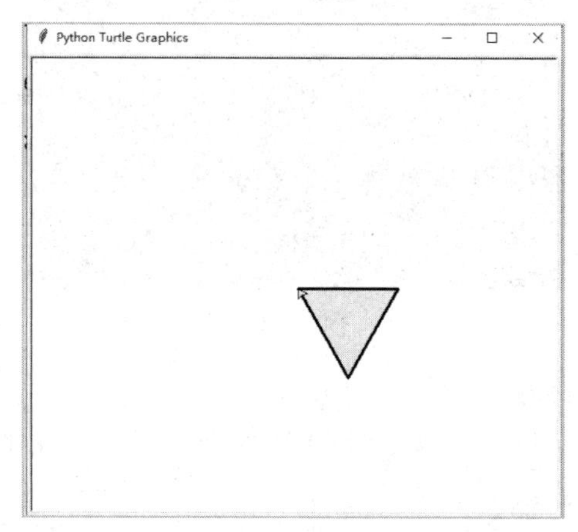


图 9-5　【例 9-4】运行结果

3）移动画笔到绝对位置

将画笔移动到绝对坐标位置，可以使用 turtle.goto()函数来实现。在使用该函数时，如果画笔已落下，则画直线，而不改变画笔的朝向。

```
turtle.goto(x,y)
```

参数 x、y 为要移动到的新坐标。

4）设置画笔的移动速度

画笔的移动速度用 turtle.speed()函数来设置，其语法格式如下：

```
turtle.speed(speed)
```

参数 speed 的取值范围为[0,10]的整数。speed 为 0 时表示没有动画效果（即速度最快）。速度为 1~10 时，数字越大，绘制的速度越快。

5）画圆、弧线或其他规则图形

用 turtle.circle()函数可以绘制圆形、弧线或其他规则图形，其语法格式如下：

```
turtle.circle(radius, extent=None, steps=None)
```

参数 radius 为数值，表示圆的半径，圆心在距画笔左侧 radius 个单位的位置。

参数 extent 为角度，可以绘制指定角度的圆弧。参数 radius 为正值时，沿逆时针方向绘制圆弧，否则沿顺时针方向绘制圆弧。绘制完毕时画笔的朝向由 extent 参数决定。

turtle 实际上是用内切正多边形来近似地表示圆，其边数由参数 steps 指定。因此 turtle.circle()函数也可以用来绘制正多边形。

【例 9-5】绘制圆、正多边形等图形。

```
import turtle
turtle.screensize(600,400)
turtle.pensize(5)                          # 设置画笔粗细
turtle.speed(8)                            # 设置画笔运行速度

turtle.penup()
turtle.goto(-200,0)
turtle.pendown()
turtle.circle(50)                          # 绘制半径为 50 的圆

turtle.penup()
turtle.goto(0,0)
turtle.pendown()
turtle.circle(50,None,6)                   # 绘制对角线长度为 100 的六边形

turtle.penup()
turtle.goto(200,0)
turtle.pendown()
turtle.circle(50,180)                      # 绘制半径为 50 的半圆弧

turtle.done
```

运行结果如图 9-6 所示。

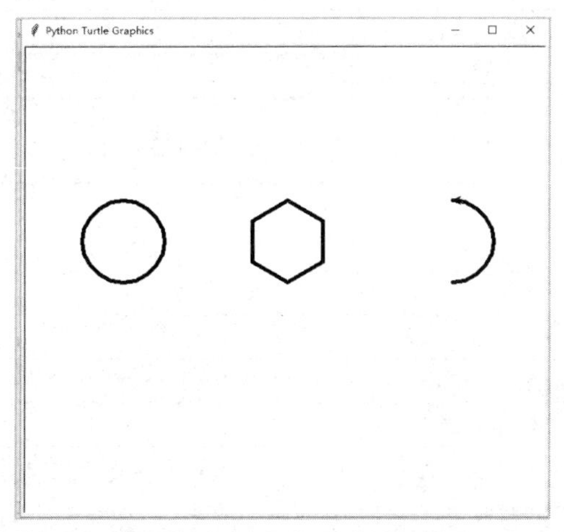


图 9-6　【例 9-5】运行结果

turtle 库的绘图功能非常强大，表 9-1～表 9-4 所示为常用的绘图函数。

表 9-1　画笔移动函数

| 函　数 | 说　明 |
| --- | --- |
| turtle.forward(distance) | 向当前画笔方向移动 distance 像素 |
| turtle.backward(distance) | 向当前画笔相反方向移动 distance 像素 |
| turtle.right(degree) | 顺时针（向右旋转）移动 degree 度 |
| turtle.left(degree) | 逆时针（向左旋转）移动 degree 度 |

续表

| 函　　数 | 说　　明 |
| --- | --- |
| turtle.seth(angle) | 改变画笔的行进方向，angle 表示旋转的角度，0 表示东，90 表示北，负值表示相反方向 |
| turtle.pendown() | 在移动时绘制图形，默认时也绘制 |
| turtle.goto(x,y) | 将画笔移动到(x,y)的位置 |
| turtle.penup() | 抬笔移动，不绘制图形，用于另起一个地方绘制 |
| turtle.circle(radius, extent=None, steps=None) | 半径为 radius 的圆，或半径为 radius、弧度为 extent 的弧线，又或以圆为内切的正多边形，该正多边形边数为 step |
| turtle.setx( ) | 将当前 X 轴移动到指定位置 |
| turtle.sety( ) | 将当前 Y 轴移动到指定位置 |
| turtle.setheading(angle) | 设置当前画笔朝向为 angle 角度 |
| turtle.home() | 设置当前画笔位置为原点，朝向东 |
| turtle.dot(r) | 绘制一个指定直径和颜色的圆点 |

**表 9-2　画笔控制函数**

| 函　　数 | 说　　明 |
| --- | --- |
| turtle.fillcolor(colorstring) | 绘制图形的填充颜色 |
| turtle.color(color1, color2) | 同时设置画笔颜色和填充颜色 |
| turtle.filling() | 返回当前是否在填充状态 |
| turtle.begin_fill() | 准备开始填充 |
| turtle.end_fill() | 填充完成 |
| turtle.hideturtle() | 隐藏画笔的 turtle 形状 |
| turtle.showturtle() | 显示画笔的 turtle 形状 |

**表 9-3　全局控制函数**

| 函　　数 | 说　　明 |
| --- | --- |
| turtle.clear() | 清空 turtle 窗口，但是不改变 turtle 的位置和状态 |
| turtle.reset() | 清空窗口，重置 turtle 状态为起始状态 |
| turtle.undo() | 撤销上一个 turtle 动作 |
| turtle.isvisible() | 返回当前 turtle 是否可见 |
| stamp() | 复制当前图形 |
| turtle.write(s [,font=("font-name",font_size,"font_type")]) | 写文本，s 为文本内容，font 是字体参数，分别为字体名称、大小和类型；font 为可选项，其参数也为可选项 |

**表 9-4　其他函数**

| 函　　数 | 说　　明 |
| --- | --- |
| turtle.mainloop()或<br>turtle.done() | 启动事件循环，调用 Tkinter 的 mainloop()函数。<br>必须是 turtle 程序中的最后一个语句 |
| turtle.mode(mode=None) | 设置或返回画笔模式（即画布的坐标系），mode 取值可以是 standard、logo 或 world。<br>standard 模式：画笔初始朝右（东），逆时针方向为正方向。<br>logo 模式：画笔初始朝上（北），顺时针方向为正方向。<br>world 模式：用户通过 turtle.setworldcoordinates()定义的自定义坐标系 |

续表

| 函　数 | 说　明 |
| --- | --- |
| turtle.delay(delay=None) | 设置或返回以毫秒为单位的绘图延迟 |
| turtle.begin_poly() | 开始记录多边形的顶点。当前位置是多边形的第一个顶点 |
| turtle.end_poly() | 停止记录多边形的顶点。当前位置是多边形的最后一个顶点，将与第一个顶点相连 |
| turtle.get_poly() | 返回最后记录的多边形 |

**边学边练：**

要求在 600*400 的画布上绘制一个边长为 100 的正六边形，画笔粗细为 3，填充颜色为橙色（orange），边框颜色为紫色（purple），如图 9-7 所示。

## 9.1.2 任务实现——绘制奥运五环标志

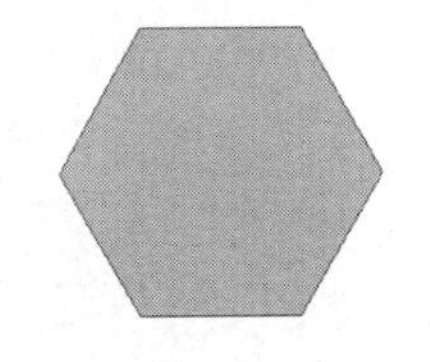

图 9-7　边框为紫色、填充色为橙色的正六边形

**【任务描述】**

小 T 通过查找资料得知奥运五环的大小和间距是按比例描绘的，假设圆环内圈半径为 1，外圈半径为 1.2，相邻圆环圆心水平距离为 2.6，两排圆环圆心垂直距离为 1.1。5 个环套接组成，有蓝、黑、红、黄、绿 5 种颜色。环从左到右互相套接，上面是蓝、黑、红环，下面是黄、绿环。整个造型为一个底部小的规则梯形。下面实现奥运五环标志的绘制。

**【任务分析】**

（1）确定奥运五环的比例，计算各环的圆心位置、半径、画笔的粗细。设圆环内圈半径为 100（画圆时半径为 110），则需设置画笔粗细为 20。如果中间黑环的坐标是(0,0)，那么其左边蓝环的坐标为(-260,0)，依次类推，其右边红环的坐标为(0,260)，左下黄环的坐标为(-130,-110)，右下绿环的坐标为(130,110)，环间的位置、大小关系如图 9-8 所示。

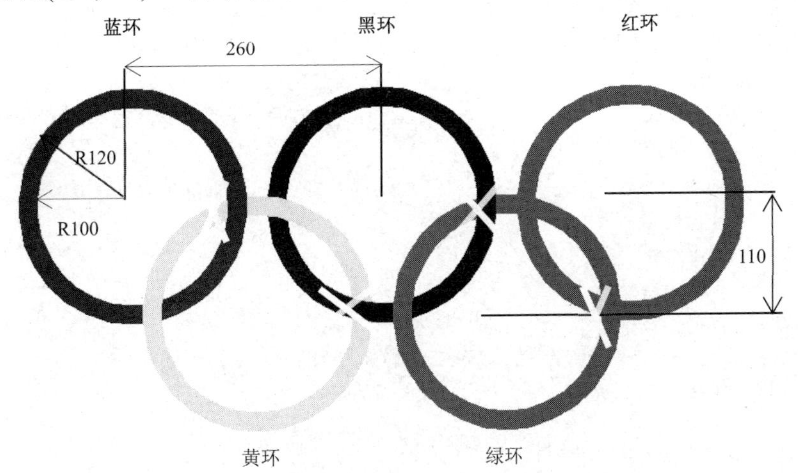


图 9-8　奥运五环的位置、大小关系

（2）设置绘画窗口、画布、画笔粗细、五环的颜色等。

（3）找到各环坐标相对于(0,0)的规律，用循环语句计算各个圆的圆心位置，画出圆环。

（4）在完成步骤（3）之后，各圆环间的交叉点均由下方圆环覆盖上方圆环形成。将图 9-8 中标有“×”的交叉点进行修改以达到环间互相套接的效果，即黄环与蓝环标“×”处交叉点被蓝环覆盖，黄环与黑环标“×”处交叉点被黑环覆盖，绿环与黑环标“×”处交叉点被黑环覆盖、绿环与红环标“×”处交叉点被红环覆盖，因此需要对蓝环、黑环、红环的部分弧线进行重画，覆盖黄、绿环。

【例 9-6】绘制奥运五环标志。

```
import turtle
turtle.setup(width=0.8,height=0.8)
turtle.screensize(1200,800)
colors = ['blue', 'black', 'red', 'yellow', 'green']  # 五环颜色列表
turtle.speed(6)
turtle.width(20)
for i in range(5):
    # 计算下一个环的坐标
    if i<3:
        x=260*(i-1)
        y = 0
    else:
        x=260*(i-3)-130
        y=-110
    turtle.penup()
    turtle.goto(x, y)                          # 将画笔移动到下一个圆环的圆心
    turtle.pendown()
    turtle.color(colors[i])                    # 设置画笔颜色
    turtle.circle(110)

# 处理蓝、黄环交叉点
turtle.penup()
turtle.goto(-260,0)
turtle.circle(110,30)                        # 抬起画笔画圆弧，不覆盖未标“×”处交叉点
turtle.pendown()
turtle.color('blue'), turtle.circle(110,90) # 落下画笔，把标“×”处交叉点的弧线重
画为蓝色
turtle.seth(0)                               # 设置画笔方向为东

# 处理绿、红环交叉点
turtle.penup(),turtle.goto(260,0), turtle.circle(110,330),
turtle.pendown()
turtle.color('red'),turtle.circle(110,30)
turtle.seth(0)

 # 处理绿、黑环换交叉点
turtle.penup(), turtle.goto(0,0), turtle.circle(110,60)
turtle.pendown()
turtle.color('black'), turtle.circle(110,60)

# 处理黄、黑环换交叉点
turtle.penup(), turtle.circle(110,210)
```

```
turtle.pendown()
turtle.circle(110,30)

turtle.done()
```

运行结果如图 9-9 所示。

图 9-9　【例 9-6】运行结果

## 任务 9.2　数据可视化库 matplotlib 的使用——解析中国夏奥之旅

**【任务描述】**

2022 年冬奥会在北京举行，这让小 T 有了回顾中国奥运之旅的想法。他收集了中国参加的历届夏季奥运会奖牌数据，并希望以图形化的界面呈现奖牌数据，从而去发现中国体育健儿在奥运会上成长、变强的历程。

**【任务分析】**

用 matplotlib 库实现数据可视化，从中国体育健儿历届金牌数量折线图、最近一届夏季奥运会各国金牌数量占比饼图、历届各类奖牌数量柱状图来分析中国体育健儿的夏季奥运之旅，编程思路如下：

（1）创建画布，在画布上显示这 3 种图表。

（2）根据数据画出折线图、饼图，柱状图。

（3）保存并显示图表。

大部分数据以文本或者数值的形式显示，这样的显示方式在数据间关系和规律的展示上不够直观。在一般情况下，图形化工具更能直观地传达数据所蕴含的关系和规律。Python 中较普及的图形化工具是 matplotlib，它可以让数据以柱状图、折线图、饼图等图表形式呈现。

为满足数据可视化时的科学计算需要，引入 NumPy 库作为多维数据处理工具，用于存储可视化所需的各类数组。

### 9.2.1　NumPy 运算

NumPy 是高性能科学计算和数据分析的扩展库，作为多维数据处理工具，可以存储和处理大型矩阵。

Python 中提供了 list 数据类型，可以作为数组使用。列表中的元素可以是任何对象，因此列表中保存的是对象的指针。对于数值运算来说，这种结构显然不够高效。Python 还有一个 array 模块，可以直接保存数值，和其他编程语言的一维数组类似，但不支持多维数组，也没有函数运算。NumPy 正好弥补了这些缺陷。

在使用 NumPy 之前需要进行安装，在 cmd 命令窗口输入以下命令：

```
pip install numpy
```

在 Python 中引入 NumPy 库，可使用如下代码：

```
import numpy as np
```

### 1．创建数组

NumPy 提供了 array()函数用于创建一维或者多维数组，即 ndarray 对象，其基本语法格式如下：

```
np.array(object,dtype,ndmin)
```

object：表示要创建的数组。

dtype：可选参数，表示数组所需的数据类型，若不指定则保存数组对象所需的最小类型，默认为 None。

ndmin：整型，指定生成数组应该具有的最小维数，默认为 None。

**【例 9-7】**创建一维或多维数组。

```
import numpy as np
array1=np.array([1, 2, 3, 4])                          # 创建一维数组
array2=np.array([[1, 3, 4, 5],[2, 7, 8, 9]])    # 创建二维数组
array3=np.array([[[1, 3, 4, 5],[6, 7, 8, 9]],[[2, 3, 4, 5],[6, 7, 8, 9]],
[[3, 3, 4, 5],[6, 7, 8, 9]]])                          # 创建三维数组
print("一维数组：\n",array1)
print("二维数组：\n",array2)
print("三维数组：\n",array3)
```

程序中的 array1 是一维数组，array2 是 2 行 4 列的二维数组，array3 是三维数组，每个维度都由 2 行 4 列的二维数组组成。

运行结果如下：

```
一维数组：
 [1 2 3 4]
二维数组：
 [[1 3 4 5]
 [2 7 8 9]]
三维数组：
 [[[1 3 4 5]
  [6 7 8 9]]

 [[2 3 4 5]
  [6 7 8 9]]

 [[3 3 4 5]
  [6 7 8 9]]]
```

NumPy 提供了一些函数来创建特殊的数组，如 onces()、zeros()、eye()等。NumPy 中的 random 模块包含了可以生成服从多种概率分布随机数的函数。表 9-5 所示为 NumPy 的常用函数。

表 9-5 NumPy 的常用函数

| 函　数 | 说　明 |
|---|---|
| np.onces(shape,dtype) | 创建 shape 形状下全部元素为 1 的数组。shape 接收整型或者元组数据，数据类型为 dtype，下同 |
| np.eye(shape,dtype) | 创建 shape 形状下对角线元素为 1、其他元素为 0 的数组 |
| np.zeros((shape,dtype)) | 创建 shape 形状下全部元素为 1 的数组 |
| np.arrange(起始值,终值,步长) | 创建一维数组，包含起始值和终值之间间隔为步长的所有元素 |
| np.random.random(m,n) | 生成 m 行 n 列的随机浮点数，浮点数范围为(0,1) |
| np.random.rand(m,n) | 返回 m 行 n 列、服从 0～1 均匀分布的随机样本值。随机样本取值范围是[0,1) |
| np.random.randn(m,n) | 返回 m 行 n 列、服从 0～1 正态分布的随机样本值。随机样本取值范围是[0,1) |
| np.random.randint(low,high,size=[m,n]) | 返回 m 行 n 列随机整型数组，整数取值范围为[low, high)。如果没有写参数 high 的值，则返回[0,low)的值 |

【例 9-8】利用函数创建数组。

```
import numpy as np
print("onces 创建的数组：\n",np.ones((2,3)))
print("eye 创建的数组：\n",np.eye(2,3))
print("zeros 创建的数组：\n",np.zeros((2,3)))
print("rand 创建的数组：\n",np.random.rand(2,3))
print("randint 创建的数组：\n",np.random.randint(5,10,size=[2,3]))
```

利用函数快速生成特殊数组，运行结果如下：

```
onces 创建的数组：
 [[1. 1. 1.]
 [1. 1. 1.]]
eye 创建的数组：
 [[1. 0. 0.]
 [0. 1. 0.]]
zeros 创建的数组：
 [[0. 0. 0.]
 [0. 0. 0.]]
rand 创建的数组：
 [[0.99139623 0.53916405 0.01325806]
 [0.44222241 0.94499632 0.24608376]]
randint 创建的数组：
 [[6 5 8]
 [7 7 9]]
```

### 2．数组属性

在创建数组之后，可以通过数组属性来了解数组，比如数组的维数、数组的尺寸等。数组主要属性如表 9-6 所示。

表 9-6　数组的主要属性

| 属　性 | 返回数据类型 | 说　明 |
| --- | --- | --- |
| ndim | int | 数组的维数 |
| shape | tuple | 数组的尺寸，对于 n 行 m 列的矩阵，形状为(n,m) |
| size | int | 数组元素的总数，等于数组 shape 的乘积 |
| dtype | data-type | 数组中元素的类型 |
| itemsize | int | 数组的每个元素的大小（以字节为单位） |

【例 9-9】查看数组的属性。

```
# 接例【9-7】
print('array1 维度：',array1.ndim)
print('array1 数据类型：',array1.dtype)
print('array1 形状：',array1.shape)
print('array1 元素个数：',array1.size)
print('array2 维度：',array2.ndim)
print('array2 数据类型：',array2.dtype)
print('array2 形状：',array2.shape)
print('array2 元素个数：',array2.size)
print('array3 维度：',array3.ndim)
print('array3 数据类型：',array3.dtype)
print('array3 形状：',array3.shape)
print('array3 元素个数：',array3.size)
```

程序中的 array1 是一维数组，array2 是 2 行 4 列的二维数组，array3 是三维数组，每个维度都由 2 行 4 列的二维数组组成。

运行结果如下：

```
array1 维度： 1
array1 数据类型： int32
array1 形状： (4,)
array1 元素个数： 4
array2 维度： 2
array2 数据类型： int32
array2 形状： (2, 4)
array2 元素个数： 8
array3 维度： 3
array3 数据类型： int32
array3 形状： (3, 2, 4)
array3 元素个数： 24
```

在【例 9-7】中，3 组数组的数据类型都是 int32。在实际业务中，需要使用不同精度的数据类型来满足各类计算要求。NumPy 扩充了原生 Python 的数据类型，这些数据类型由类型名（如 float、int）和元素位长的数字组成。在默认情况下，64 位 Windows 操作系统输出的结果为 int32，64 位 Linux 或 Mac OS 操作系统输出的结果为 int64。

在 NumPy 中，所有数组元素的数据类型都是一致的，用 dtype 属性查看数组的类型。NumPy 数组数据类型如表 9-7 所示

表 9-7 NumPy 数组数据类型

| 类　型 | 说　明 |
| --- | --- |
| bool | 用一位布尔类型数据存储（值为 True 或者 False） |
| int16 | 有符号的 16 位整数（-32768～32767） |
| unit16 | 无符号的 16 位整数（0~65535） |
| int32 | 有符号的 32 位整数 |
| unit32 | 无符号的 32 位整数 |
| int64 | 有符号的 64 位整数 |
| unit64 | 无符号的 64 位整数 |
| float16 | 半精度浮点数（16 位），其中 1 位表示正负号，5 位表示指数，10 位表示尾数 |
| float32 | 半精度浮点数（32 位），其中 1 位表示正负号，8 位表示指数，23 位表示尾数 |
| float64 | 半精度浮点数（64 位），其中 1 位表示正负号，11 位表示指数，52 位表示尾数 |
| complex64 | 复数，分别用两个 32 位表示实部和虚部 |
| complex128 | 复数，分别用两个 64 位表示实部和虚部 |

### 3．数组访问

NumPy 以提供高效率的数组运算著称，主要原因是它具有索引的易用性。一维数组的访问、切片均与列表 list 类似，不再赘述，这里着重介绍多维数组的访问，其基本语法格式如下：

```
array[m1:m2,n1:n2...] # 切片数组索引各维度为[m1,m2)，[n1,n2)的数组
```

“m1:m2”也可换作由直接索引值组成的元组，如(1,3,5)，表示切片索引为 1、3、5 的数组。

**【例 9-10】** 数组的访问。

```
import numpy as np
array3=np.array([[[1, 3, 4, 5],[6, 7, 8, 9]],[[2, 3, 4, 5],[6, 7, 8, 9]],
[[3, 3, 4, 5],[6, 7, 8, 9]]])# 创建三维数组
print(array3[0:1,0:2,0:2])
print(array3[0:1,0:2,(0,1,2)])
```

程序中的 array3[0:1,0:2,0:2]表示切片得到的 array3 中各维度索引分别为 0、（0,1）、（0,1）的数组，array3[0:1,0:2,(0,1,2)]表示切片得到 array3 中各维度索引分别为 0、（0,1）、（0,1,2）的数组。运行结果如下：

```
[[[1 3]
  [6 7]]]
[[[1 3 4]
  [6 7 8]]]
```

**边学边练：**

创建一个 3*2*4 的三维数组，并进行如下操作。

（1）输出其维数、元素个数。

（2）切片，3 个维度对应索引分别为 1、（0,1）、（0,1）的数组。

### 9.2.2 Matplotlib 库的常见操作

Matplotlib 是 Python 的一个扩展库，是一个 Python 2D 绘图库，它可以跨平台画出很多高质量的图像，从而使数据变得更易理解。在 Matplotlib 中，用简单的代码就可以生成图表，如柱状图、折线图、散点图等常用的数据分析图表。

在使用 Matplotlib 之前需要进行安装，在 cmd 命令窗口输入如下命令：

```
pip install matplotlib
```

Matplotlib 中的 pyplot 模块是一个命令风格函数的集合，在使用 matplotlib.pyplot 创建图形时，可以实现在创建的绘图区域中绘制线条、使用标签装饰绘图等功能。在 Python 中引入 matplotlib.pyplot 模块，可使用如下代码：

```
import matplotlib.pyplot as plt
```

使用 matplotlib.pyplot 模块绘制图形一般按照以下流程进行：先创建画布和子图；然后在画布上绘制图形，添加各种图形标签（图形标题、X 轴刻度标题、Y 轴刻度标题）；最后进行图形的保存和显示，如图 9-10 所示。

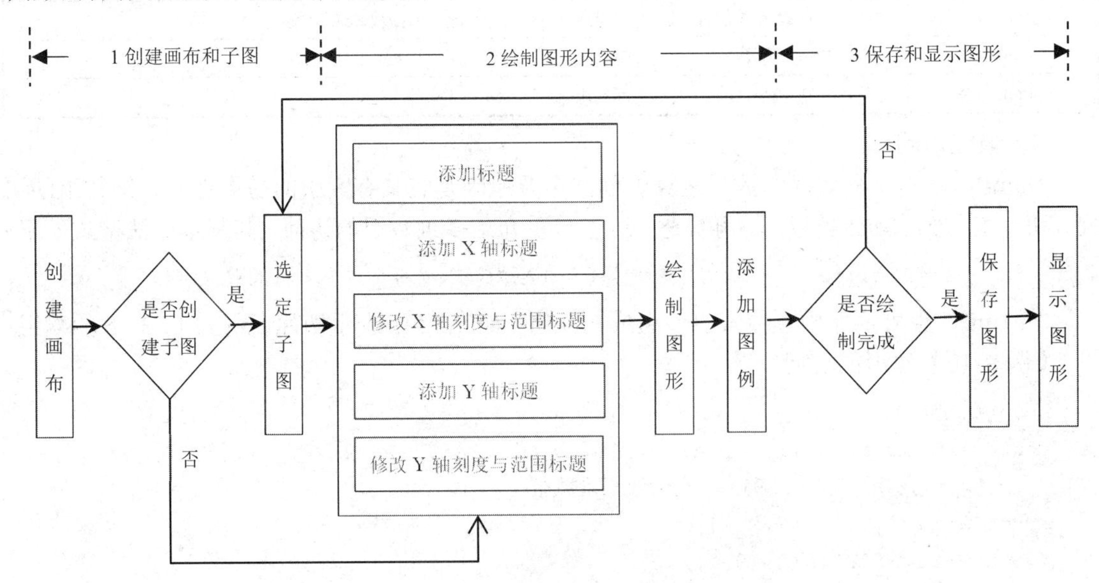


图 9-10　Matplotlib 绘制图表流程

#### 1. 创建画布

使用 matplotlib.pyplot 模块中的 figure()函数创建空白画布，可以在画布中绘制图表内容、设定图表标签，其语法格式如下：

```
matplotlib.pyplot.figure(num=None, figsize=None, dpi=None, facecolor=None,
  edgecolor=None, frameon=True, FigureClass=<class
'matplotlib.figure.Figure'>, clear=False)
```

num：可选参数，表示图形的编号或者名称，数字表示编号，字符串表示名称。如果不提供该参数，则会创建一个新窗口，窗口的编号会自增；如果提供该参数，则该窗口的编号为 num。

figsize：可选参数，是一个元组(宽度,高度)，用于设置画布的尺寸，以英寸为单位。

dpi：可选参数，用于设置图形的分辨率。

facecolor：可选参数，通过 RGB 颜色元组设置画板的背景颜色，范围是#000000~#FFFFFF。

edgecolor：可选参数，用于显示边框颜色。

frameon：可选参数，表示是否绘制窗口的图框，默认是 True。

FigureClass：可选参数，派生自 matplotlib.pyplot.figure 的类，用户可以选择使用自定义的图形对象。

clear：可选参数，默认是 False，如果提供该参数则为 Ture。若该窗口存在，则内容会被清除。

【例 9-11】创建新画布。

```
import matplotlib.pyplot as plt
plt.figure(figsize=(8,4),facecolor='#FFFF00') #设置背景色为#FFFF00 的画布
plt.show()
```

上述代码创建了一张 8 英寸*4 英寸、背景颜色为#FFFF00（黄色）、窗口名称为“画布”的画布，运行结果如图 9-11 所示。

图 9-11　【例 9-11】运行结果

2．创建多个子图

很多时候需要在一块画布上绘制多个图形。Figure 对象允许被划分为多个绘图区域，这些区域被称为子图，每个区域都拥有属于自己的坐标系。使用 subplot()函数在画布上创建多个绘图区域，其基本语法格式如下：

```
matplotlib.pyplot.subplot(nrows, ncols, index)
```

nrows,ncols：表示一张图被分为 nrows*ncols 个区域。

index：表示子图所处的位置，起始位置索引为 1，即 1<=index<=nrows*ncols。

subplot()函数将整个绘图区域等分为“nrows（行）*ncols（列）”的矩阵区域，之后按照从左到右、从上到下的顺序对每个区域进行编号，左上角区域为 1，依次递增。如 subplot(2,2,1)表示创建一个 2 行 2 列的绘图区域，添加左上角子图，如 9-12 所示。

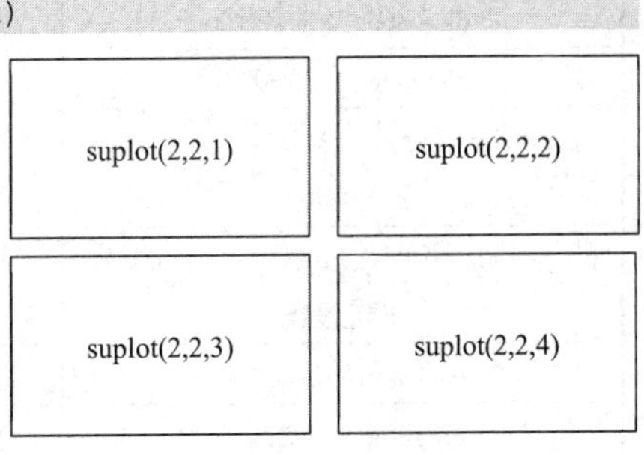


图 9-12　将画布分成 2×2 的矩阵区域

如果 nrows、ncols、index 3 个参数的值都小于 10，则可以简写 subplot()函数中的参数，即 subplot(323)，等同于 subplot(3,2,3)。为了便于理解，用【例 9-12】来演示创建 3 个子图的过程。

【例 9-12】创建画布上的子图。

```
import matplotlib.pyplot as plt
plt.figure(num="画布",figsize=(8,4),facecolor='#FFFF00')
# 创建一块黄色、8 英寸*4 英寸的画布
plt.subplot(221)  # 添加 2 行 2 列中第一行第一个子图
plt.subplot(222)  # 添加 2 行 2 列中第一行第二个子图
plt.subplot(212)  # 添加 2 行 2 列中第二行第一个子图
plt.show()
```

画布的绘图区域被划分成了 2×2 的矩阵区域，如图 9-13 所示。

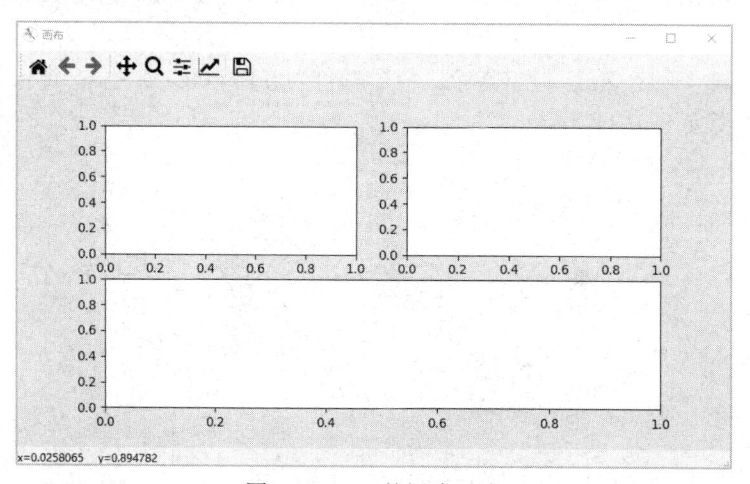


图 9-13　2×2 的矩阵区域

### 3. 添加画布内容

在绘图时可以添加标题、坐标轴刻度、坐标轴名称等标签用以标注图表信息，pyplot 模块提供了为图形添加标签的函数，常用函数如表 9-8 所示（matplotlib.pyplot 简写为 plt）。

表 9-8　matplotlib.pyplot 常用函数

| 函　数 | 说　明 |
| --- | --- |
| plt.title('标题名称') | 设置当前图表的标题 |
| plt.xlabel('X 轴名称') | 设置当前图表 X 轴的标签名称 |
| plt.ylabel('Y 轴名称') | 设置当前图表 Y 轴的标签名称 |
| plt.xticks([刻标数组,刻度标签,rotation=旋转角度]) | 指定 X 轴刻度的标签与取值，刻度默认是数值，可以替换成标签形式（刻度标签是可选参数），旋转角度是指 X 轴刻度在水平方向上顺时针旋转的角度 |
| plt.yticks([刻标数组,刻度标签, rotation=旋转角度]) | 指定 Y 轴刻度的标签与取值，刻度默认是数值，可以替换成标签形式（刻度标签是可选参数），旋转角度是指 Y 轴刻度在水平方向上顺时针旋转的角度 |
| plt.xlim((X 轴范围)) | 设置或获取当前图表 X 轴范围 |
| plt.ylim((Y 轴范围)) | 设置或获取当前图表 Y 轴范围 |
| plt.legend([图例]) | 在坐标轴上设置一个图例 |

表 9-9 所示为一个杂货店中水果类、米面类商品的日销售量，要求用图表显示这些数据，标明图表名称、X 轴名称、X 轴标签、Y 轴名称等内容，如【例 9-13】所示。

表 9-9 杂货店商品日销售量统计

| | 水果类 | | | | 米面类 | | | |
|---|---|---|---|---|---|---|---|---|
| | 苹果 | 香蕉 | 车厘子 | 哈密瓜 | 大米 | 面粉 | 糯米粉 | 小米 |
| 销售量（斤） | 25 | 12 | 35 | 20 | 30 | 22 | 40 | 5 |

【例 9-13】添加画布内容。

```
import matplotlib.pyplot as plt
plt.rcParams['font.sans-serif'] = ['SimHei']
plt.rcParams['axes.unicode_minus'] = False
plt.figure(num="画布",figsize=(6,3),facecolor='#FFFF00')
plt.title("水果/米面销售统计图")                    # 添加图表名称
plt.xlabel("水果/米面名称")                         # 设置 X 轴名称
plt.xticks([1,2,3,4],['苹果/大米','香蕉/面粉','车厘子/糯米粉','哈密瓜/小米
'],rotation=5)                                      # 设置 X 轴标签
plt.ylabel("水果/米面销量(斤)")                     # 设置 Y 轴名称
plt.ylim((0,40))                                    # 设置 Y 轴刻度范围
plt.plot([1,2,3,4],[25,12,35,20])                   # 画出水果销量折线图
plt.plot([1,2,3,4],[30,22,40,5])                    # 画出米面销量折线图
plt.legend(['水果销量','米面销量'])                  # 设置图例
plt.show()
```

运行结果如图 9-14 所示。

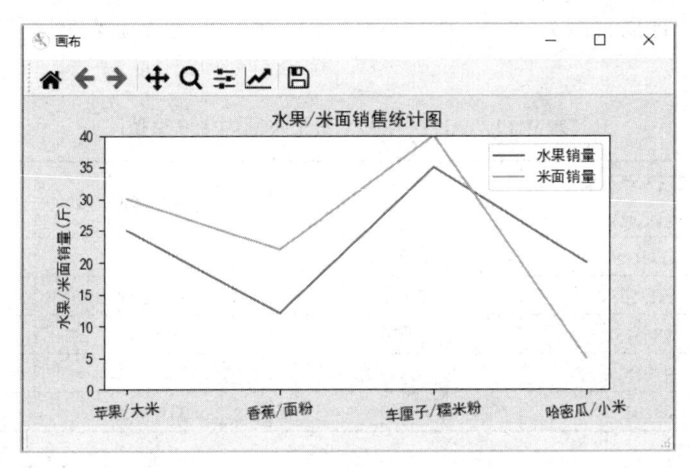


图 9-14 【例 9-13】运行结果

需要注意的是，在使用 Matplotlib 绘图时，图表中需要显示中文字符，如果无法显示正确的中文，而以方格子显示，则其主要原因是 Matplotlib 库的配置中没有中文字体的相关信息，可以在程序中添加如下代码来解决：

```
plt.rcParams['font.sans-serif'] = ['SimHei']
plt.rcParams['axes.unicode_minus'] = False
```

**4．保存和显示图表**

在创建好图表之后，可以将其直接显示，也可以以图片的形式保存在某个目录下，这些用 Matplotlib 中的相关函数都可以实现。

1）显示图表

显示图表的功能已经在前面的例题中应用过了，其语法格式如下：

```
plt.show()
```

2）保存图表

要想保存当前生成的图表，可以调用 savefig()函数。fname 参数是一个包含文件名路径的字符串。

```
plt.savefig(fname)
```

需要注意的是，使用 savefig()函数将图片保存在指定目录下，要在执行 show()之前进行插入，如果在执行 show()之后插入则会出现保存图片为空白的现象。

### 9.2.3 Matplotlib 绘制常见图表

matplotlib.pyplot 模块包含了多种图表的快速生成函数，常用函数如表 9-10 所示。

表 9-10 matplotlib.pyplot 图表函数

| 函　数 | 功　能 | 函　数 | 功　能 |
| --- | --- | --- | --- |
| plt.plot() | 绘制折线图 | plt.pie() | 绘制饼图 |
| plt.hist() | 绘制直方图 | plt.scatter() | 绘制散点图 |
| plt.bar() | 绘制柱状图 | plt.boxplot() | 绘制箱线图 |

表 9-11 所示为一组我国 2017～2021 年全年国内生产总值及第一、二、三产业的增加值（数据来源：国家统计局官网），要求用图表对该数据进行可视化呈现，使得数据的变化趋势更直观。

表 9-11 2017～2021 年全年国内生产总值

| 年　份 | 国内生产总值(亿元) | 第一产业增加值(亿元) | 第二产业增加值(亿元) | 第三产业增加值(亿元) |
| --- | --- | --- | --- | --- |
| 2021 年 | 1143669.7 | 83085.5 | 450904.5 | 609679.7 |
| 2020 年 | 1013567.0 | 78030.9 | 383562.4 | 551973.7 |
| 2019 年 | 986515.2 | 70473.6 | 380670.6 | 535371.0 |
| 2018 年 | 919281.1 | 64745.2 | 364835.2 | 489700.8 |
| 2017 年 | 832035.9 | 62099.5 | 331580.5 | 438355.9 |

#### 1．绘制折线图

折线图（Line Chart）是将数据点按照顺序用线段连接起来的图表，其主要功能是查看变量 y 随着自变量 x 变化的趋势，适用于随时间变化而连续变化的数据，用户可从中看出数据增长趋势的变化。使用 pyplot 模块中的 plot()函数可以实现折线图的绘制，其基本语法格式如下：

```
plt.plot([x], y, [fmt], data=None, **kwargs)
```

可选参数[fmt]是一个字符串，用于定义图的基本属性，如颜色（color）、点型（marker）、线型（linestyle）。plot()函数的部分相关参数含义如下：

[x],y：列表数据类型，表示 X 轴与 Y 轴对应的数据。

color：字符串数据类型，表示折线的颜色，常用颜色 b 表示蓝色，g 表示绿色，r 表示红色，c 表示青色，y 表示黄色，w 表示白色，k 表示黑色。

marker：字符串数据类型，表示折线上数据点处的类型，可取“,”“*”“.”等 20 种形状，默认为 None。

linestyle：字符串数据类型，表示折线的类型，可取实线“-”、长虚线“--”、点线“-.”、短虚线“:”4 种线型，默认为“-”。

linewidth：0～10 之间的数值，表示线条粗细，默认为 1.5。

alpha：0～1 之间的小数，表示点的透明度。

label：字符串数据类型，表示数据图例内容，如 label='实际数据'。

fmt 可接收每个属性的单个字母缩写，具体形式为 fmt = '[color][marker][linestyle]'，也可以用参数对单个属性赋值。例如，折线实现蓝色圆点实线，可以用 plot(x, y, 'bo-')，也可以用 plot(x,y,color='b', linestyle='--', marker='o')实现。颜色、线型、点标记有多种，主要字符如表 9-12、表 9-13、表 9-14 所示。

表 9-12　Matplotlib 主要颜色字符表

| 颜色字符 | 说　明 | 颜色字符 | 说　明 |
|---|---|---|---|
| 'b' | 蓝色 | 'm' | 洋红色（magenta） |
| 'g' | 绿色 | 'y' | 黄色 |
| 'r' | 红色 | 'k' | 黑色 |
| 'c' | 青绿色（cyan） | 'w' | 白色 |
| '#00FF00' | RGB 颜色字符串 | '0.8' | 灰度值字符串 |

表 9-13　Matplotlib 主要线型表

| 线型字符 | 说　明 | 颜色字符 | 说　明 |
|---|---|---|---|
| '-' | 实线 | '-.' | 点划线 |
| '--' | 破折线 | ': ' | 虚线 |

表 9-14　Matplotlib 点标记表

| 点标记字符 | 说　明 | 点标记字符 | 说　明 | 点标记字符 | 说　明 |
|---|---|---|---|---|---|
| '.' | 点标记 | '1' | 下花三角标记 | 'h' | 竖六边形标记 |
| ',' | 像素点标记 | '2' | 上花三角标记 | 'H' | 横六边形标记 |
| 'o' | 实心圈标记 | '3' | 左花三角标记 | '+' | 十字标记 |
| 'v' | 倒三角标记 | '4' | 右花三角标记 | 'x' | x 标记 |
| '^' | 上三角标记 | 's' | 实心方形标记 | 'D' | 菱形标记 |
| '>' | 右三角标记 | 'p' | 实心五角标记 | 'd' | 瘦菱形标记 |
| '<' | 左三角标记 | '*' | 星形标记 | '\|' | 垂直线标记 |

下面对表 9-11 中的数值趋势进行可视化图表显示。这是对在一个连续时间内某一个数据变化趋势的显示，用折线图可以更直观地反映数据的发展趋势。

【例 9-14】2017～2021 年全年国内生产总值折线图。

```
import matplotlib.pyplot as plt
plt.figure(num='折线图画布',figsize=(6,6))
plt.rcParams['font.sans-serif'] = ['SimHei']
plt.rcParams['axes.unicode_minus'] = False
```

```
    plt.title("2017-2021 国内生产总值折线图")              # 添加图表名称
    plt.xlabel("年份")                                     # 设置 X 轴名称
    plt.xticks([1,2,3,4,5],['2017 年','2018 年','2019 年','2020 年','2021 年'])
                                                           # 设置 X 轴标签
    plt.ylabel("GDP 值(万亿)")                             # 设置 Y 轴名称
    plt.plot([1,2,3,4,5],[832035.9,919281.1,986515.2,1013567.0,1143669.7],color
="r",linewidth=2,linestyle='-',label='GDP 总值', marker='*') # 国内生产总值折线图
    plt.plot([1,2,3,4,5],[62099.5,64745.2,70473.6,78030.9,83085.5],color="g",li
newidth=2,linestyle='-.',label='第一产业', marker='o')       # 第一产业
    plt.plot([1,2,3,4,5],[331580.5,364835.2,380670.6,383562.4,450904.5],color="
b",linewidth=2,linestyle='--',label='第二产业', marker='v') # 第二产业
    plt.plot([1,2,3,4,5],[438355.9,489700.8,535371.0,551973.7,609679.7],color="
y",linewidth=2,linestyle=':',label='第三产业', marker='D')  # 第三产业
    plt.legend(['国内生产总值(亿元)','第一产业增加值(亿元)','第二产业增加值(亿元)','第三
产业增加值(亿元)'])                                          # 设置图例
    plt.show()
```

在一块画布上把国内生产总值，第一、二、三产业 GDP 用不同颜色、不同线型和不同的点显示出来，如图 9-15 所示。

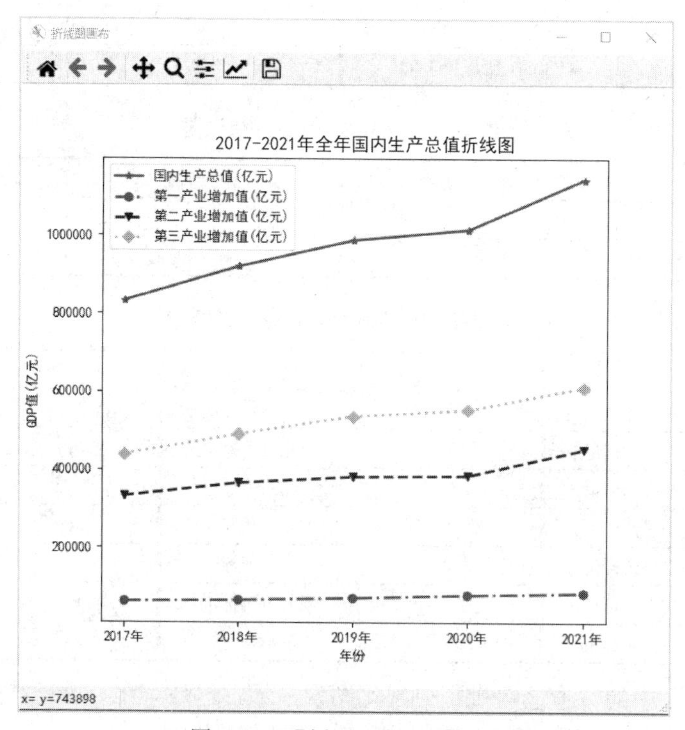


图 9-15 【例 9-14】运行结果

从图中可以明显地看出，我国 2017～2021 年国内生产总值呈上升趋势，但到 2020 年这种增长趋势有所减缓。尽管如此，2020 年我国 GDP 突破 100 万亿大关，是世界主要经济体中唯一一个正增长的国家。

**2. 绘制柱状图**

柱状图也是数据可视化图表之一，是由一系列高度不等的纵向条形来表示数据分布情况

的图表。pyplot 模块中的柱状图用 bar()函数实现，其基本语法格式如下：

```
plt.bar(x,height,width,align,color,*,align='center',**kwargs)
```

x：列表数据类型，表示 X 轴的数据。

height：列表数据类型，表示条形的高度值。

width：表示每个条形的宽度，默认为 0.8，也可以指定一个固定值，那么所有的条形都一样宽；或者设置一个列表，分别对每个条形设置不同的宽度。

align：条形对齐方式，有 center 和 edge 两个可选值。center 表示每个条形都根据 X 轴刻度中心对齐，edge 表示条形全部以刻度为起点对齐。如果不指定该参数，则默认值为 center。

color：每个条形呈现的颜色，可指定一个颜色值，让所有条形呈现相同颜色；或者指定带有不同颜色的列表，让条形显示不同颜色。

edgecolor：每个条形边框的颜色，可指定一个颜色，让所有条形边框呈现同样颜色；或者指定带有不同颜色的列表，让条形边框显示不同颜色。

下面对表 9-11 的数值趋势进行柱状图显示，将国内生产总值柱状图显示在第一个子图中，第一、二、三产业增加值柱状图显示在第二个子图中。

**【例 9-15】**2017～2021 年全年国内生产总值及第一、二、三产业增加值柱状图。

```
    import matplotlib.pyplot as plt
    import numpy as np
    plt.figure(num='柱状图画布',figsize=(6,6))
    plt.rcParams['font.sans-serif'] = ['SimHei']
    plt.rcParams['axes.unicode_minus'] = False
    xYear=['2017年','2018年','2019年','2020年','2021年']
    x=[1,2,3,4,5]
    plt.subplot(211)
    # 两个子图，第一个子图显示国内生产总值柱状图，第二个子图显示第一、二、三产业增加值柱状图
    plt.title("2017-2021年国内生产总值柱状图")                # 添加图表名称
    plt.ylabel("GDP值(亿元)")                                  # 设置Y轴名称
    plt.bar(xYear,[832035.9,919281.1,986515.2,1013567.0,1143669.7],color="r")
# 国内生产总值柱状图
    plt.subplot(212)
    plt.title("2017-2021年第一、二、三产业GDP柱状图") # 添加图表名称
    plt.ylim((0,800000))  # 设置Y轴刻度范围，要高于最大值，以便显示图例时不遮挡图形
    plt.xticks((np.array(x)+0.25).tolist(),['2017年','2018年','2019年','2020年
','2021年'])                                                   # 设置X轴标签
    plt.bar(x,[62099.5,64745.2,70473.6,78030.9,83085.5],width=0.25,color="g",la
bel='第一产业')                                                # 第一产业增加值柱状图
    plt.bar((np.array(x)+0.25).tolist(),[331580.5,364835.2,380670.6,383562.4,45
0904.5],width=0.25,color="b",label='第二产业')                 # 第二产业增加值柱状图
    plt.bar((np.array(x)+0.5),[438355.9,489700.8,535371.0,551973.7,609679.7],wi
dth=0.25,color="y",label='第三产业')                           # 第三产业增加值柱状图
    plt.legend(['第一产业增加值(亿元)','第二产业增加值(亿元)','第三产业增加值(亿元)'])
    plt.show()
```

程序中的“np.array(x)+0.25).tolist()”表示将横坐标列表 x 中的元素 array 变换成数组，在

将第二个条形的位置较第一个条形向右移 0.25（紧挨第一个条形，但不重叠）之后转换回列表，运行结果如图 9-16 所示：

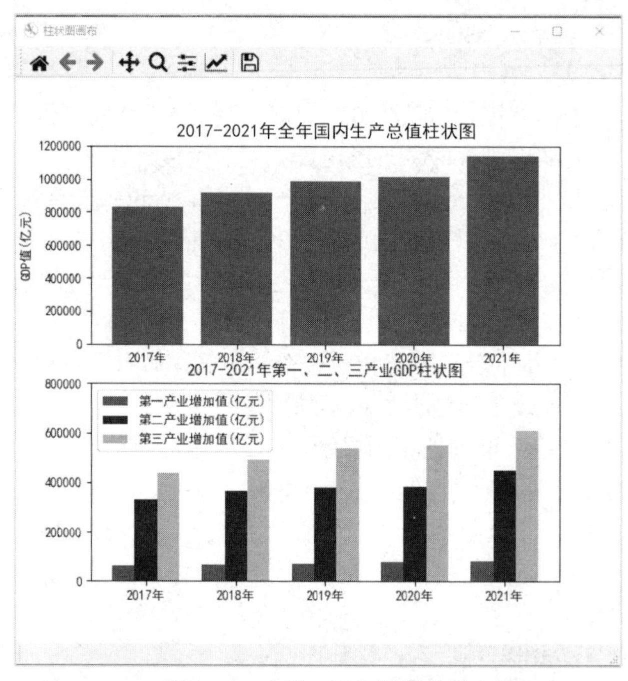


图 9-16 【例 9-15】运行结果

### 3. 绘制散点图

散点图也是数据可视化图表之一，是由一系列高度不等的纵向条形或者线段来表示数据分布情况的图表。散点图用 pyplot 模块中的 scatter()函数实现，其基本语法格式如下：

```
plt.scatter((x, y, s=None, c=None, marker=None, alpha=None, **kwargs)
```

x,y：array 数据类型，表示与 X 轴、Y 轴对应的数据。

s：数值或一维 array 数据类型，表示散点的大小，默认为 None。

c：接收颜色或者一维的 array，表示散点标记的颜色。

marker：表示绘制的点的类型，默认为 None。

aplha：0~1 的小数，表示散点的透明度，默认为 None。

下面用 pyplot 模块中的 scatter()函数随机产生 100 个散点坐标的散点图。

素材“9-16HeightWeight.csv”是大数据技术专业本年度 150 名学生的身高、体重数据，该文件中第一列为身高（CM），第二列为体重（KG），第三列为性别（“F”表示女生，“M”表示男生）。为更好地呈现男、女生身高、体重的分布情况，下面用不同颜色的散点图进行呈现。

【例 9-16】绘制男、女生身高、体重散点图。

```
import csv
import matplotlib.pyplot as plt


plt.rcParams['font.sans-serif'] = ['SimHei']
plt.rcParams['axes.unicode_minus'] = False
plt.figure(num='散点图画布',figsize=(6,6))
plt.title("男女生身高体重散点分布图")                # 添加图表名称
```

```
plt.xlabel("身高(CM)")                          # 设置 X 轴名称
plt.ylabel("体重 (KG) ")                        # 设置 Y 轴名称
plt.ylim((40,75))                              # 设置 Y 轴刻度范围
plt.xlim((150,190))

with open('9-16HeightWeight.csv', 'r') as f:
    reader = csv.reader(f)
    for row in reader:
        sex=row[2]
        if sex=='F':                           # 取得女生的身高体重，并画绿点
            X= eval(row[0])
            Y = eval(row[1])
            plt.scatter(X,Y, s=64, c='g', marker='o',alpha=.5)
            # 散点大小为 64，散点标记类型设置为 'o' 对应实心圆，透明度设置为 0.5，颜色为绿色
        elif sex=='M':
            X= eval(row[0])
            Y = eval(row[1])
            plt.scatter(X,Y, s=64, c='r', marker='o',alpha=.8)
            # 散点大小为 64，散点标记类型设置为 'o' 对应实心圆，透明度设置为 0.8，颜色为红色
f.close()
plt.show()
```

程序中绘制的散点大小为 64，散点标记类型设置为‘o’，对应实心圆，女生用绿色实心圆表示，男生用红色实心圆表示，运行结果如图 9-17 所示。可以看出女生身高主要集中在 160cm～170cm，男生身高主要集中在 170cm～180cm。

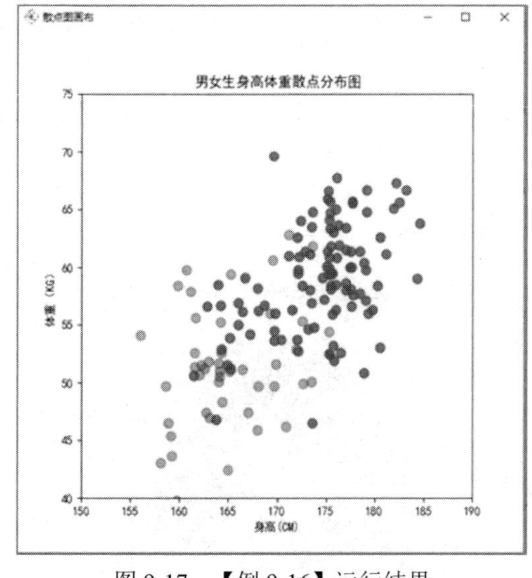


图 9-17 【例 9-16】运行结果

#### 4．绘制饼图

将一个圆饼按照分类的占比划分成多个区块，整个圆饼代表数据的总量，每个区块（圆弧）表示该分类占总体的比例，所有区块（圆弧）的和等于 100%，这就是饼图。饼图用 pyplot 模块中的 pie()函数实现，其基本语法格式如下：

```
    plt.pie(x, labels=None, explode=None, colors=None, autopct=None,pctdistance
=0.6,   shadow=False, labeldistance=1.1,radius=None,**kwargs )
```

x：array 数据类型，表示用于绘制饼图的数据。

labels：array 数据类型，指定每一项的名称，默认为 None。

explode：array 数据类型，指定饼图圆心为 n 个半径，默认为 None。

colors：饼图颜色，表示颜色的 string 或者包含颜色字符串的 array，默认为 None。

autopct：设置饼图内百分比，可以使用 format function'%1.1f'、format 字符串或者小数点前后位数（空位用空格补齐）来表示。

pctdistance：float 数据类型，指定 autopct 的位置刻度，默认值为 0.6。

labeldistance：float 数据类型，label 标记的绘制位置，相对于半径的比例，默认值为 1.1，若小于 1 则绘制在饼图内侧。

shadow：bool 数据类型，在饼图下面画一个阴影，默认值为 False 即不画阴影。

radius：float 数据类型，设置饼图半径，默认值为 1。

下面将表 9-11 中的 2021 年第一、二、三产业的增加值以饼图的形式呈现。

**【例 9-17】**2021 年国内生产总值及第一、二、三产业增加值饼图。

```
    import matplotlib.pyplot as plt
    plt.figure(num='饼图画布',figsize=(6,6))
    plt.rcParams['font.sans-serif']=['SimHei'] # 正常显示中文标签
    labels= ['第一产业','第二产业','第三产业']
    x= [83085.5,450904.5,609679.7]
    explode= (0,0.1,0)
    plt.pie(x,explode=explode,labels=labels,autopct='%1.1f%%',shadow=True,start
angle=150)
    plt.title("2021 年国内生产总值第一、二、三产业增加值构成饼图")
    plt.show()
```

运行结果如图 9-18 所示，可以很清晰地看出 3 个产业的构成情况：第三产业占比最大，对国内生产总值的贡献最大；其次是第二产业；占比最小的是第一产业。

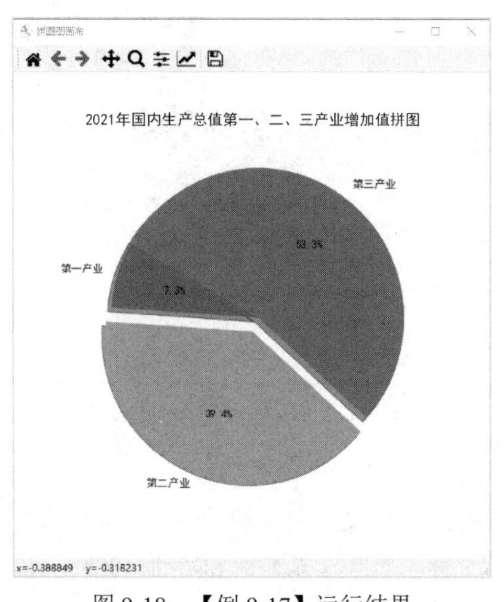


图 9-18 【例 9-17】运行结果

**边学边练：**

某同学本月花销如下：衣 500 元、食 1300 元、行 120 元，请完成以下要求。

（1）画出本月各类项目花销占比饼图。

（2）画出本月各类项目花销统计的柱状图和折线图

### 9.2.4 任务实现——解析中国夏奥之旅（视频）

微课：解析中国夏奥之旅任务实现

**【任务描述】**

小 T 想要了解历届奥运会上中国奥运健儿的成长足迹，可以通过观察历届奥运会上中国奥运健儿获得的金牌数据变化情况来实现这一目标，因此他收集并汇总了中国参加的历届夏季奥运会金牌数据统计表；此外，小 T 还想通过最近一届奥运会的金牌数量来了解世界上的体育大国、强国，因此他还收集了 2020 年第 32 届夏季奥运会各国金牌数据的统计表，如表 9-15 所示。

表 9-15 奥运会相关数据统计表

| 历届夏季奥运会中国获金牌统计表 | | | |
|---|---|---|---|
| 奥运会届数 | 年份 | 举办地 | 金牌 |
| 第 23 届 | 1984 | 洛杉矶 | 15 |
| 第 24 届 | 1988 | 汉城 | 5 |
| 第 25 届 | 1992 | 巴塞罗那 | 16 |
| 第 26 届 | 1996 | 亚特兰大 | 16 |
| 第 27 届 | 2000 | 悉尼 | 28 |
| 第 28 届 | 2004 | 雅典 | 32 |
| 第 29 届 | 2008 | 北京 | 48 |
| 第 30 届 | 2012 | 伦敦 | 38 |
| 第 31 届 | 2016 | 里约热内卢 | 26 |
| 第 32 届 | 2021 | 东京 | 38 |

| 第 32 届夏季奥运会各国获金牌统计表 | | |
|---|---|---|
| 序号 | 国家 | 金牌数 |
| 1 | 美国 | 39 |
| 2 | 中国 | 38 |
| 3 | 日本 | 27 |
| 4 | 英国 | 22 |
| 5 | 俄罗斯奥运队 | 20 |
| 6 | 澳大利亚 | 17 |
| 7 | 其他国家 | 177 |
| | …… | |

**【任务分析】**

用所学的 Matplotlib 库进行数据可视化，对于第一个观测点，只要能观察到数据变化趋势，就可以了解到中国奥运健儿的成长足迹，以折线图或者柱状图来呈现更为合适；第二个观测点可以从百分比的角度观察，以饼图呈现更为合适。鉴于数据存储在 9-18-1.csv 和 9-18-2.csv 文件中，需要用到 pandas 数据处理的相关知识。

（1）创建画布，在画布上划分两个子图。

（2）从文件中读取历年夏季奥运会中国获得的金牌数，设置子图的名称，并画出折线图和柱状图。

（3）从文件中读取第 32 届夏季奥运会各国获得的金牌数，设置子图的名称，并画出饼图。

（4）显示图表。

**【源代码】**

**【例 9-18】** 任务实现：解析中国夏奥之旅。

```
import matplotlib.pyplot as plt
```

```
import  pandas as pd

plt.figure(num='中国夏奥之旅',figsize=(6,12))
plt.rcParams['font.sans-serif'] = ['SimHei']
plt.rcParams['axes.unicode_minus'] = False

file = open('9-18-1.csv')
df = pd.read_csv(file)
X=df['奥运会届数']
Y=df['金牌']

plt.subplot(211)                                    # 第一个子图显示中国金牌折线图
plt.title("中国历届奥运会所获金牌数量统计图")      # 添加图表名称
plt.ylabel("金牌数")
plt.plot(X,Y,color="b",linewidth=2,linestyle='-',label='新生年龄统计', marker
='*') # 折线图
plt.bar(X,Y,color="b")

file = open('9-18-2.csv')
df = pd.read_csv(file)

plt.subplot(212)  # 第二个子图显示第 32 届东京奥运会各国金牌比例构成饼图
plt.title("第 32 届奥运会各国金牌比例构成饼图")    # 添加图表名称
labels= df['国家']
x= df['金牌数']
patches,l_text,p_text=plt.pie(x,labels=labels,autopct='%1.2f%%',shadow=False)
# l_text 是饼图外文字大小，p_text 是饼图内文字大小
for t in p_text:
   t.set_size(6)
for t in l_text:
   t.set_size(8)
plt.show()
```

运行结果如图 9-19 所示。

小 T 从柱状图、折线图上观察到，随着我国国力的提升，我国运动员在夏季奥运会上的成绩呈上升趋势；再仔细观察可以发现，有两届奥运会的金牌数据异于这种发展趋势，它们是第 23 和 24 届奥运会，第 24 届奥运会金牌数明显少于第 23 届奥运会，相同情况还有第 29 和 30 届奥运会，第 30 届奥运会金牌数也明显低于第 29 届奥运会。经过调研，小 T 发现第 23 届奥运会，前苏联等 10 多个国家未参赛，使我国运动员少了很多竞争对手，因而获得了比较好的成绩；而 29 届奥运会是北京奥运会，有主场优势，因而也取得了突破性成绩。

从饼图上看，体育大国、强国有美国、中国、日本、英国、俄罗斯等国家，这些国家也是当今经济实力较强的国家，在综合国力上也都处于领先地位。

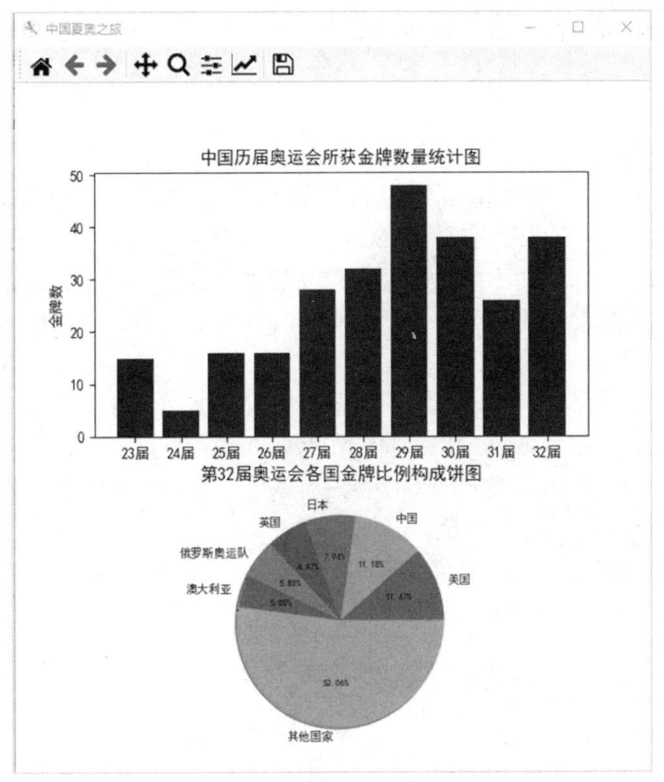


图 9-19　【例 9-18】运行结果

## 任务 9.3　词云库 wordcloud 的使用——用词云可视化《政府工作报告》（视频）

微课：词云库 wordcloud 的使用任务引入

【任务描述】

小 T 导师布置了大量的文件、文章作业，需要快速、准确地把握文章的主要内容。在精读前，为快速确定文章要义，可以运用词云工具来可视化大篇幅的文本内容。近期导师要求学习 2021 年 3 月国务院在两会上的《政府工作报告》，小 T 想用词云分析报告主旨。下面讲解用词云工具可视化中文文本。

**素养小课堂：**

国务院《政府工作报告》是中华人民共和国政府的一种公文形式，各级政府都必须在每年召开的当地人民代表大会会议和政治协商会议（简称“两会”）上向大会主席团、与会人大代表和政协委员发布这一报告。主要内容包括：上一年内工作回顾、当年工作任务及其他内容。

青少年应了解我国的政治制度，树立制度自信；关心国家的大政方针，将自我实现融入社会主义建设中。

【任务分析】

中文文本不同于英文文本，字词间没有明确的分隔符号，因此需要先进行中文文本的分词，再进行词云的制作，程序设计思路如下：

（1）读入文章内容。

（2）对中文文章进行分词。

（3）制作并显示词云。

好的数据可视化图表可以使数据分析的结果更通俗易懂。在前面的章节中讲解了 Maplotlib 的图表形式，本节讲解通过“词云”来完成文本内容可视化。词云通过形成“关键词云层”或“关键词渲染”，对文本中出现频率较高的“关键词”组成类似云的彩色图形，从而形成视觉上的突出，使得人们只要扫一眼就能够明白文章主旨，可以用 wordcloud 库来制作词云。

因为中文文本的字词间不存在明确的分隔符，所以在制作词云之前需要进行分词，可以用 jieba 库来实现。jieba 库和 wordcloud 库都不是 Python 的标准库，因此都需要在使用之前进行安装，可以在 cmd 命令窗口中输入如下命令进行安装，也可以把安装文件下载到本地安装，在使用时都需要用 import 语句进行导入。

```
pip install jieba
pip install wordcloud
```

## 9.3.1 中文分词 jieba 库的使用（视频）

微课：中文分词 jieba 库的使用

jieba 库是优秀的中文分词第三方库，中文文本需要通过分词来获得词语间的分隔。其分词原理是利用一个中文词库来确定汉字之间的关联概率，汉字间关联概率大的组成词组，并形成分词结果。除了分词，用户还可以添加自定义的词组。jieba 库分词有 3 种模式：

（1）精确模式：把一段文本精确地切分成若干个中文词语，再将若干个中文词语组合起来，就能精确地还原之前的文本。这种分词方式不存在冗余词语。

（2）全模式：把一段文本中所有可能的词语都切分出来，一段文本可以被切分成不同的模式，或者从不同的角度切分成不同的词语。在全模式下，jieba 库会将各种不同的词语组合都挖掘出来。分词后的信息再组合起来会有冗余。

（3）搜索引擎模式：在精确模式的基础上，对那些较长的词语再次切分，使之符合搜索引擎对短词语的索引和搜索。这种分词方式也有冗余。

jieba 库的常用函数如表 9-16 所示。

表 9-16 jieba 库的常用函数

| 函　数 | 功　能 |
| --- | --- |
| jieba.cut(s) | 对文本 s 进行精确模式分词，返回一个可迭代的数据类型 |
| jieba.cut(s, cut_all=True) | 对文本 s 进行全模式分词，返回一个可迭代的数据类型 |
| jieba.cut_for_search(s) | 对文本 s 进行搜索引擎模式分词，返回一个可迭代的数据类型 |
| jieba.lcut(s) | 对文本 s 进行精确模式分词，返回列表类型，建议使用 |
| jieba.lcut(s, cut_all=True) | 对文本 s 进行全模式分词，返回列表类型，建议使用 |
| jieba.lcut_for_search(s) | 对文本 s 进行搜索引擎模式分词，返回列表类型，建议使用 |
| jieba.add_word(w) | 向分词字典中增加新词 |

【例 9-19】jieba 库的 3 种分词模式。

```
import jieba
s='中国是一个有着数千年悠久的历史的国家。'
print(jieba.lcut(s))
print(jieba.lcut(s,cut_all=True))
print(jieba.lcut_for_search(s))
```

运行结果如下：

```
精确模式：['中国', '是', '一个', '有着', '数千年', '悠久', '的', '历史', '的', '国家', '。']
全模式：['中国', '国是', '一个', '有着', '着数', '数千', '数千年', '千年', '悠久', '的', '历史', '的', '国家', '。']
搜索引擎模式：['中国', '是', '一个', '有着', '数千', '千年', '数千年', '悠久', '的', '历史', '的', '国家', '。']
```

在【例 9-19】中对文本“中国是一个有着数千年悠久的历史的国家”进行分词，其中，精确模式切分出来的词语可以精确地还原原始文本，而全模式、搜索引擎模式均存在冗余。

用 jieba 库进行文本分词，可以帮助用户更好地掌握各类著作、文章的主旨。以我国四大名著之一的《红楼梦》为例，运用 jieba 库，统计出现次数最多的前 50 个词语。

**【例 9-20】**运用 jieba 库对《红楼梦》进行分词。

```
import jieba
strText=open('9-20 红楼梦.txt','r',encoding='utf-8').read()
lstWord=jieba.lcut(strText)
dicItem={}                              # 以字典形式输出，字典键为词云，值为频次
for word in lstWord:
    if len(word)==1:                    # 去除单字，如在、等、我
        continue
    else:
        if word in dicItem.keys():      # 非第一次出现，值加 1
            dicItem[word]=dicItem[word]+1
        else:
            dicItem[word]=1             # 第一次出现，加入字典并设定值为 1
lstResult=sorted(dicItem.items(),key=lambda x:x[1],reverse=True)  # 按字典的值排序
print(lstResult[0:50])
```

运行结果如下：

```
[('宝玉', 3772), ('什么', 1619), ('一个', 1456), ('贾母', 1230), ('我们', 1226), ('那里', 1179), ('凤姐', 1101), ('如今', 1010), ('你们', 1005), ('王夫人', 1005), ('说道', 976), ('知道', 976), ('老太太', 976), ('起来', 956), ('姑娘', 956), ('这里', 944), ('出来', 933), ('他们', 898), ('众人', 870), ('奶奶', 851), ('自己', 838), ('一面', 828), ('太太', 824), ('只见', 794), ('两个', 776), ('怎么', 774), ('没有', 768), ('不是', 744), ('不知', 712), ('这个', 697), ('听见', 693), ('贾琏', 669), ('这样', 655), ('进来', 631), ('咱们', 609), ('东西', 601), ('告诉', 601), ('平儿', 601), ('就是', 600), ('袭人', 579), ('回来', 567), ('宝钗
```

```
', 565), ('黛玉', 559), ('大家', 547), ('只是', 546), ('老爷', 534), ('只得',
531), ('丫头', 508), ('这些', 506), ('不敢', 492)]
```

从运行结果来看，“宝玉”在全书中出现频次最高，以绝对的优势占据主角之位，贾母、凤姐、王夫人依次位列其后。当然，精确的频次分析还需要结合同一人物不同的称谓、同一称谓指向不同人物等上下文关系做进一步分析。

## 9.3.2 词云库 wordcloud 的使用（视频）

微课：词云库 wordcloud 的使用

通过 wordcloud 库将中文文本中出现的词语，以频次为参数绘制成词云，词云的大小、颜色、形状都可以进行设定。wordcloud 库也是 Python 的第三方库，需要提前安装，在使用时需要进行 import 操作。

### 1. 词云的常用操作

wordcloud 库把词云当作一个 WordCloud 对象，用 wordcloud.WordCloud()生成文本对应的词云，并进行词云形状、大小、颜色等参数设置；在设置完成之后调用 generate()函数加载需要生成词云的文本；生成的词云本质上是一个图像文件，需要使用 matplotlib 工具进行显示。词云制作的代码如下：

```
w=wordcloud.WordCloud(font_path=None,width=400,height=200,mask=None, max_words
=200, stopwords=None background_color='black', **kwargs)
w.generate(text)
w.to_file(filename)
```

WordCloud()中包含的参数有二十余个，下面就常用参数做进一步说明。

font_path：字符串数据类型，用于设置词云显示的字体路径。一般地，Windows 操作系统下的字体都在系统目录“C:\Windows\Fonts\”下，该参数可以设置成“font_path ='C:\Windows\Fonts\simkai.ttf”，词云将以楷体显示。

width：int 数据类型，默认值是 400，指输出的画布宽度。

height：int 数据类型，默认值是 200，指输出的画布高度。

mask：NumPy 的 ndarray 数据类型，默认值是 None。如果该参数为空，则使用二维矩形遮罩绘制词云；如果该参数为非空，则设置的宽、高值将被忽略，遮罩形状被 mask 的图片取代，图片中白色的部分不进行绘制，其余部分用于绘制词云。

max_words：数字型，默认值是 200，指要显示的词的最大个数。

stopwords：集合数据类型，默认值为 None，指需要屏蔽的词，如果为空则使用内置的停用词。

background_color：颜色单词字符串，默认值是 black，指词云图片的背景颜色，如“background_color='white'”，背景颜色为白色。

在词云输出前通常需要对文本进行处理，特别是中文文本，将经过 jieba 库分词处理后的文本作为词云制作的源文本，如 generate(text)中的 text 是经过分词处理后的词云文本，是字符串数据类型。

下面以《红楼梦》为例，进行词云的制作和展示。

**【例 9-21】**《红楼梦》词云制作和展示。

```
import matplotlib.pyplot as plt
```

```
from wordcloud import WordCloud
import jieba

# 读入文档
f = open('9-20 红楼梦.txt','r',encoding='utf-8')
strHong=f.read()
f.close()

# 分词后间隔以空格表示，形成新的字符串
strCut=" ".join(jieba.lcut(strHong))

# 生成词云
w = WordCloud(font_path=r'C:/Windows/fonts/simhei.ttf',width=800,height=600).generate(strCut)
# 展示词云
plt.imshow(w)
plt.axis("off")
plt.show()
```

运行结果如图 9-20 所示。

图 9-20 【例 9-21】运行结果

该词云中诸如“又”“了”“他”等助词、代词或介词类的词云，并不能准确地表达文本的主旨，因此这些词可以放入停用词表中。“9-22 中文停用词.txt”是中文常用的停用词表，以此作为停用词表重新对《红楼梦》进行分析。此外，词云的形状是矩形的话略显呆板，将之以椭圆形输出，mask 图片文件是“9-22maskimg.png”。

**【例 9-22】**加入停用词表和 mask 的《红楼梦》词云制作。

```
import matplotlib.pyplot as plt
from wordcloud import WordCloud
import jieba
import numpy
from PIL import Image
```

```
    # 读入文档
    f = open(r'9-20 红楼梦.txt','r',encoding='utf-8')
    strHong=f.read()
    f.close()
    # 停用词表
    setStopwords = set()
    content=[line.strip() for line in open('9-22 中文停用词.txt','r', encoding=
'utf-8'). readlines()]
    setStopwords.update(content)
    mask = numpy.array(Image.open('9-22maskimg.png'))            # 打开背景图片
    # 分词后间隔以空格表示，形成新的字符串
    strCut=" ".join(jieba.lcut(strHong))

    w = WordCloud(font_path=r'C:/Windows/fonts/simhei.ttf', background_color=
'white', mask=mask, stopwords=setStopwords).generate(strCut)   # 生成词云
    # 展示词云
    plt.imshow(w)
    plt.axis("off")
    plt.show()
```

运行结果如图 9-21 所示。

图 9-21　【例 9-22】运行结果

## 9.3.3　任务实现——用词云可视化《政府工作报告》( 视频 )

**【任务描述】**

小 T 要学习 2021 年 3 月国务院在两会上的《政府工作报告》，他打算先用词云分析报告的主要内容。在 Matplotlib、jieba、wordcloud 库的基础上，实现用词云可视化报告中的主要内容。

微课：用词云可视化《政府工作报告》任务实现

**【任务分析】**

（1）读入文章内容。

（2）对中文文章进行分词。

（3）在《政府工作报告》中，诸如“坚持”“推进”“加强”等词语出现较多，将其加入 9.3.2 节的停用词中，形成新的“9-22 中文停用词表.txt”。

（4）设计词云显示的形状。

（5）制作、保存并显示词云。

**【源代码】**

**【例 9-23】** 2021 年《政府工作报告》词云制作。

```
# 引入 Python 扩展库
import matplotlib.pyplot as plt
from wordcloud import WordCloud
import jieba
import numpy
from PIL import Image

# 读入文档
f = open('9-23 2021 年政府工作报告.txt','r',encoding='utf-8')
strReport=f.read()
f.close()

# 停用词表
setStopwords = set()
content = [line.strip() for line in open('9-22 中文停用词表.txt','r',encoding=
'utf-8'). readlines()]
setStopwords.update(content)

mask = numpy.array(Image.open('9-23 star.jpg'))          # 打开背景图片
# 分词后间隔以空格表示，形成新的字符串
strCut=" ".join(jieba.lcut(strReport))

w=WordCloud(font_path=r'C:/Windows/fonts/simhei.ttf',background_color='whit
e', mask=mask, stopwords=setStopwords).generate(strCut)    # 生成词云

# 展示词云
plt.imshow(w)
plt.axis("off")
plt.show()
```

运行结果如图 9-22 所示。

从词云图中可以看出，2021 年《政府工组报告》中出现频次最高的是“发展”，其次是“社会”“经济”“企业”“创新”“改革”“就业”“服务”等。此外，“民生”“疫情”“农村”“教育”“消费”“市场”也是此次政府工作报告的高频词汇。在学习本章内容时，可以紧跟时事，利用词云去分析本年度的政府工作报告，了解政府的年度工作重点。

图 9-22 【例 9-23】运行结果

# 任务 9.4 Python 趣味项目实训

## 一、实训目的

1．掌握 NumPy 数组的创建。
2．能利用 Matplotlib 绘制常见图表。
3．能进行词云的制作。

## 二、实训内容

### 实训任务 1：理论题

1．下列不属于数组的属性的是（　　）。

A．ndim　　B．shape　　C．size　　D．add

2．创建一个 3 行 3 列的数组，下列代码中错误的是（　　）。

A．np.array([1,2,3])　　B．np.array([1,2,3],[4,5,6])
C．np.array([[1,2],[3,4]])　　D．np.ones((3,3))

3．下列选项中，关于 Matplotlib 库的说法不正确的是（　　）。

A．Matplotlib 是一个 Python 3D 绘图库
B．可输出 PNG、PDF 等格式
C．可在一个画布中创建多个图表
D．使用简单

4．在 Matplotlib 中，用于绘制散点图的函数是（　　）。

A．hist()　　B．scatter()　　C．bar()　　D．pie()

5．下列选项中，可以生成柱状图、条形图、散点图等图表的库是（　　）。

A．requests　　B．Matplotlib　　C．NumPy　　D．random

6．（　　）不能改变 turtle 画笔的运行方向。

A．seth()　　B．pendown()　　C．left()　　D．right()

7．wordcloud.WordCloud()中 mask 参数的数据类型是（　　）。

A．int　　B．ndarray　　C．集合　　D．列表

8．turtle.speed()可设定画笔运动的速度，其参数范围是（　　）。

A．0～10 的整数　　B．1～10 的整数

C．0～100 的整数　　D．1～100 的整数

9．turtle.color("red","yellow")命令中定义的颜色分别为（　　）。

A．背景为红色，画笔为黄色　　B．背景为黄色，画笔为红色

C．画笔为红色，填充为黄色　　D．画笔为黄色，填充为红色

10．turtle.goto(x,y)的含义为（　　）。

A．以当前坐标为原点，画一个长、宽为 x 和 y 的矩形

B．画笔提笔，移动到(x,y)的位置

C．保持现在的画笔状态，将画笔移动到坐标为(x,y)的位置

D．将原点移动到(x,y)的位置

**实训任务 2：turtle、Matplotlib、wordcloud 库综合应用**

1．表 9-17 是 2020 年度中国电影票房排行榜（TOP10），请利用 Matplotlib 库完成以下操作：

（1）绘制画布，画布大小为 8 英寸*6 英寸、画布名称为“2020 年度中国电影票房排行榜（TOP10）”。

（2）绘制折线图，自定义线型、颜色、点标记。

（3）设置横坐标为“电影名称”，纵坐标为“票房（亿元）”，设置图表名称为“2020 年度中国电影票房排行榜（TOP10）”。

表 9-17　2020 年度中国电影票房排行榜（TOP10）

| 序　号 | 电影名称 | 票房（亿元） |
|---|---|---|
| 1 | 八佰 | 31.09 |
| 2 | 我和我的家乡 | 28.3 |
| 3 | 姜子牙 | 16.03 |
| 4 | 金刚川 | 11.23 |
| 5 | 夺冠 | 8.36 |
| 6 | 拆弹专家 2 | 6.02 |
| 7 | 除暴 | 5.38 |
| 8 | 宠爱 | 5.1 |
| 9 | 我在时间尽头等你 | 5.05 |
| 10 | 误杀 | 5.01 |

程序代码：

2．2021 年 8 月 8 日，第 32 届夏季奥林匹克运动会在东京落下帷幕。自新中国成立以来，中国奥运健儿们已参加了十届奥运会，他们努力拼搏，取得了傲人的成绩。表 9-18（来源：百度百科）所示为中国历届奥运会所获奖牌统计表。请利用 Matplotlib 库完成以下操作：

（1）绘制画布，画布大小为 8 英寸*6 英寸。

（2）绘制多维柱状图，横坐标为奥运会届数，纵坐标为所获各类奖牌数，柱状图宽度为 0.25，自定义颜色，并设置图例。

（3）设置横坐标为“奥运会届数”，纵坐标为“所获各类奖牌数”，图表名称为“中国历届奥运会所获奖牌柱状图”。

**表 9-18　中国历届奥运会所获奖牌统计表**

| 奥运会届数 | 年份 | 金牌 | 银牌 | 铜牌 | 排名 |
| --- | --- | --- | --- | --- | --- |
| 第 23 届 | 1984 | 15 | 8 | 9 | 4 |
| 第 24 届 | 1988 | 5 | 11 | 12 | 11 |
| 第 25 届 | 1992 | 16 | 22 | 16 | 4 |
| 第 26 届 | 1996 | 16 | 22 | 12 | 4 |
| 第 27 届 | 2000 | 28 | 16 | 15 | 3 |
| 第 28 届 | 2004 | 32 | 18 | 14 | 2 |
| 第 29 届 | 2008 | 48 | 21 | 28 | 1 |
| 第 30 届 | 2012 | 38 | 27 | 23 | 2 |
| 第 31 届 | 2016 | 26 | 18 | 26 | 3 |
| 第 32 届 | 2021 | 38 | 32 | 18 | 2 |
| 合计 | | 262 | 195 | 173 | |

程序代码：

3．“9.4 iris.csv”中收集了 150 项鸢尾花的花萼长度、花萼宽度、花瓣长度、花瓣宽度。现需要以散点图的形式呈现鸢尾花花萼、花瓣的分布情况，请在画布内创建两个子图。

（1）子图一的横、纵坐标分别为花萼长度、花萼宽度，图表名称为“鸢尾花花萼分布散点图”，图中散点为绿色实心圆，大小为 32，透明度为 0.6。

（2）子图二的横、纵坐标分别为花瓣长度、花瓣宽度，图表名称为“鸢尾花花瓣分布散点图”，图中散点为洋红色实心圆，大小为 32，透明度为 0.6。

4．用 turtle 库绘制一个红色五角星，五角星边长为 200，边的颜色为黄色。

5．唐诗是中国古代文化的瑰宝，“9.4 唐诗三百首.txt”中收集了 320 首唐诗，请用词云工具分析诗人最常用的字词、最常描写的景物。

程序代码：